高等职业教育"十二五"规划教材

Gaodianya Shebei Ceshi

高电压设备测试

赵　勇　主　编

马成禄　高秀梅　副主编

林毓梁　主　审

人民交通出版社

内 容 提 要

本书为高等职业教育"十二五"规划教材。主要内容包括:电介质绝缘特性测试、电压互感器的测试、电流互感器的测试、电力电缆的测试和变压器特性测试。

本书为高职、中职院校电气化铁道技术专业、机电专业教材,可作为铁路行业培训教材,也可作为行业相关人员的参考资料。

图书在版编目(CIP)数据

高电压设备测试 / 赵勇主编. —北京:人民交通
出版社,2014.1
高等职业教育"十二五"规划教材
ISBN 978-7-114-11129-7

I.①高⋯ II.①赵⋯ III.①高压电器 – 测试 – 高等
职业教育 – 教材 IV.①TM510.6

中国版本图书馆 CIP 数据核字(2014)第 009944 号

高等职业教育"十二五"规划教材

书 名:高电压设备测试
著 作 者:赵 勇
责任编辑:袁 方 薛 民
出版发行:人民交通出版社股份有限公司
地 址:(100011)北京市朝阳区安定门外外馆斜街 3 号
网 址:http://www.ccpcl.com.cn
销售电话:(010)59757973
总 经 销:人民交通出版社股份有限公司发行部
经 销:各地新华书店
印 刷:北京虎彩文化传播有限公司
开 本:787×1092 1/16
印 张:14.75
字 数:377 千
版 次:2014 年 3 月 第 1 版
印 次:2022 年 2 月 第 4 次印刷
书 号:ISBN 978-7-114-11129-7
定 价:43.00 元
(有印刷、装订质量问题的图书由本社负责调换)

前　言

本书根据职业教育的宗旨、高职高专的培养目标,结合课程改革和教学方法的改革,遵循"工学结合、项目导向、任务驱动、教学做一体化"的原则而编写。由专业建设委员会负责课程体系的构建,以职业岗位能力培养为目标,通过深入合作企业调研和毕业生回访,对电气化铁道技术的岗位设置、工作对象、工作任务和工作方法进行深入调研,归纳出就业岗位的典型工作任务,分析总结出学生胜任工作岗位需要的职业能力和素质要求,重新进行课程开发,由学校、企业、行业专家共同编写教材。

本书共分6个项目:电介质绝缘特性测试、电压互感器的测试、电流互感器的测试、电力电缆的测试、电力变压器的测试和避雷器的测试。其中,每个项目又由子任务、任务描述、理论知识、任务实施、拓展训练组成,注重职业技能的培养。每个任务都是一个实际的工作任务,以《电气装置安装工程电气设备交接试验标准》(GB 50150—2006)、《电力设备预防性试验规程》(DL/T 596—2005)和《电业安全工作规程》(GB 26860—2011)等标准制订工作计划,并按照现场测试流程编写测试步骤,以真实的具体工作任务培养学生的职业能力。

本书编写分工如下:项目一任务一由山东职业学院高秀梅编写,项目二任务一由辽宁轨道交通职业学院马成禄编写,项目三任务一由武汉大洋科技有限公司范毅博士编写,项目五任务二由济南铁路局济南供电段高级工程师褚光亮编写,其余由山东职业学院赵勇编写。全书由赵勇统稿并担任主编,马成禄、高秀梅担任副主编。

由山东职业学院林毓梁担任主审。武汉大洋科技有限公司为本书的编写提供了相关视频及资料,在此表示感谢。

由于编者水平有限,书中难免有不妥和错误之处,恳请读者批评指正。

编者

2013 年 12 月

目　　录

项目一　电介质绝缘特性测试

任务一　气体介质击穿测试

任务描述▶

在实际工程应用中,许多电气设备都利用空气作为绝缘介质,因此,对空气间隙的抗电强度和击穿特性的研究在高压技术中具有一定的实际意义。在一定的距离下,空气间隙的击穿电压与空气间隙的电场分布(均匀或不均匀、对称或不对称)、电压作用时间、电压极性、大气条件等一系列因素有关,这些影响因素十分复杂,很难用明确的数学解析式表示,所以在工程上常常是以实验的方法确定空气间隙的抗电特性,一般采用针-板间隙模拟不均匀电场的空气间隙,用对称球-球间隙模拟均匀电场的空气间隙。通过测定这两种间隙在不同电压作用下的击穿特性,以确定空气间隙在实际工程中各种击穿电压和电气设备的安全距离。

理论知识▶

一、气体中带电质点的产生与消失

在自然界中,气体放电是一种很普通的自然现象,比如大气层中的闪电和极光,在日常生活中,利用气体放电原理制成的电光源器具也是琳琅满目,比如荧光灯、钠灯等,在电力工业中,气体放电更是一个经常涉及和研究的课题。

电气设备通常都是由导电体(conductor)和绝缘体(insulator)组成的。各种金属材料构成了设备的导电(有时是导磁)回路,各种绝缘材料(又称电介质)则将设备不同电位的导电体之间与大地可靠隔离。大量的事实表明,绝缘体是电气设备中的关键部分,同时也是比较薄弱的部分,其性能优劣将决定设备及系统能否安全、可靠地运行。绝大多数的电力系统故障就是由于绝缘遭到破坏后引起的。因此,研究各类电介质在高电压作用下的电气特性是十分必要的。

电介质就其形态而言,可分为气体电介质、液体电介质和固体电介质。气体电介质,尤其是空气介质在电力系统中的应用非常广泛,例如几乎所有的高压输电线路(除了电力电缆)、隔离开关的断口等都是利用空气作为绝缘的。由物理知识可知,在正常情况下空气是不导电的,即为通常所说的绝缘体。实际上,受各种宇宙射线的作用,一般情况下,空气中含有少量的带电质点,但数量极低,故无法构成导电通道。但是,如果对空气间隙外加某一临界电压时,气隙中的电流会突然剧增,同时出现明显的发光、发热现象,空气间隙会突然失去绝缘性能而变成导电通道,我们把这种现象称为气体放电。

实际上,气体放电存在两种形式——击穿(break down)与闪络(flash over),前者是指纯气隙的放电,后者是指沿着固体表面的气体放电。击穿与闪络统称为放电(discharge)。气体放电后只会引起绝缘的暂时丧失,一旦放电结束,又可自行恢复其绝缘性能,所以气体绝缘是一种自恢复绝缘。

空气是取之不尽用之不竭的,是一种最廉价的绝缘材料。工程上通常采用空气介质作为电气设备的外绝缘(设备外壳外部的绝缘)和架空线路的绝缘。在气体电介质中,除了空气外,工程上还大量采用六氟化硫(SF_6)气体作为绝缘介质,六氟化硫气体通常作为电气设备的内绝缘(设备外壳内部的绝缘)。

1. 气体中带电质点的产生

气体原子在外界因素的作用下,吸收外界能量使其内部能量增加,这时气体原子核外的电子将从离原子核较近的轨道跳到离原子核较远的轨道上去,此过程称为原子的激励。原子的激励状态是不稳定状态,经过极短的时间就会回复到正常状态,激励原子回到正常状态时将以光的形式放出能量。

如果中性原子由外界获得足够的能量,以致使原子中的一个或几个电子完全脱离原子核的束缚而成为自由电子和正离子(即带电质点),此过程称为原子的游离。游离是激励的极限状态,气体分子或原子游离所需要的能量称为游离能,游离能随气体种类而不同,一般在 10~15eV。也就是说,气体中的带电质点是通过游离产生的。按照外界能量来源的不同,通常把游离分为碰撞游离、光游离、热游离和表面游离。

(1)碰撞游离

处于电场中的带电质点,在电场 E 的作用下,沿电场方向不断得到加速并积累动能。当具有的动能积累到一定数值后,在其与气体原子或分子发生碰撞时,可以使后者产生游离。由碰撞而引起的游离称为碰撞游离。

电子、离子、中性质点与中性原子或分子的碰撞以及激发原子与激发原子的碰撞都能产生游离。在气体放电过程中,碰撞游离主要是由自由电子与气体原子或分子相撞而引起的,而离子或其他质点因其本身的体积和质量较大,难以在碰撞前积累足够的能量,产生碰撞游离的可能性很小,因此电子在碰撞游离中起着极其重要的作用。产生碰撞游离的必要条件如下

$$\frac{1}{2}mv \geqslant W_i \tag{1-1}$$

式中:m——电子的质量;

v——电子的运动速度;

W_i——气体原子或分子的游离能。

质点在两次碰撞之间的距离称为自由行程。由于每两次碰撞间的自由行程长短不一,具有统计性,所以我们引入平均自由行程 $\bar{\lambda}$ 的概念,将 $\bar{\lambda}$ 定义为质点自由行程的平均值。显然与气体间的压力 p 成反比,与绝对温度 T 成正比。一般情况下,$\bar{\lambda}$ 越大,就越容易发生碰撞游离。通过碰撞,能使中性原子或分子发生游离的电子称为有效电子。

(2)光游离

当原子中的电子从高能级返回到低能级时,多余的能量以光子的形式释放出来;相反的过程是,原子也可以吸收光子的能量提高它的位能。和电子碰撞一样,若光子的能量 $h\nu$ 大于或等于原子或分子的游离能[见式(1-2)],则可使原子或分子游离。与电子碰撞不同的是,在碰撞后,光子把能量传给原子或分子,而自身便不再存在了。这种由于光辐射引起原子或分子游离的现象称为光游离。

$$h\nu \geqslant W_i \tag{1-2}$$

式中:h——普朗克常数,其值为 $4.15 \times 10^{-15} \mathrm{eV} \cdot \mathrm{s}$;

ν——光的频率。

产生光游离的能力决定于光的波长,波长越短,光子的能量越大,则游离能力越强。所以,通常可见光是不能直接产生光游离的。只有各种短波长的高能辐射线,例如宇宙射线、短波长射线(紫外线、γ 射线、X 射线)等才有使气体产生光游离的能力。

在气体放电过程中,当处于激励状态的原子回到常态以及异号带电质点复合时,都以光子的形式放出多余的能量,成为导致产生光游离的因素。由光游离产生的自由电子称为光电子。

(3)热游离

气体在热状态下引起的游离过程称为热游离。

常温下,气体质点的热运动所具有的平均动能远低于气体的游离能,因此不可能产生热游离。但在高温下的气体,例如发生电弧放电时,弧柱的温度可高达数千摄氏度以上,这时气体质点的动能就足以导致气体分子或原子碰撞时产生游离。此外,高温气体的热辐射也能导致气体分子或原子产生光游离。故热游离实质上并不是另外一种独立的游离形式,而是在热状态下产生碰撞游离和光游离的综合。

热游离的基本条件是

$$\frac{3}{2}KT \geqslant W_i \tag{1-3}$$

式中:K——波尔茨曼常数,其值为 $1.38 \times 10^{-23} \mathrm{J/K}$;

T——热力学温度,K。

(4)表面游离

以上讨论的是气体在气隙空间里带电质点的产生过程(称为空间游离)。实际上,在气体放电中还存在着金属表面发射电子的过程,称为金属电极表面游离。

使金属表面发射电子所需要的能量称为逸出功。逸出功与金属的微观结构及其表面状态有关,一般在 10eV 以内。可见,金属表面发射电子要比在空间使气体分子游离容易得多。

用各种不同的方式供给金属电极能量,如对阴极加热(热电子发射)、正离子撞击阴极、短波光照射电极(光电效应)以及强电场作用(强场发射)等,都可以使阴极表面发射电子。

2. 气体中带电质点的消失

当气体中发生放电时,除了有不断产生带电质点的游离过程外,同时还存在一个相反的过程,即去游离过程,它将使带电质点从游离区消失,或者削弱产生游离的作用。气体去游离的基本形式有漂移、扩散、复合和吸附效应。

(1)漂移

带电质点在外电场作用下作定向运动,消逝于电极而形成回路电流,从而减少了气体中的带电质点(称为漂移)。由于电子的漂移速度比离子快得多,故放电电流主要是电子漂移运动的结果。电流的大小取决于带电质点的浓度及其在电场方向的平均速度。

(2)扩散

气体中带电质点的扩散是由热运动造成的,故它与气体的状态有关。气体的压力越高或温度越低,扩散过程也就越弱。电子的质量远小于离子,所以电子的热运动速度很大,它在热运动过程中所受到的碰撞机会较少,因此,电子的扩散作用比离子要强得多。

(3)复合

气体中异号电荷的电子相遇时,有可能发生电荷的传递而相互中和,从而使气体中的带电质点减少。复合速度与异号电荷的浓度、相对速度有关。异号电荷的浓度越大,复合的过程也越快速、越强烈,故强烈的游离区也是强烈的复合区。异号电荷的相对速度越小,相互作用的时间就越长,复合的可能性也就越大。气体中电子的运动速度比离子要大得多,故正、负离子间的复合要比正离子和电子间的复合容易发生得多。

需要指出的是,带电质点的复合过程中会发生光辐射,这种光辐射在一定条件下又会导致其他气体分子游离,从而使气体放电呈现跳跃式的发展。

(4)吸附效应

绝大多数的电子与气体原子或分子碰撞时,可能发生碰撞游离而产生电子和正离子,使得气体中自由电子的数量大增。但是,有些电子和气体原子或分子碰撞时,非但没有游离出新电子,碰撞电子反而被气体分子吸附而形成了负离子,这种现象称为吸附效应。容易吸附电子形成负离子的气体称为电负性气体,如氧、氯、氟、水蒸气和六氟化硫气体等。

如前所述,离子的游离能力远不如电子。吸附效应能有效地减少气体中的自由电子数量,从而对碰撞游离中最活跃的电子起到强烈的束缚作用,大大抑制了放电的发展,因此,也将吸附效应看作是一种去游离的因素。

气体中游离与去游离这对矛盾的发展过程将决定气体的状态。当游离因素大于去游离因素时,最终导致气体击穿;相反,当去游离因素大于游离因素时,最终使气体放电过程消失并恢复为绝缘状态。

二、均匀电场中的放电过程

气体放电理论的研究,首先就是从均匀电场开始的。所谓均匀电场,就是在电场中,电场强度处处相等,如两个平行平板电极的电场。

1. 气体放电过程的一般描述

实际上,无论均匀电场还是不均匀电场,它们的一般放电过程是类似的,那就是随着外施电压的增加,放电都是逐渐发展的,都是由非自持放电转入自持放电的。

(1)自持放电与非自持放电

如图 1-1 所示,在外界光源照射下,对两平行平板电极(极间的电场是均匀的,极间的介质为空气)间施加一可调的直流电压,当电压从零逐渐升高时,可以得到气体中的电流 I 与所加电压 U 之间的关系,即气体的伏安特性曲线,如图 1-2 所示。

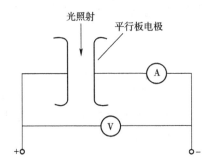

图 1-1　实验原理接线图

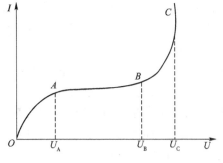

图 1-2　气体间隙放电时的伏安特性

线性段 OA:随着电压的升高,带电质点的运动速度增大,间隙中的电流也随之近乎成比例增大。

饱和段 AB:到达 A 点后,电流不再随电压的增大而增大,因为这时在单位时间内所有由外界游离因素产生的有限带电质点已全部参与了导电,故电流趋于饱和。饱和段的电流密度仍然是极小的,一般只有 $10^{-19}\mathrm{A/cm^2}$ 的数量级,此时气隙仍处于良好的绝缘状态。

碰撞游离段 BC:进一步增大电压以后,间隙中的电流又随外加电压的增加而增大,如曲线的 BC 段。因为这时电子在足够强的电场作用下,已积累足以引起碰撞游离的动能,使得间隙中的带电质点骤增。

自持放电段(C 点以后):当电压继续升高至某临界值 U_C 以后,电流急剧增大,同时伴随着产生明显的外部特征,如发光、发声等现象。此时气体间隙突然变为良好的导电状态。

实验表明,当外加电压小于 U_C 时,间隙电流极小,气体本身的绝缘性能尚未被破坏。此时若去掉外界游离因素,电流也将消失,我们把这类放电称为非自持放电。当外加电压达到 U_C 后,气体中的游离过程仅仅依靠外电场的作用即可自行维持,而不再需要外游离因素,我们把这类放电称为自持放电。曲线上 C 点就是非自持放电和自持放电的分界点,把由非自持放电转为自持放电的临界电压 U_C 称为起始放电电压,其对应的电场称为起始放电场强 E_0。游离放电的进一步发展以至气隙击穿的最后过程,将随气隙中电场形式的不同而不同。

在均匀电场中,由于各处的场强相等,只要任意一处开始出现自持放电,就意味着整个间隙将被完全击穿,故均匀电场中的起始放电电压等于间隙的击穿电压。实验表明,在标准大气条件下,均匀电场中空气间隙的击穿场强(也称为气体的电气强度)约为 30kV(峰值)/cm。

在不均匀电场中,由于各处的场强差异悬殊,当放电由非自持转入自持放电时,仅仅是在高场强的局部区域出现自持放电(电晕放电),而广大弱电场区域还是良好的绝缘体,故欲使整个间隙击穿,还需继续升高电压。也就是说,在不均匀电场中,击穿电压可能比起始放电电压高得多。

(2)气体放电后的形式

气体放电后,根据电源容量、气体压力、电极形状的不同,将具有不同的放电形式。在电源容量很小,气体压力较低时,表现为充满整个间隙的辉光放电;在电源容量不大,气压较高时,常表现为跳跃性的火花放电;在电源容量较大且内阻较小时,就可能出现电流大、温度高的电弧放电;在电极的曲率半径较小时,会在该电极附近出现淡淡发光薄层的电晕放电;由电晕电极伸出的明亮而细的断续放电通道,则称为刷状放电。

2. 气体放电理论

如前所述,进入自持放电以后,即使去掉外游离因素,放电仍能够依靠自身而得以维持。为了解释这一现象,下面介绍汤逊放电理论与流注放电理论。

(1)汤逊放电理论

①电子崩及 α 过程。在外游离因素作用下,间隙中产生自由电子,这些起始电子在较强外电场的作用下加速,造成碰撞游离而产生新的电子。新电子和原有的电子一起又将从电场获得动能,继续引起碰撞游离。这样,就出现了一个迅猛发展的碰撞游离,使间隙中的带电质点数量剧增,如同雪崩状,这一现象称为电子崩。图 1-3 所示为电子崩发展的示意图,此时的放电仍属非自持放电。

电子崩的发展过程也称为 α 过程。α 称为电子碰撞游离系数,它表示一个电子沿着电场方向行进的过程中,在单位距离内平均发生碰撞游离的次数。也称汤逊第一游离系数。α 值与气体的种类、气体的相对密度和电场强度有关。根据实验和理论推导可得

$$\alpha = A\delta e^{-\frac{B\delta}{E}} \tag{1-4}$$

式中:A、B——与气体性质有关的常数;

δ——空气相对密度,$\delta = K\dfrac{P}{T}$;

E——电场强度。

如图 1-4 所示,设在外界游离因素的作用下,阴极由于光电子发射产生 n_0 个电子,在电场作用下,这 n_0 个电子在向阳极运动的过程中不断产生碰撞游离,行经距离 x 时变成了 n 个电子,再行经 $\mathrm{d}x$ 距离,增加的电子数为 $\mathrm{d}n$ 个,则

$$\mathrm{d}n = n\alpha\mathrm{d}x$$

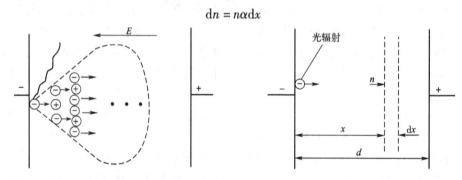

图 1-3 电子崩发展的示意图　　　　图 1-4 均匀电场电子崩电子数示意图

对上式积分,可求得 n_0 个电子在电场作用下不断产生碰撞游离,发展电子崩,经距离 d 而进入阳极的电子数为

$$n = n_0 e^{\int_0^d \alpha\mathrm{d}x}$$

当气体状态保持一定且电场均匀时,α 为常数,上式变为

$$n = n_0 e^{\alpha d} \tag{1-5}$$

式(1-5)就是电子崩发展的规律。

②β 过程。除了 α 过程,气隙空间中还存在着 β 过程。一个正离子沿电场方向行进的

过程中,在单位距离内平均发生碰撞游离的次数称为正离子碰撞游离系数,即为β,也称为汤逊第二游离系数。由于正离子质量大、体积大,平均自由行程短。所以在运动中不易积累引起碰撞游离的能量,因而β值极小,在分析时可以忽略。

③γ过程及汤逊自持放电条件。α过程仅讨论了电极空间的碰撞游离,实际上正离子及光子在阴极表面均可激发出电子而引起阴极表面游离,称为γ过程。为此,引入正离子的表面游离系数γ,它表示一个正离子在电场作用下由阳极向阴极运动,撞击阴极表面产生表面游离的电子数,也称为汤逊第三游离系数。在式(1-5)中,令$n_0 = 1$,则

$$n_{\mathrm{d}} = e^{\alpha d}$$

即一个电子从阴极出发运动到阳极时,由于碰撞游离形成电子崩,到达阳极时将变成$e^{\alpha d}$个电子(包括起始的一个电子)。如果除去起始的一个电子,那么产生的新电子数或正离子数为($e^{\alpha d} - 1$)个。这些正离子在电场的作用下向阴极运动,并撞击阴极表面,如果($e^{\alpha d} - 1$)个正离子在撞击阴极表面时,至少能从阴极表面释放出一个有效电子来弥补原来那个产生电子崩并已进入阳极的电子,使后继电子崩无需依靠其他外界游离因素而仅依靠放电过程本身就能自行得到发展。所以汤逊放电理论的自持放电条件可表达为

$$\gamma e^{\alpha d} - 1 = 1 \tag{1-6}$$

④巴申定律。早在汤逊放电理论出现之前,科学家巴申于19世纪末对气体放电进行了大量的实验研究,并对均匀电场中的气体放电做出了放电电压与放电距离d和气压p的乘积的关系曲线,即$U_{\mathrm{b}} = f(pd)$,如图1-5所示。从图中可以看出,曲线呈U形,分为左右两半支,并在某pd值时曲线有极小值。不同的气体,其最低击穿电压U_{bmin}及对应的pd值各不相同。对于空气,U_{b}的极小值约为325V。

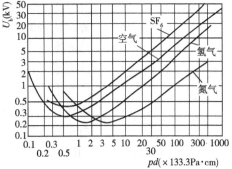

图1-5　均匀电场中几种气体的击穿
电压U_{b}与pd的关系曲线

假设d保持不变,改变p。当p增大时,虽然电子容易与气体粒子碰撞,但平均自由行程$\bar{\lambda}$将缩短,每次碰撞时由于电子积聚的动能难以使气体粒子游离,故U_{b}升高;反之,当p过分减小时,虽然$\bar{\lambda}$增大,每次碰撞时积聚的动能易引起气体粒子游离,但电子不易与气体粒子相碰撞,使碰撞的机会大大减少,故U_{b}也会增大。

假设p保持不变,改变d。当d增大时,欲得到一定的电场强度,外加电压就必须增大;反之,当d减少时,电场强度增大,但电子在走完全程中所发生的碰撞次数减小,甚至$\bar{\lambda}$与d相比较,因此电子遇不到气体分子就带着很大的动能直接撞进阳极去了。故U_{b}也会增大。

根据汤逊放电理论,也可得出上述的函数关系$U_{\mathrm{b}} = f(pd)$。因此,巴申定律可从理论上由汤逊放电理论得到佐证,同时也给汤逊放电理论以实验结果的支持。以上分析结果都是在假定气体温度不变的情况下得出的。为了考虑温度变化的影响,巴申定律更普遍的形式是以气体的密度代替压力。对空气而言,可用$U_{\mathrm{b}} = f(\delta d)$表示,其中$\delta$为空气的相对密度,即实际的空气密度与标准大气条件下的密度之比。

⑤适用范围及局限性。汤逊放电理论可较好地解释低气压、短间隙、均匀电场中的放电现象,δd过小或过大时,放电机理将出现变化,汤逊放电理论就不适用了。比如在pd过小时,场致发射(即金属表面发生强场发射)将导致击穿。而在解释大气中长间隙(即pd较

大)放电过程时,发现有以下几点实验现象无法全部在汤逊放电理论范围内给予解释:

a.放电时间。根据汤逊放电理论计算出来的击穿过程所需的时间,至少应等于正离子走过极间距离的时间,而实测的放电时间要比此值小 $10 \sim 100$ 倍。

b.阴极材料的影响。根据汤逊放电理论,阴极材料在击穿过程中起着重要的作用,然而实验表明,气体在大气压下,间隙的击穿电压与阴极材料无关。

c.放电外形。按汤逊放电理论,气体放电应在整个间隙中均匀连续的发展。低气压下的气体放电区确实占据了整个电极空间,如放电管中的辉光放电。但在大气中气体击穿时会出现有分支的明亮细通道。

通常认为, $\delta d > 0.26$ cm 时,击穿过程将发生变化,汤逊放电理论的计算结果不再适用,但其所描述的气体放电的基本物理过程却具有普遍意义。

（2）流注理论

汤逊放电理论是用 α 过程及 γ 过程来说明 δd 较小时的放电现象,但当 pd 较大时,如前所述放电过程及现象出现了新的变化。于是在汤逊放电理论的基础上,由洛伊布(Leob)和米克(Meek)等通过大量的实验研究及对雷电的观测,提出了流注放电理论。流注放电理论认为电子的碰撞游离和空间光游离是形成自持放电的主要因素,并且强调了空间电荷畸变电场的作用。但流注放电理论还很粗糙,目前只能做定性的描述。

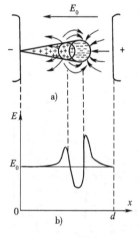

图1-6 电子崩中的空间电荷对均匀电场的畸变

①空间电荷对电场的畸变作用。当外电场足够强时,一个由外界游离因素产生的初始电子,在从阴极向阳极运动的过程中产生碰撞游离而发展成为电子崩,这种电子崩称为初始电子崩,简称为初崩或主崩。由于电子的迁移速度远大于正离子,故绝大多数电子都集中在电子崩的头部,而正离子则基本上滞留在原来产生它的位置上,因而在电子崩头部集中着大部分的正离子和几乎全部的电子。由于电子崩在发展过程中带电质点的不断扩散,所以半径也会逐渐增大。如图1-6a)所示。

当电子崩发展到一定程度后,电子崩形成的空间电荷的电场将大大增强。使总的合成电场明显发生畸变,其结果是增强了崩头及崩尾的电场,而削弱了电子崩内正负电荷区域之间的电场。如图1-6b)所示。电子崩头部电荷密度非常大,游离过程强烈,再加上电场分布受到上述的畸变,结果崩头将放射出大量光子。崩头前后,电场明显增强,这有利于产生分子和离子的激励现象,当分子和离子从激励状态恢复到正常状态时,放射出光子。而崩中间区域的电场较弱,这有利于带电质点的复合和被激励分子回到原始状态,同样也会有光子辐射。当外电场相对较弱时,这些过程不会很强烈,也不会引起新的现象。但当外电场足够强时,情况则引起了质的变化,电子崩头部开始形成流注。

②流注的形成。当外加电压等于击穿电压,初崩发展到阳极时,如图1-7a)所示,初崩中的电子迅速消失于阳极中,留下来的大量正离子(在初崩头部密度最大)使尾部的电场大大增强,并向周围放射出大量的光子。这些光子在附近的气体中引起了光游离,于是在空间产生光电子,如图1-7b)所示。新形成的光电子被主崩头部的正空间电荷吸引,在受到畸变而加强了的电场中,又激烈地造成了新的电子崩,称为二次电子崩,简称二次崩。如图1-7c)所示。

二次崩头部的电子被主崩头部的正空间电荷吸引进入主崩头部区域,由于这里电场强度很小,所以电子大多形成负离子。大量的正负离子汇合后形成的混合通道,称为流注。如图1-7d)、e)、f)所示。

流注通道导电性良好,其头部(这里流注的发展方向是从阳极到阴极,称为正流注,它与初崩发展方向相反)是由二次崩形成的正电荷,使得流注头部前方出现更强的电场,同时,由于很多二次崩汇集的结果,流注头部游离过程蓬勃发展,向周围放射出大量光子,继续引起空间光游离。于是在流注前方出现了新的二次崩,它们被吸引到流注头部,从而延长了流注通道。如图1-7e)所示。

这样,流注不断向阴极推进,且随着流注向阴极的接近,其头部电场越来越强,因而其发展速度越来越快。当流注发展到阴极后,整个间隙被导电性能良好的等离子通道所贯通,这将导致整个间隙的击穿,如图1-7f)所示。

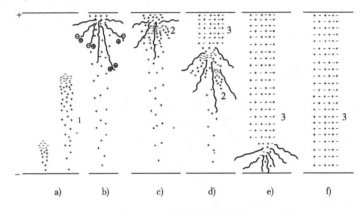

图1-7 正流注的产生及发展
1-主电子崩; 2-二次电子崩; 3-流注

由于流注放电理论较为抽象,为了帮助读者理解,下面用流程图的形式对流注形成过程进行描述:外电场足够强时,初始电子加速,形成电子崩(初崩),空间出现大量电荷,外电场分布被畸变,崩头、崩尾电场增强(使游离更强烈),崩内电场削弱(使复合更容易),向空间辐射大量光子,空间光游离,产生光电子,外电场作用及初崩正离子吸引形成电子崩(二次崩),与初崩汇合形成正负离子混合通道,形成流注,流注的导电性很好,促使流注迅速向前方发展,流注贯穿两电极,气隙绝缘破坏,即击穿。

上述介绍的是电压较低,电子崩经过整个间隙方能形成流注的情况,由于这种流注由阳极向阴极发展,故称为正流注。如果外加电压比击穿电压高时,则电子崩无需穿过整个间隙,其头部的电子数即可达到足够的数量,足以形成流注。由于这种流注由阴极向阳极发展,故称为负流注。负流注的发展过程中,电子的运动受到电子崩留下的正电荷的牵制,故发展速度比正流注小。

③流注自持放电条件。流注的形成需要初崩头部的电荷达到一定的数量,使电场发生足够的畸变和加强,并造成足够的空间光游离。

一般认为,当 $\alpha d \approx 20$ (或 $e^{\alpha d} \approx 10^8$)时便可满足上述条件,使流注得以形成。而一旦形成流注,放电即可转入自持,在均匀电场中即导致气隙的击穿。

④流注放电理论对放电现象的解释、适用范围及局限性。流注放电理论可以解释汤逊放电理论不能解释的大气中的放电现象。在大气中,放电发展之所以迅速,其原因在于多个不同位置的电子崩同时发展和汇合,这些二次崩的起始电子是由光子形成的,光子的运动速

9

度比电子大得多,且它又处在加强的电场中前进,其速度比初始电子崩快,故流注的发展速度极快,使大气中的放电时间特别短;另外,流注通道中的电荷密度很大,电导很大,故其中的电场强度很小,因此,流注出现后,将减弱其周围空间内电场,但加强了流注前方的电场,并且这一作用将伴随其向前发展而更为增强。当偶然原因使某一流注发展较快时,故电子崩形成流注后,它将抑制其他流注的形成和发展。这种作用随流注向前推进越来越强,使流注头部始终保持着很小的半径,因此整个放电通道是狭窄的,而且二次崩可以从流注四周不同的方位同时向流注头部汇合,故流注的头部推进可能有曲折和分支。再者在大气条件下,放电的发展不是靠正离子撞击阴极使阴极产生二次电子来维持,而是靠空间光游离产生光电子来维持,故大气中气隙的击穿电压与阴极材料基本无关。

一般认为当 $\delta d > 0.26 \mathrm{cm}$ 时,放电就由汤逊形式过渡到流注形式。故流注放电理论适用于解释长间隙、大气压,即 pd 较大时的情况。但是流注放电理论无法很好地解释短间隙、低气压时的气体放电现象。因此,汤逊放电理论与流注放电理论互相补充,从而在广阔的 δd 范围内说明了不同的放电现象。

三、不均匀电场中的放电过程

在大多数电力工程的实际绝缘结构中,电场都是不均匀的。所谓不均匀电场,就是电场内各处的电场强度不相等。如棒-棒间隙、棒-板间隙等,如图 1-8 所示。为了能够定量分析电场的不均匀程度,通常可用电场不均匀系数 f 来描述

$$f = \frac{E_{\max}}{E_{\mathrm{av}}}$$

式中,$E_{\max}$ 为最大场强;E_{av} 为平均场强。

$$E_{\mathrm{av}} = \frac{U}{d}$$

式中,U 为间隙上外加的电压;d 为间隙的最小距离。一般情况,对均匀电场 $f=1$;对稍不均匀电场,$1 < f < 2$;对极不均匀电场 $f > 4$。严格来说,均匀电场在工程中是无法见到的。

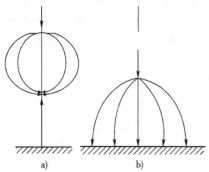

图 1-8 不均匀电场的典型形式
a) 棒-棒间隙;b) 棒-板间隙

工程上所使用的平行板电极一般都采用了消除电极边缘效应的措施(比如高压静电电压表)。典型的稍不均匀电场实例是高电压试验中使用的球间隙以及 SF_6 封闭式组合电器(GIS)中的分相母线圆筒等,而高压输电线之间的空气绝缘则是极不均匀电场。

稍不均匀电场中放电的特点与均匀电场中相似,在间隙击穿前看不到有什么放电的迹象。而极不均匀电场(以下指的不均匀电场就是指极不均匀电场)中空气间隙的放电具有一系列的特点,因此,研究不均匀电场中气体放电的规律具有重要的实际意义。

1. 电晕放电

(1) 电晕放电现象

在极不均匀电场中,间隙中的最大场强与平均场强相差很大,以至于当外加电压及其平均场强还较小的时候,曲率半径较小电极附近空间的局部场强已很大,在这局部强场区的空气会首先发生自持放电,此现象称为电晕放电。

发生电晕放电时,曲率半径较小的电极附近会出现淡蓝色的发光层,同时伴随轻微的"嗞嗞"的响声,严重时还可嗅到臭氧的气味。

(2)电晕的起始电压与起始场强

开始出现电晕时的电压称为电晕起始电压。此时电极表面的场强称为电晕起始场强。实际电气设备的绝缘结构比较复杂,电极形状与表面状态及各种因素的影响相差很大,准确计算电晕起始电压十分困难,因此工程上一般采用皮克(F. W. Peek)经验公式来计算电晕起始电压与起始场强。

算得 E_c 后就不难根据电极布置求得起始电压 U_c。例如,对于离地高度为 h 的单相导线可写出

$$U_c = E_c r \ln \frac{2h}{r} \tag{1-7}$$

对于距离为 D 的两根平行导线(D 远大于 r),则可写出

$$U_c = E_c r \ln \frac{D}{r} \tag{1-8}$$

对于三相输电导线,上式中的 U_c 代表相电压,D 为导线的几何均距,$D = \sqrt[3]{D_{12}D_{23}D_{31}}$。

比如,对于同直径的两根平行输电线路,其电晕起始场强 E_c(导线的表面场强,峰值)的经验表达式为

$$E_c = 30 m_1 m_2 \delta \left(1 + \frac{0.3}{\sqrt{r\delta}}\right) \tag{1-9}$$

式中:r——起晕导线的半径,cm;

δ——空气的相对密度,换算公式见式(1-4);

m_1——导线表面粗糙系数,根据不同情况,约在 0.8~1.0,光滑导线取 1;

m_2——气象系数,根据不同气象情况,约在 0.8~1.0,好天气取 1。

(3)电晕放电的危害及限制措施

电晕放电会带来许多不利的影响。首先,电晕放电时产生的光、声、热效应以及化学反应等都会引起能量损失;其次,电晕放电过程中的放电脉冲现象会产生高频电磁波,对周围无线电通信、广播信号和电气测量造成干扰;另外,电晕放电还会使空气发生化学反应,形成臭氧及氧化氮等产物,对金属及有机绝缘物会产生氧化和腐蚀作用。此外,在某些环境要求较高的场合,电晕所发出的噪声也有可能超过环保标准。

因此,研究电晕放电、如何限制电晕放电,是高电压技术中的一项重要任务。例如,建设超高压输电线路时,由导线电晕造成的能量损耗及电磁波干扰就是必须考虑的问题。限制电晕放电最有效的措施就是增大电极的曲率半径,改进电极形状,例如超(特)高压线路采用分裂导线;有些高压电器采用空心薄壳的、扩大尺寸的球面或旋转椭圆面等形式的电极;发变电站里采用管型空心硬母线等。

电晕的某些效应也有可以利用的一面。例如,线路上发生电晕后可削弱线路上雷电或操作冲击波的幅值和陡度;可利用电晕原理来净化工业废气,制造净化水和空气用的臭氧发生器,发展静电喷涂技术和电除尘等;在特殊情况下还可利用电晕来改善电场分布,从而提高间隙的绝缘强度。

2. 极不均匀电场中气隙的击穿过程

极不均匀电场中的气体放电过程与均匀电场(或稍不均匀电场)中气体放电的特征不

同,主要表现在:极不均匀电场的气体放电过程中有持续的电晕放电;存在极性效应;长间隙与短间隙的放电又有所不同。

下面以常用的棒—板电极作为典型的极不均匀电场来讨论放电过程。这种间隙击穿以前,棒电极附近的场强已很大,足以引起强烈的游离,从而在空间积聚起大量电荷,使电场畸变,棒电极的极性不同,空间电荷对放电过程发展的影响也不同,所造成的气隙击穿电压和电晕起始电压也不同,即存在极性效应。

(1)短间隙的击穿

①电子崩阶段(非自持放电阶段)。

a.正棒—负板。电晕起始前,由于棒附近场强很大,足以发展起相当强烈的电子崩过程,并进入强场区,如图1-9a)所示。崩头朝向正棒,崩中电子很快与正棒电极中和,而正离子相对来说缓慢地向板极移动,于是在正棒附近积聚起正空间电荷,图1-9b)所示,从而削弱了棒极附近的电场与游离过程,而略为加强了外空间的电场,如图1-9c)中曲线2所示,曲线1为外电场分布。电子崩难以形成流注,使自持放电即电晕放电难以形成,故电晕起始电压较高。

b.负棒—正板。负棒电极表面强场区产生电子崩,如图1-10a)所示,崩头朝向正板,电子迅速离开强场区后以越来越慢的速度进入弱场区,不再引起游离,一部分消失于板极,其余的形成非常分散的负离子空间,如图1-10b)所示。正离子逐渐向负棒运动而消失于棒极,但由于其运动速度较慢,所以,负棒附近总是滞留部分正离子而形成比较集中的正空间电荷,使负棒附近电场加强,如图1-10c)所示。因而自持放电条件容易得到满足,电子崩容易形成流注而产生电晕放电,故电晕起始电压较低。

②流注的形成与发展阶段(自持放电阶段)。

随着外加电压的升高,紧贴棒极附近电场增强形成流注,爆发电晕。之后的不同空间电荷对间隙放电进一步发展所起的影响就和上述不同了。

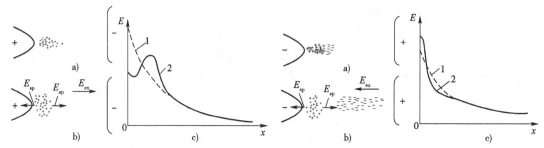

图1-9 正棒—负板间隙中非自持放电阶段空间电荷
对外电场的畸变作用
E_{ex}-外电场;E_{sp}-空间电荷电场

图1-10 负棒—正板间隙中非自持放电阶段空间电荷
对外电场的畸变作用
E_{ex}-外电场;E_{sp}-空间电荷电场

a.正棒—负板。若电压足够高,正棒附近形成流注,流注头都具有正电荷,如图1-11a)、b)所示。头部的正电荷减弱了等离子体中的电场,而加强了其头部电场,如图1-11d)中曲线2所示。流注头部前方电场得到加强,使前方电场容易产生新的电子崩,其电子造成发展正流注的有利条件。流注头部被加强的电场处产生新的电子崩(二次电子崩),如图1-11b)所示。二次崩与初崩汇合形成流注,而流注及其头部(二次崩尾部)的正空间电荷加强了流注前方的电场。使流注进一步延长并向板极发展,如图1-11c)所示。这样,流注及其头部的正电荷使强场区更向前推移,如图1-11d)中曲线3所示。由于流注所产生的空间电荷总是加强前方的电场,所以它的发展是连续的,速度很快,与负棒相比,击穿同一间隙所需的电压要小得多。

b. 负棒—正板。负棒附近集中的正空间电荷虽然增强了负棒附近的电场,使流注容易形成,产生电晕,但后来的路程中场强愈来愈弱,使流注向前发展却比较困难。初崩留下的正空间电荷[如图1-12a)所示]削弱了前沿电场(负空间电荷非常分散,对外电场影响不大),如图1-12d)中曲线2所示,使流注向前发展受到抑制。只有再升高电压,待初崩中向负棒方向(向后)发展的流注[如图1-12b)所示]完成(较为容易),使前方电场加强以后,如图1-12d)中曲线3所示,才可能在前方空间产生新的电子崩,如图1-12c)所示。新电子崩的发展过程与初崩相同,这样,就形成了自负棒向正板发展的负流注。由此可见,负流注的发展是阶段式的,平均速度比正流注小得多,故与正棒相比,击穿同一间隙所需的电压要大得多。

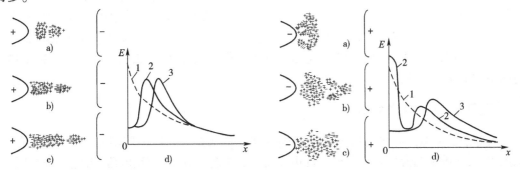

图1-11 正棒—负板间隙中正流注的形成和发展　　图1-12 负棒—正板间隙中负流注的形成和发展

综上所述,所谓极性效应,就是在相同极间距下,负棒—正板的起始电晕电压比正棒—负板下低,但由于其流注通道向板极的发展比较困难,所以其击穿电压反而比正棒—负板时高。

当间隙距离较短时,电压进一步升高,个别流注(不论是正流注还是负流注)发展到对面电极时,整个间隙就被充满正负电荷的具有较大导电性的流注通道贯通。在电源电压作用下,流注中的带电质点继续从电源电场获得加速,得到能量,发展更强烈的游离,使流注中带电质点浓度急剧增长,通道温度和电导进一步急剧升高和变大,最后完全失去绝缘性能,气隙的击穿就完成了。

(2)长间隙的击穿

进一步的研究发现,在间隙距离较长时,除了与短间隙类似的上述过程外,还存在新的、不同性质的放电过程。下面进行简要介绍。

①先导放电阶段。如图1-13所示,当间隙距离较长(如棒—板间隙距离大于1m时),间隙内弱电场区增大,流注还不足以贯通整个间隙,此时从棒极开始的流注通道发展到足够的长度后,将有较多的电子沿通道流向电极,通过通道根部的电子最多,于是流注从根部开始发热(温度可达数千度或更高,足以使气体出现热游离),出现一个茎状发亮的热游离通道,这个具有热游离过程的通道称为先导通道。由于先导中出现了新的更为强烈的游离过程,故先导通道中带电质点的浓度远大于流注通道,因而电导更大,压降更小。由于流注通道中的一部分转变为先导,使得流注头部的电场加强,从而为流注继续伸长到对面电极并迅速转变为先导创造了条件,这个过程称为先导放电。

②主放电阶段。当先导通道发展到接近对面电极时,在余下的小间隙中场强达到极大

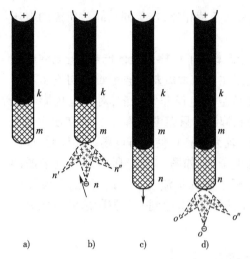

a)   b)   c)   d)

图 1-13 正棒—负板间隙中先导通道的发展过程

的数值,从而引起强烈的游离,这一间隙中出现了离子浓度远大于先导的等离子体,这一强游离区又以极高的速度向相反方向传播,同时中和先导通道中多余的空间电荷,这个过程称为主放电。主放电过程使贯穿两极间的通道最终形成温度很高、电导很大、轴向场强很小的等离子体火花通道,这时的间隙接近于短路状态,使气隙完全失去了绝缘性能,至此即完成了长间隙的击穿。自然界中的雷电放电属于典型的超长间隙放电。

长间隙的放电大致可分为先导放电和主放电两个阶段,在先导放电阶段中包括电子崩和流注的形成与发展过程。不太长间隙的放电没有先导放电阶段,只分为电子崩、流注和主放电阶段。

由于间隙越长,先导过程与主放电过程就发展得越充分,所以长间隙的平均击穿场强比短间隙的平均击穿场强低。

四、气体介质的电气强度

气隙的击穿电压与电场均匀程度、电板形状、极间距、气体的状态以及气体种类有关。除此以外,气隙的击穿电压还与外加的电压形式(指直流电压、交流电压、雷电冲击电压、操作冲击电压等)有非常大的关系。按作用时间的长短,外加电压形式可分为两类:一类称为持续作用电压(这类电压持续时间较长,变化速度较小,如直流电压和工频电压);另一类称为冲击电压(这类电压持续时间极短,以微秒计,变化速度很快,如雷电冲击电压和操作冲击电压)。

在持续作用电压下,间隙放电发展所需的时间可以忽略不计,此时仅需考虑其电压大小即可,但是在冲击电压下,电压作用时间短到可以与放电需要的时间相比拟,这时放电发展所需的时间就不能忽略不计了。

1. 均匀电场气隙的击穿

在均匀电场中,间隙距离不可能很大,各处场强又大致相等,而且电场是对称的,所以击穿前无电晕,无极性效应,放电所需的时间很短。因此,在不同形式电压(指直流、工频、雷电冲击、操作冲击)作用下,其击穿电压(注意:此处直流电压指的是平均值,工频电压指的是峰值,冲击电压指的是 $U_{50\%}$)都相同,击穿电压的分散性也很小。对于空气,均匀电场的击穿电压 U_b(峰值)可用以下经验公式计算,

$$U_b = 24.22\delta d + 6.08 \sqrt{\delta d} \qquad (1-10)$$

式中:U_b——空气间隙的击穿电压(峰),kV;

    d——间隙距离,cm;

    δ——空气相对密度。

在标准大气条件下,均匀电场中空气的电气强度(峰值)大致等于 30kV/cm。

2. 稍不均匀电场气隙的击穿电压

与均匀电场相似,稍不均匀电场中的气隙击穿以前不会形成稳定的电晕,换句话说,一旦局部区域出现电晕,将立即导致整个间隙击穿。在设计六氟化硫绝缘结构时要特别注意

这一点。稍不均匀电场的间隙距离一般不很大,整个间隙的放电时延仍很短,因此在各种不同形式电压作用下,其击穿电压实际上也都相同,且其分散性也不大。

值得注意的是,在稍不均匀电场不对称时,极性效应有所反映,但不很明显。比如,球—球间隙中若一球接地,由于大地对电场的畸变作用使得不接地球处电场增强,间隙中电场分布就变得不对称了,如图 1-14 所示。结果不论是直流电压还是冲击电压,不接地球为正极性时的击穿电压开始变得大于负极性下的数值。工频电压下由于击穿总是发生在容易击穿的半周,所以其击穿电压和负极性下的相同。这与极不均匀电

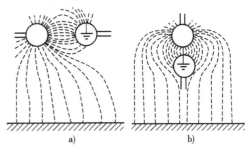

图 1-14 一球接地时的电场分布
a)水平放置;b)垂直放置

场中的极性效应是相反的,即电场最强的电极为负极性时的击穿电压反而略低于正极性时的数值。

3. 极不均匀电场气隙的击穿电压

在极不均匀电场的气隙中,棒—板间隙(不对称电场)和棒—棒间隙(对称电场)具有典型意义,比如输电线路的导线与大地之间就可视为棒—板间隙,导线与导线之间则可视为棒—棒间隙。其他类型的极不均匀电场气隙的击穿特性均介于这两者之间。与均匀及稍不均匀电场中不同,极不均匀电场中直流、工频及冲击击穿电压间的差别比较明显,分散性也较大,且极性效应显著。

下面就不同形式的电压分别予以介绍。

(1)直流电压下的击穿电压

由实验获得棒—板与棒—棒空气间隙的直流击穿电压 U_b 与间隙距离 d 的关系如图 1-15a)所示。由图可见,对棒—板间隙,其击穿电压正如前述的具有明显的极性效应。在所测的极间距离范围内($d = 10cm$),负极性击穿场强约为 20kV/cm;而正极性击穿场强只有 7.5kV/cm,相差较大。棒—棒间隙由于是对称电场,故无明显极性效应,其击穿电压介于棒板间隙在两种极性下的击穿电压之间。这不难理解:因为棒—棒间隙中存在正极性尖端,容易由此发展放电,所以其击穿电压比同样间隙距离的负棒—正板的低;但棒—棒间隙是对称电场,在同样间隙距离下,其电场相对于棒—板间隙来说较为均匀,故其击穿电压又比正棒—负板间隙要高。

对于超高压直流输电线路的绝缘设计,需要研究长间隙棒—板气隙的直流击穿特性。300cm 以内的棒—板间隙的实验结果如图 1-15b)所示。由图可见,此时负极性的平均击穿场强降至 10kV/cm 左右,正极性的平均击穿场强降至 4.5kV/cm 左右。对较大间隙的(50 ~ 300cm)棒 – 棒间隙,其直流电压下的平均击穿场强在 4.8 ~ 5.0kV/cm。

(2)工频电压下的击穿电压

在工频电压作用下,不同间隙的击穿电压 U_b 和间隙距离 d 的关系如图 1-16 所示。由于极性效应,棒—板间隙在工频电压作用下的击穿总是在棒的极性为正、电压达峰值时发生,但其击穿电压的峰值稍低于其直流击穿电压,这是由于前半周期留下的空间电荷对棒极前方的电场有所加强。

当间隙距离不太大时,击穿电压基本上与间隙距离呈线性上升的关系。例如,在间隙距离为 1m 左右时,棒—棒平均击穿场强约为 4.0kV/cm(有效值)或 5.66kV/cm(峰值);棒—

15

板平均击穿场强约为3.7kV/cm(有效值)或5.23kV/cm(峰值)。

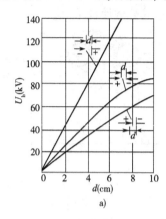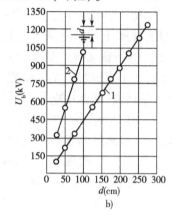

图1-15 棒—板与棒—棒间隙的直流击穿电压 U_b 与间隙距离 d 的关系
a)短间隙 U_b 与 d 间关系;b)长间隙 U_b 与 d 间关系
1-正极性;2-负极性

但是,当间隙距离很大时,击穿电压与间隙距离的关系出现明显的饱和现象,特别是棒—板间隙,其饱和趋向尤甚,如图1-17所示。例如,在间隙距离为10m左右时,棒—板的平均击穿场强仅为1.5kV/cm(有效值)或2.1kV/cm(峰值)。因此在设计高压装置时,应尽量采用棒—棒类对称型的电极结构,而避免棒—板类不对称的电极结构。

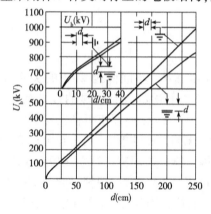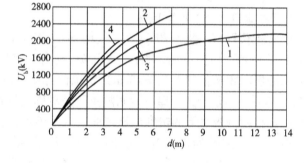

图1-16 工频击穿电压和间隙距离的关系

图1-17 各种长间隙的工频击穿特性曲线
1-棒—板间隙;2-棒—棒间隙;3-导线对杆塔;4-导线对导线

(3)雷电冲击电压下的击穿电压

在标准雷电波形下,当气隙距离 $d < 250cm$ 时,棒—棒及棒—板空气间隙的雷电冲击50%击穿电压和间隙距离的关系如图1-18所示。

由图可知,棒—板间隙具有明显的极性效应,棒—棒间隙也有不大的极性效应。这是由于大地的影响,使不接地的棒极附近电场增强的缘故。同时还可以看出,棒–棒间隙的击穿电压介于棒–板间隙两种极性的击穿电压之间。

当气隙距离更大时,其实验数据如图1-19所示。由图示可见,击穿电压与气隙距离呈直线关系。

(4)操作冲击电压下的击穿电压

实验结果表明:在极不均匀电场中,正极性操作冲击50%击穿电压比负极性的要低。长

16

空气间隙的操作冲击击穿通常发生在波前部分,其击穿电压与波前时间 T_{cr},有关而与波尾时间基本无关。

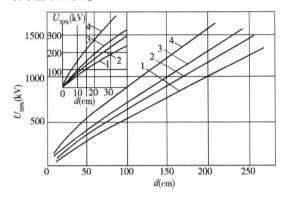
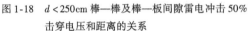

图 1-18 $d<250cm$ 棒—棒及棒—板间隙雷电冲击 50%
击穿电压和距离的关系
1-棒—板,正极性;2-棒—棒,正极性;3-棒—棒,负极性;
4-棒—板,负极性

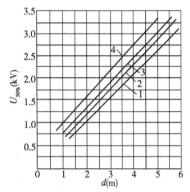

图 1-19 棒—棒及棒—板长间隙的雷电冲击击穿特性
1-棒—板,正极性;2-棒—棒,正极性;3-棒—棒,负
极性;4-棒—板,负极性

五、提高气隙击穿电压的措施

在高压电气设备中气体介质是经常遇到的,为了保证具有足够高的电气强度,又要减小设备尺寸,可采取的措施:一是改善电场分布,使之尽量均匀;二是削弱气体间隙中的游离过程。借此以提高气隙的击穿电压,下面分别进行介绍。

1.改善电场分布,使之尽量均匀

气体的击穿电压与间隙电场的均匀程度有着密切的关系。实验表明,随着电场不均匀程度的逐步增大,间隙的平均击穿场强也逐步由均匀电场的 30kV/cm(峰值)左右逐渐减小到不均匀电场中的 5kV/cm(峰值)以下。

不均匀电场的平均击穿场强之所以低于均匀电场,是由于前者在较低的平均场强下,局部的场强就已超过自持放电的临界值,形成电子崩和流注(长间隙中还有先导放电)。流注或先导通道向间隙深处发展,相当于缩短了间隙的距离,所以击穿就比较容易,所需的平均场强也就比较低。因此,改善电场分布可以有效地提高间隙的击穿电压。一般可以采用以下 3 种措施。

(1)改变电极形状

许多高压电气设备的高压引线端都具有尖锐的形状,所以增大其曲率半径是最为常见的一种方法。如在变压器套管端部加球形屏蔽罩等。同时也要改善电气设备电极的表面及其边缘状况,尽量避免毛刺及棱角等,以消除局部电场增强。近年来,随着电场数值计算的应用,在设计电极时,常使其具有最佳外形,以提高间隙的击穿电压。

(2)细线效应

极不均匀电场中,在一定的条件下,可利用电晕电极所产生的空间电荷来改善极不均匀电场中的电场分布,从而提高间隙的击穿电压。所谓的"细线效应"就是实际例子。比如,导线—平板或导线—导线的电极布置方式,当导线直径减小到一定程度后,气隙的工频击穿电压反而会随导线直径的减小而提高,这种现象称为细线效应。其原因就在于细线引起的电晕放电所形成的围绕细线的均匀空间电荷层相当于扩大了细线的等值半径,改善了气隙中的电场分布。

应该指出的是,细线效应只存在于一定的间隙距离范围内,而且仅在持续电压作用下才有效。

(3)采用绝缘屏障

在极不均匀电场的棒-板间隙中,放入薄片固体绝缘材料(如纸或纸板等),在一定条件下,可以显著提高间隙的击穿电压。所采用的薄层固体材料称为屏障。因屏障极薄,屏障本身的耐电强度无多大意义,主要是屏障阻止了空间电荷的运动,造成空间电荷改变电场分布,从而使击穿电压提高。

通常屏障应用于正棒—负板之间,如图1-20所示。在间隙中加入屏障后,屏障阻止了正离子的运动,使正离子聚集在屏障向着棒的一面,根据同性电荷相互排斥,使其比较均匀地分布在屏障上,从而在屏障前方形成了比较均匀的电场,改善了整个间隙中的电场分布,所以,在正棒—负板间隙中设置屏障可以显著提高间隙的击穿电压。

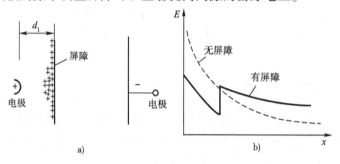

图1-20 屏障布置图

实验表明,屏障效应与外加电压类型、电极布置方式、极性及屏障的位置有关。

应该注意的是,只有在极不均匀电场中,在一定条件下应用屏障才可以提高气隙的击穿电压。因为均匀或稍不均匀电场中间隙在击穿前无显著的空间电荷积聚现象,故屏障就难以发挥作用了。

2. 削弱气体的游离过程

(1)采用高气压

由巴申定律得知,提高气体压力后,气体的密度加大,减少了电子的平均自由行程,削弱了碰撞游离的发展,从而提高了间隙的击穿电压。高气压在实际中得到了广泛应用,比如早期的压缩空气断路器就是利用加压后的压缩空气作为内部绝缘的。在高压标准电容器中,也有采用压缩空气或氮气作为绝缘介质的。

在均匀电场中,压缩空气气压在 $10 \times 101.33 \text{kPa}$ 以下时,间隙击穿电压随气压的增加成线性增加。但继续增加气压到一定值时,逐渐呈现饱和。不均匀电场中提高气压后,也可提高间隙的击穿电压,但程度不如均匀电场显著,这一点在绝缘设计时应予以注意。

(2)采用高真空

由巴申定律得知,当气隙中压力很低(接近真空)时,击穿电压也能迅速提高。因为在这样稀薄空气的空间里,电子的自由行程非常大,电子与中性质点发生碰撞的几率几乎是零,因此不会发生碰撞游离使真空间隙击穿。

但是,在实际采用高真空间隙作绝缘介质时,在一定条件下仍会发生放电现象。这是由不同于电子碰撞游离的其他过程决定的(放电机理已经发生变化)。实验证明,放电时真空中仍有一定的粒子流存在,这被认为:一是强电场下由阴极发射的电子自由飞过间隙,积累起足够的能量撞击阳极,使阳极物质质点受热蒸发或直接引起正离子发射;二是正离子运动至阴极,使阴极产生二次电子发射,如此循环进行,放电便得到维持。

这些真空间隙的击穿机理表明,真空电极的材料及电极的表面状况对真空间隙的绝缘都是非常关键的因素。

高真空介质在电力系统中得到了普遍的应用,如真空开关、真空电容器等,特别在配电系统中其优越性尤为突出。

(3)采用高电气强度气体

在气体电介质中,有一些含卤族元素的强电负性气体,如六氟化硫(SF_6)、氟里昂(CCl_2F_2)等,因其具有强烈的吸附效应,所以在相同的压力下具有比空气高得多的电气强度(为空气的2.5~3倍),故把这一类气体(或充以空气与这类气体的混合气体)称为高电气强度气体。显然,采用这些高电气强度气体替代空气将大大提高气体间隙的击穿电压。

六、沿面放电与污秽放电

高压绝缘分为内绝缘与外绝缘,所谓外绝缘是指高压设备外壳之外,所有暴露在大气中需要绝缘的部分。外绝缘的主要部分是户外绝缘,一般由空气间隙和各种绝缘子构成。

如果加在绝缘子的极间电压超过某数值时,常常会在绝缘子和空气的交界面上出现放电现象,这种沿着固体介质表面发生的气体放电称为沿面放电,沿面放电发展成电极间击穿性的放电称为闪络。沿面闪络电压不仅比固体介质本身的击穿电压低很多,而且比纯空气间隙的击穿电压也低很多,并受绝缘表面状态、电极形状、气候条件、污染程度等因素影响较大。电力系统中的绝缘事故绝大部分是由沿面放电造成的。

1.沿面放电的一般过程

为了便于说明在同一间隙距离时,绝缘子的闪络电压总是小于纯空气间隙的击穿电压这一现象,我们首先分析最简单的理想均匀电场中的沿面放电。

(1)均匀电场中的沿面放电

当在如图1-21a)所示的两电极间逐渐升高电压时,我们发现放电总是沿瓷柱表面发生。而且在同样条件下,沿瓷柱表面的闪络电压总是显著地低于纯气隙的击穿电压。这是因为:

①电极和固体介质端面间可能存在微小气隙。气隙处场强比平均场强大得多,极易发生游离,产生的带电质点到达介质表面后会畸变原电场分布,从而使闪络电压降低。故在实际绝缘结构中常在介质端面上喷涂金属,将气隙短路以提高闪络电压。

②介质表面的伤痕裂纹或介质表面电阻不均匀也会畸变电场分布,降低沿面闪络电压。

③固体介质表面会吸附气体中的水分,形成水膜。

有关试验结果如图1-22所示。

(2)极不均匀电场中的沿面放电

实际上,工程中各种电极形状所构成的电场大多属于极不均匀电场,它们的沿面放电过程可分为如图1-21b)、c)所示的两种情况。

①强垂直分量的沿面放电。高压套管就属于这种情况,下面分析其沿面放电过程,如图1-21b)所示。

从图中所示的电场分布可以看出,套管法兰附近的 E 线最密,电场最强,所以当所加电压还不太高时,此处就出现淡淡的发光圈,称为电晕放电。随着外加电压的升高,放电逐渐变成由许多平行的火花细线组成的光带,称为辉光放电。由于线状火花通道中的电阻值较高,故其中的电流密度较小,压降较大。当电压超过某一临界值后,个别火花细线会突然迅速伸长,转变为较明亮的浅紫色的树枝状火花,而且在不同的位置交替出现,并伴有轻微的爆裂声,称为滑闪放电。它是高压套管沿面放电的一种特有放电形式。滑闪放电通道中的电流密度已较大,这时外加电压微小的升高,就会导致放电火花有较大的增长。当放电火花延伸到另一电极时即造成套管的闪络。

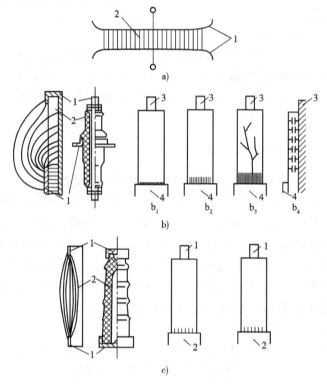

图 1-21 沿面放电的几种典型形式

a)均匀电场的沿面放电;b)强垂直分量的沿面放电;c)弱垂直分量的沿面放电

1-电极;2-固体介质;3-导杆;4-法兰;b₁-电晕放电;b₂-细线状辉光放电;b₃-滑闪放电;b₄-套管表面电容等值图

上述现象也可用图 1-23 所示的等值电路加以说明。当在套管导电杆 T 与法兰 F 两端加上工频电压时,沿套管表面 D 将有电流流过,但由于 C_0 及 G_r 的分流作用,使得沿套管表面 D 的电流不相等,越靠近法兰 F 处的表面电流越大,单位距离上的压降也越大,电场也越强,故 F 处的电场最强。当其电场大到足以造成气体游离的数值时,该段固体介质表面的气体即发生游离,产生大量的带电质点,它们被很强的电场法线分量紧压在介质表面上运动,从而使介质表面局部温度升高。当局部温升引起气体分子的热游离时,火花通道中的带电质点剧增,电阻骤减,火花通道头部的场强变大,火花通道迅速向前延伸,即形成滑闪放电。故滑闪放电是以气体分子的热游离为特征的,而且只发生在具有强垂直分量的极不均匀电场中。

从图 1-23 中不难看出,若固体介质的体积电容 C_0 越大,体积电导 G_r 越大,沿介质表面的电压分布就越不均匀,其沿面闪络电压也就越低;若外加电压的变化速度越快,频率越高,分流作用就越强,电压分布就越不均匀,沿面闪络电压也就越低。

因此为了提高套管的闪络电压,可以采取以下 3 种措施:

20

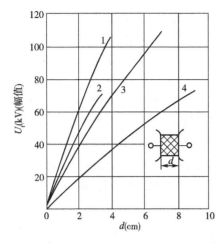

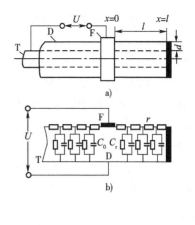

图1-22　均匀电场中不同介质工频沿面闪络电压曲线　　图1-23　高压实心套管的等值电路
1-纯空气间隙;2-石蜡;3-瓷;4-与电极接触不紧密的瓷　　　　a)外形图;b)等值电路

a. 减小套管的体积电容,调整其表面的电位分布,如增大固体介质的厚度,特别是加大法兰处套管的外径,也可采用介电常数较小的介质。

b. 适当减小绝缘表面电阻,如在套管靠近法兰处涂半导体漆或半导体釉,可以使沿面的最大电位梯度减小,防止滑闪放电的出现,使电压分布变得均匀。

c. 在瓷套的内壁上喷铝,以消除气隙两端的电位差,防止空气隙在强电场下出现游离放电现象。

由于滑闪放电现象与介质体积电容及电压变化的速度有关,故在工频交流和冲击电压作用下,可以明显的看到滑闪放电现象。而在直流电压作用下,则不会出现明显的滑闪放电现象。在直流电压作用下,介质的体积电容对沿面放电的发展基本上没有影响,因而沿面闪络电压接近于纯空气间隙的击穿电压。

应当指出的是,套管的工频沿面闪络电压并不正比于套管的长度,前者的增大要比后者的增长慢得多。这是由于套管长度增加时,通过固体介质体积内的电容电流和泄漏电流将随之有很快的增大,使沿面电压分布的不均匀性进一步增强。

②弱垂直分量的沿面放电。支柱绝缘子就属于这种情况。下面分析其沿面放电过程,如图1-21c)所示。

由于支柱绝缘子本身的电极形状和布置已经使电场分布很不均匀了,其沿面闪络电压较低(与均匀电场相比),因而介质表面积聚电荷使电压重新分布所造成的电场畸变,不会显著降低沿面闪络电压。

此外,因电场的垂直分量较小,沿介质表面也不会有较大的电容电流流过,放电过程中不会出现热游离,故不会出现明显的滑闪放电,垂直于放电发展方向的介质厚度对沿面闪络电压实际上没有影响。因此,为提高此类绝缘子的沿面闪络电压,一般从改进电极形状以改善电极附近的电场着手。如采用内屏蔽或采用外屏蔽电极(如屏蔽罩和均压环等)。

2. 悬式绝缘子串的电压分布

我国35kV及以上的高压线路大多使用由盘形悬式绝缘子组成的绝缘子串作为线路绝缘,绝缘子串中绝缘子片数的多少决定了线路的绝缘水平。

悬式绝缘子串由于绝缘子的金属部分与铁塔或带电导线间存在电容,使绝缘子串的电压分布不均匀。为了说明这个问题,可以用图1-24c)所示的等值电路来分析。图中 C 为绝缘子本身的电容，C_E 为绝缘子金属部分对铁塔的电容，C_L 为绝缘子金属部分对导线的电容，一般 C 为 50~75pF，C_E 为 3~5pF，C_L 为 0.3~1.5pF（若采用分裂导线则有所增大）。

如果只考虑 C_E，则等值电路如图 1-24a)所示，显然由于 C_E 的分流，将使靠近导线端的绝缘子流过的电流最多，从而该处的电压降也最大。

如果只考虑 C_L，则等值电路如图 1-24b)所示。同样可知，由于各个 C_L 分流的电流将使靠近铁塔端的绝缘子流过的电流最大，从而使该处的电压降也最大。

实际上 C_E 及 C_L 同时存在，各绝缘子上承受的电压分布如图 1-24c)所示。由于 $C_E > C_L$，即 C_E 的影响比 C_L 大，所以绝缘子串中靠近导线端的绝缘子承受的电压降最大，离导线端远的绝缘子电压降逐渐减小。当靠近铁塔横担时，C_L 的作用显著，电压降又有些升高。

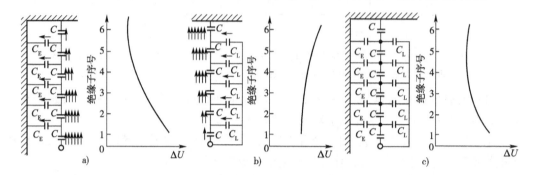

图 1-24 悬式绝缘子串的等值电路及其电压分布曲线
a)只考虑对铁塔电容 C_E；b) 只考虑对导线电容 C_L；c)同时考虑 C_E 和 C_L

随着输电电压的提高，绝缘子片数越来越多，绝缘子串上的电压分布越来越不均匀，靠近导线端第一个绝缘子上的电压降最高，当其电压达到电晕起始电压时，常常会产生电晕。为了改善绝缘子串的电压分布，通常在绝缘子串的导线端安装均压环，以增大 C_L，而起到补偿 C_E 的作用。此外，超高压输电线路广泛采用的分裂导线（此时 C_L 有所增大），也有利于绝缘子的电压分布不均匀程度的减小。

通常，对 330kV 及以上电压等级的线路才考虑使用均压环。在工程实际中，类似于悬式绝缘子串电压分布不均匀的例子很多，如变电站中的避雷器由多个元件组成，为了改善其电压分布常常也加装均压环。

3.绝缘子的干闪与湿闪

高压线路绝缘子在日常运行时，要在不同的大气条件下正常的工作，如天气晴朗、下雨、大雾、雷雨季节、脏污地区、沿海地区、平原和高海拔地区等条件下，所有各种情况都要求高压线路绝缘子具有一定的绝缘水平以保证供电的可靠性。所以要对绝缘子进行各种电气性能的试验。

绝缘子的电气性能常用闪络电压衡量，根据工作条件的不同，闪络电压通常分为干闪电压、湿闪电压和污闪电压 3 种。干闪电压是指表面清洁而且干燥时绝缘子的闪络电压，它是户内绝缘子的主要性能。湿闪电压是指洁净的绝缘子在淋雨情况下的闪络电压，它是户外绝缘子的主要性能。这里主要介绍在淋雨状态下高压绝缘子的沿面放电。

如图 1-25 所示的人工淋雨试验中，为了防止在淋雨情况下整个绝缘子表面都被雨水淋湿，设计时都将绝缘子的形状做成伞裙状，通常伞裙突出主干直径的宽度与伞间距离之比为 1:2。为了增大沿面闪络距离，在绝缘子下表面往往还做成几个凸起的棱。这样，在淋雨时，只会在绝缘子(串)的上表面形成一层不均匀的导电的水膜，而下表面仍保持干燥状态，绝大部分电压将由干燥的表面所承受。

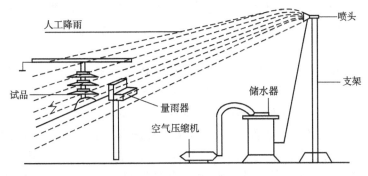

图 1-25　人工淋雨模拟绝缘子湿闪装置示意图

在工频电压作用下,当绝缘子不长时,其湿闪电压显著低于干闪电压(低15%~20%)。由于在淋雨情况下沿绝缘子串的电压分布(主要按电导分布)比较均匀,故绝缘子串的湿闪

电压也基本上按绝缘子串长度的增加而线性增加;另一方面,由于干燥情况下的绝缘子串的电压分布不均匀,绝缘子串的干闪电压梯度将随绝缘子串长度的增加而下降。这样,随着绝缘子串长度的增加,湿闪电压将会逐渐接近其干闪电压,以致超过干闪电压,两者的比较如图1-26所示。

4. 绝缘子的污闪

(1)污闪的危害性

环境污染问题严重影响着人类的日常生活,同时也严重影响着包括电力在内的工农业生产。在户外运行的绝缘子,常会受到工业污秽或盐碱、飞尘等的污染。在干燥情况下,这种污秽物电阻很大,对运行没什么大的影响。但在大气湿度较

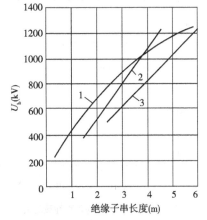

图 1-26　悬式绝缘子串湿闪电压和干闪电压的比较
1-干闪电压;2-湿闪电压(ⅡM－4.5);3-湿闪电压
(ⅡM－8.5)

高,特别是在毛毛雨、雾、凝露、融雪、融冰等不利的天气条件下,绝缘子表面的污秽物被润湿,表面电导和泄漏电流剧增,闪络电压明显降低,甚至可以在工作电压下发生闪络。由这种闪络所造成的事故称为污闪事故。

污闪事故虽然不像雷害事故那样频繁,但由污闪所造成的损失要比雷害大得多。这是因为诱发污闪的条件(如污秽层、雾、雨、雪等)往往长期而广泛地存在,如果采用重合闸措施,污闪处的电弧有可能重燃,甚至使绝缘子炸裂,故污闪事故重合闸的成功率是极低的。因此,污闪事故一旦发生,往往会造成大面积、长时间停电,迄今依然是威胁电力系统安全运行的最危险事故之一。我国输变电外绝缘仍存在很多薄弱环节,在恶劣气象条件下,往往经不起考验。如1990年,华北电网发生大面积污闪;1996年,华东电网发生大面积污闪;2001年春,辽宁、华北和河南电网又发生大面积污闪事故。

污秽绝缘水平已成为选择超(特)高压系统外绝缘水平的决定性因素。在直流情况下,污闪问题更为严重,成为直流输电中的几大难题之一。我国的防污闪工作依然任务艰巨,任重道远。

(2)污闪放电的基本过程

污闪是一个非常复杂的过程,至今对它形成机理的研究还很粗糙。故本书只作概述性

的介绍(以盘型悬式绝缘子为例)。

①绝缘子表面积污。绝缘子表面积污是一个很复杂的过程,污秽度不仅与积污量有关,而且与污秽的化学成分有关。图1-27所示是我国某地区污闪跳闸与污秽性质的关系的统计图。

为了模拟自然界中的污秽,通常可用"等值附盐密度"(ESDD,简称"等值盐密")来表征绝缘子表面的污秽程度。等值盐密法,就是将绝缘子表面的污秽物密度转化为相当于每平方厘米含多少毫克的NaCl的表示方法,一般为$0.2 \sim 0.4 \mathrm{mg/cm^2}$。

②污层的湿润。当绝缘子表面积污后,如果又有合适的湿润条件时,染污绝缘表面变成导电层,表面绝缘能力下降。空气中的水分有各种各样的形式:如下大雨、中雨、小雨、毛毛雨,还有雾、露、雪等。经大量的测试表明,以雾的威胁最为严重。图1-28是我国某地区污闪跳闸与气象条件的关系的统计图。

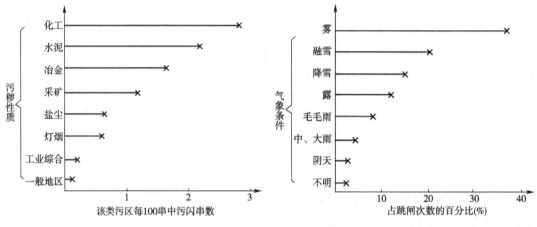

图1-27 污闪跳闸与污秽性质的关系   图1-28 污闪跳闸与气象条件的关系

③局部电弧的产生与发展。当绝缘子积污和湿润以后,在运行电压作用下,污秽放电的过程大致如下:流过绝缘子表面的泄漏电流增大,产生焦耳热使水分蒸发。在电流密度大、污层电阻高的局部区域(如铁脚周围)热效应较显著,污层可能被烘干,形成干区。干区隔断了泄漏电流,使作用电压集中于干区两端而形成高场强,引起空气碰撞游离,在铁脚周围出现局部放电现象。这种局部放电具有不稳定、时断时续的性质(有时也称之为闪烁放电)。于是,大部分泄漏电流经闪烁放电的通道流过,很容易使之形成局部电弧(其间可能会持续出现熄灭—重燃或延伸—收缩的交替变化过程)。

干区上出现的局部放电(负伏安特性)与未烘干的污层电阻(正伏安特性)相串联,当局部电弧延伸到某一临界长度时,弧道温度已很高,弧道的进一步伸长就不再需要更高的电压,而由热游离予以维持(表面电弧能自动延伸)。最后将导致电弧贯通绝缘子两极,从而造成污闪事故。

从上述可知,在污秽放电过程中,局部电弧不断延伸直至贯通两极所需的外加电压只要维持弧道就够了,而不必像干闪需要很高的电场强度来使空气发生激烈的碰撞游离才能出现。这就是为什么污闪电压要比干闪和湿闪电压低得多的原因。

(3)防污闪措施

在规划设计时,应尽量使高压输电线路远离污秽区,避免在污秽地区建设发变电站,并遵循表1-1所规定的各级污区应有的爬电比距值λ。

表中的爬电比距值 λ 是指绝缘子的"相对地"之间的爬电距离与系统最高工作线电压有效值的比值(cm/kV),用它来表征绝缘子的耐污水平。表中的爬电比距值 λ 是以大量的实际运行经验为基础而规定的,故一般只要遵循规定的爬电比距值选择绝缘子串的总爬距和片数,即可保证必要的运行可靠性。在运行维护时,可采取以下 4 种措施:

①加强清扫或采取带电水冲洗的办法。

②增加爬距,可采取的措施:一是改进绝缘子结构,使大风和下雨时容易自行清扫,降低污染,即采用所谓的防污型绝缘子以增大泄漏距离;二是增加绝缘子片数,此办法会增加绝缘子串长度,从而减小了风偏时的空气距离,为此,可采用 V 形串来固定导线。

各污秽等级所要求的爬电比距值 λ   表 1-1

| 污秽等级 | 爬电比距值(cm/kV) | | | |
| | 线路 | | 发电厂、变电站 | |
	≤220kV	≥330kV	≤220kV	≥330kV
0	1.39(1.60)	1.45(1.60)	—	—
Ⅰ	1.39~1.74(1.60~2.00)	1.45~1.82(1.60~2.00)	1.60(1.84)	1.60(1.76)
Ⅱ	1.74~2.17(2.00~2.50)	1.82~2.27(2.00~2.50)	2.00(2.30)	2.00(2.20)
Ⅲ	2.17~2.78(2.50~3.20)	2.27~2.91(2.50~3.20)	2.50(2.88)	2.50(2.75)
Ⅳ	2.78~3.30(3.20~3.80)	2.91~3.45(3.20~3.80)	3.10(3.57)	3.10(3.41)

注:括号内的数据为以系统额定电压为基准的爬电比距值。

③采用新型的合成绝缘子。这种新型绝缘子近年来发展很快,其防污性能比普通的瓷绝缘子要好得多。如图 1-29 所示,合成绝缘子是由承受外力负荷的芯棒(兼内绝缘)和保护芯棒免受大气环境侵袭的伞套(外绝缘)通过粘接层组成的复合结构绝缘子。玻璃钢芯棒是用玻璃纤维束浸渍树脂后通过引拔模加热固化而成,具有极高的抗拉强度。伞套是由硅橡胶一次注塑而成,其有很高的电气强度、很强的憎水性和很好的耐局部电弧性能。由于硅橡胶是憎水性材料,因此在运行中不需清扫,其污闪电压比瓷绝缘子高得多。除优良的防污闪性能外,合成绝缘子又以质量轻、体积小、抗拉、抗弯、防爆性强而著称,所以又称为轻型绝缘子。目前合成绝缘子已经大量生产,并在电力系统中得到了广泛的应用。硅橡胶合成绝缘子的外形图如图 1-30 所示。

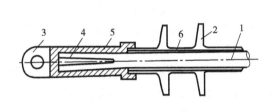

图 1-29 棒型合成绝缘子的结构示意图　　　　图 1-30 硅橡胶合成绝缘子的外形图
1-芯棒;2-护套;3-金属附件;4-楔子;5-黏结剂;6-填充层

④在绝缘子表面涂憎水性涂料。涂上憎水性涂料后,污层中不易形成连续的导电水膜,抑制了泄漏电流,从而提高了沿面闪络电压。比如 RTV 涂料就是一种长效防污涂料,其寿命大大超过一般涂料(如硅油、地蜡等)。

任务实施

一、工作任务

(1)以球—球间隙为例模拟稍不均匀的电场,并确定球—球电极间隙的击穿电压和间隙距离之关系曲线,观察电晕起始电压。

(2)以针—板间隙为例模拟稍不均匀的电场,并确定针－板电极间隙的击穿电压和间隙距离之关系曲线(当针为正、负极性时),观察电晕起始电压。

(3)在正针负板间隙中保持极间距离为4cm时,在针板电极间加入一薄层固体介质(称为极间障),极间障离针端的距离约为1cm时,测定其击穿电压,以分析极间障的作用。

二、引用的标准、规程和文件

(1)《电气装置安装工程电气设备交接试验标准》(GB 50150—2006)。
(2)《电业安全工作规程》(发电厂和变电所电气部分)(GB 26860—2011)。
(3)《高电压试验技术 第二部分 试验程序》(GB 311.3—1983)。
(4)直流高压发生器使用说明书。

三、试验仪器、仪表及材料(见表1-2)

试验仪器、仪表及材料 表1-2

序号	试验所用设备(材料)	数量	序号	试验所用设备(材料)	数量
1	YTZG 型直流高压发生器	1套	4	小线箱(各种小线夹及短接线)	1套
2	电源盘	2个	5	放电球隙	1套
3	常用仪表(电压表、微安表、万用表等)	1套	6	设备试验原始记录	1本

四、测试准备及工作危险点分析、防范措施

(1)现场工作必须执行工作票制度、工作许可制度、工作监护制度、工作间断和转移及终结制度。

(2)试验人员进入试验现场,必须按规定戴好安全帽、正确着装。

(3)高压试验工作不得少于 2 人,试验负责人应由有经验的人员担任。开始试验前,负责人应对全体试验人员详细布置试验中的安全事项。

(4)在试验现场应装设遮栏或围栏,字面向外悬挂"止步,高压危险!"标示牌,并派专人看守。

(5)合理、整齐地布置试验场地,试验器具应靠近试品,所有带电部分应互相隔开,面向试验人员并处于视线之内。试验人员的活动范围与带电部分的最小允许距离如表 1-3所示。

(6)试验器具的金属外壳应可靠接地,高压引线应尽量缩短,必要时用绝缘物支持牢固。为了在试验时确保高压回路的任何部分不对接地体放电,高压回路与接地体(如墙壁等)的距离必须留有足够的裕度。

操作人员活动范围与带电设备的最小距离

表 1-3

电 压 等 级	6～10kV	35kV	110kV	220kV	500kV
不设围栏时(m)	0.7	1.0	1.5	3.0	5.0
设围栏时(m)	0.35	0.6	1.0	2.0	3.0

(7)试验设备应牢靠接地,防止感应电伤人、损坏仪器。试验电源开关应使用具有明显断开点的双极刀闸,并装有合格的漏电保护装置,防止低压触电。

(8)加压前必须认真检查接线、表计量程,确认调压器在零位及仪表的开始状态均正确无误,并通知所有人员离开被试设备,在征得试验负责人许可后,方可加压,加压过程中应有人监护。

(9)操作人员应站在绝缘垫上。试验人员在加压过程中,应精力集中,随时警惕异常现象发生。操作顺序应有条不紊,在操作中除有特殊要求,均不得突然加压或失压。当发生异常现象时,应立即降压、断电、放电、接地,而后再检查分析。

(10)变更接线或试验结束时。应首先降下电压,断开电源、对被试品放电,并将升压装置的高压部分短路接地。

五、测试人员配置

此任务可配测试负责人 1 名,测试人员 3 名(1 名接线、放电;1 名测试;1 名记录数据)。

六、测试仪表设备介绍

放电球隙测压器,是一对直径相同的球型电极,当其与高压试验变压器,控制台,调压器,水电阻等组成成套测试设备后,可在工频高压试验时用于高压测量及保护被试物品之用。放电球隙测压器(水平式)其结构有:活动底座,绝缘支管,铜球,调节轴,坚固螺钉,微调轴(标尺),微调轮,水电阻等主要部件组成。

YTZG 型系列直流高压发生器是适用于电力部门、企业动力部门对氧化锌避雷器、磁吹避雷器、电力电缆、发电机、变压器、开关等设备进行直流高压试验。由于采用了高频率开关脉冲宽度调制,可以选用较小的电感、电容进行滤波,使滤波回路的时间常数减小,有利于自动调节回路的品质和输出电压波形的改善。

七、测试步骤

(1)测试电路如图 1-31 所示。

①T_1:调压器 0～250V;T_2:高压试验变压器 220V/50kV;

②R_1:保护水阻 10～20kΩ;S:试品间隙;
M:静电电压表。

(2)确定球间隙在 0.5cm、1.0cm、1.5cm 距离下,交直流击穿电压,可从附录一中查询,先将球隙调整在 60% 试验电压。当球隙放电时,记

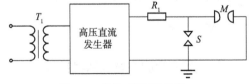

图 1-31 气隙工频试验线路

录数据即可。记录测试时的大气气象条件,按气象条件对击穿电压进行校正。

(3)确定尖板极不均匀电场在 1cm、3cm、5cm、8cm 间隙距离下,交直流击穿电压。

(4)每次触及试验设备时,必须先挂好接地棒,在试验前必须先检查接地棒的引接线是

否可靠接地,特别注意:电容器在短时放电后仍有残余电荷,故在测试完毕后必须先把接地棒挂在电极两端,才能更新电极距离,变更后要拆除接地棒后才可重新加电压。

(5)在测试中不得接近高压电源和带电设备之周围,保持必要的安全距离,以免发生危险。

(6)全部工作结束后,试验人员对变压器进行检查,恢复至试验前的状态,清理工作现场,并向试验负责人汇报问题、结果等。

八、测试报告(见表1-4)

测 试 报 告 表1-4

电极形状间隙距离\\次数	球对球间隙的击穿电压(kV)			正极性针对板间隙的击穿电压(kV)					负极性针对板间隙的击穿电压(kV)			
	1	2	3	1	2	3	4	加极间障	1	2	3	4
1												
2												
3												
平均值												

(1)整理测试数据,并进行大气条件的校正。

(2)根据所得数据,作出击穿电压和间隙距离之关系曲线。

(3)对测试中观察到的现象和测试结果进行分析,讨论心得体会和存在的问题。

任务二　液体、固体介质击穿测试

任务描述

工程上应用的电介质按物态来分,可分为气态、液态和固态3大类;按化学结构来分,可分为非极性及弱极性电介质、偶极性电介质和离子性电介质3类。

非极性电介质是由非极性分子(即分子正、负电荷中心重合)或弱极性分子组成的电介质,如氮气、聚四氟乙烯、聚苯乙烯等;偶极性电介质是由极性分子(分子正、负电荷中心不重合)组成的电介质,如聚氯乙烯、蓖麻油、纤维素等;离子性电介质是由正、负离子组成的,只有固体形式(固体无机化合物),如石英、电瓷等。这些电介质在电场作用下的电气特性可用极化、电导、损耗及击穿来表征。一般气体电介质的极化、电导和损耗都很微弱,可忽略不计,需要注意的是液体和固体电介质的特性。所以需要对液体和固体电介质进行测试。

理论知识

一、介质的极化、电导和损耗

1.电介质的极化及相对介电常数

(1)极化的定义

电介质在电场中所发生的束缚电荷的弹性位移及偶极子的转向现象,称为电介质的极化。

（2）电介质的相对介电常数

我们知道,平行板电容器的电容量 C 与平板电极的面积 A 成正比,而与平板电极间的距离 d 成反比,其比例常数取决于介质的特性。

设平行板电容器在真空中的电容量为

$$C_0 = \varepsilon_0 \frac{A}{d} \tag{1-11}$$

式中:A——极板面积,m^2;

   d——极间距离,m;

   ε_0——真空的介电常数,$\varepsilon_0 = \frac{1}{36\pi} \times 10^{-9} \mathrm{F/m}$。

此时若在极板上施加直流电压 U,如图 1-32a)所示,则两极板上分别充上正、负电荷。设其电荷量为 Q_0,则有

$$Q_0 = C_0 U \tag{1-12}$$

当平板电极间插入介质后,如图 1-32b)所示,其电容量增为

$$C = \varepsilon \frac{A}{d} \tag{1-13}$$

在相同直流电压 U 的作用下,由于介质的极化,使介质表面出现了与极板电荷异号的束缚电荷,电荷量为 ΔQ,相应从电源再吸取等量的异性电荷到极板上,极板上的电荷量变为 Q,则有

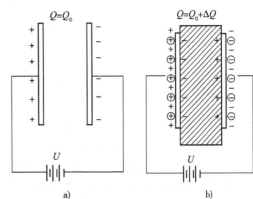

图 1-32 电解质的极化
a)极间为真空;b)极间有介质

$$Q = Q_0 + \Delta Q \tag{1-14}$$

对于同一平行板电容器,放入的介质不同,介质极化的程度也不同,表现为极板上的电荷量 Q 不同,于是 Q/Q_0 就反映了在相同条件下不同介质极化现象的强弱,则有

$$\frac{Q}{Q_0} = \frac{CU}{C_0 U} = \frac{C}{C_0} = \frac{\varepsilon \dfrac{A}{d}}{\varepsilon_0 \dfrac{A}{d}} = \frac{\varepsilon}{\varepsilon_0} = \varepsilon_r \tag{1-15}$$

ε_r 称为电介质的相对介电常数,它是表征电介质在电场作用下极化现象强弱的指标。其值由电介质本身的材料决定。气体分子间的距离很大,密度很小,气体的极化率很小,因此各种气体的 ε_r 都接近 1,常用液体、固体电介质的 ε_r 一般在 $2 \sim 10$。各种电介质的 ε_r 与温度、电源频率的关系也各不相同,这与极化的形式有关。

（3）极化的基本形式

①电子位移极化。如图 1-33 所示,电介质中的原子、分子或离子中的电子在外电场的作用下,使电子轨道相对于原子核产生位移,从而形成感应电矩的过程,称为电子位移极化。电子位移极化的特点为:

a. 存在于一切电介质中。

b. 由于电子质量很小,极化建立所需时间极短,为 $10^{-15} \sim 10^{-14}\mathrm{s}$。因此,这种极化在各种频率的交变电场中均能发生,即 ε_r 不随频率的变化而变化。

c. 极化程度取决于电场强度 E,由于温度不足以引起质点内部电子能量状态的变化,所以温度对此种极化的影响极小。

d. 极化是弹性的,去掉外电场,极化可立即恢复,极化时消耗的能量可以忽略不计,因此也称之为"无损极化"。

②离子位移极化。如图 1-34 所示,在由离子结合成的电介质中,外电场的作用使正、负离子产生有限的位移,平均具有了电场方向的偶极矩,这种极化称为离子位移极化。离子位移极化的特点为:

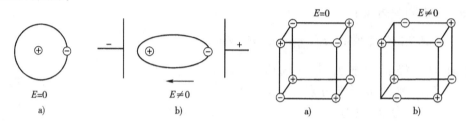

图 1-33　电子位移极化　　　　图 1-34　离子位移极化
a)无外加电场;b)有外加电场

a. 存在于离子结构的电介质中。

b. 极化建立所需时间极短,为 $10^{-13} \sim 10^{-12}$ s,因此极化(ε_r)不随频率的改变而变化。

c. ε_r 具有正的温度系数,温度升高时,离子间的距离增大,一方面使离子间的结合力减弱,极化程度增加;另一方面使离子的密度减小,极化程度降低,而前者影响大于后者,所以这种极化随温度的升高而增强。

d. 极化也是弹性的,无能量损失。

③转向极化。在极性电介质中,分子中的正、负电荷作用中心不重合,就单个分子而言,已具有偶极矩,称为偶极子。没有外电场作用时,由于偶极子处于不规则的热运动状态,因此,宏观上对外并不呈现电矩,如图 1-35a)所示。当有外电场作用时,原先排列杂乱的偶极子将沿电场方向转动,作较有规则的排列,如图 1-35b)所示。这时整个介质的偶极距不再为零,对外呈现出极性,这种极化称为转向极化。转向极化的特点为:

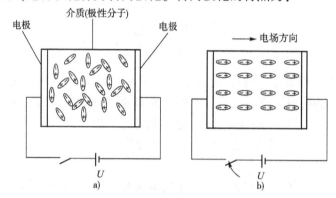

图 1-35　转向极化
a)无外加电场;b)有外加电场

a. 存在于偶极性电介质中。

b. 极化建立所需时间较长,一般在 $10^{-6} \sim 10^{-2}$ s,因此,这种极化与频率有较大关系。频率较高时,转向极化跟不上电场的变化,从而使极化减弱,即 ε_r 随频率的增加而减小。

c.温度对转向极化的影响大。温度高时分子热运动加剧,妨碍偶极子沿电场方向转向,极化减弱;温度很低时,分子间联系紧密,偶极子难以转向,不易极化,所以随温度增加,极化程度先增加后降低。以氯化联苯为例,其 ε_r、f、t 之间的关系如图 1-36 所示,其中 $f_1 < f_2 < f_3$。

d.转向极化为非弹性的,偶极子在转向时需要克服分子间的吸引力和摩擦力而消耗能量,因此,也称之为"有损极化"。

④夹层极化。上述 3 种极化都是由带电质点的弹性位移或转向形成的,而夹层极化的机理与上述 3 种完全不同,它是由带电质点的移动形成的。

在实际电气设备中,常采用多层电介质的绝缘结构,如电缆、电机和变压器的绕组等,在两层介质之间常夹有油层、胶层等形成多层介质结构。即便是采用单一电介质,由于不均匀,也可以看成是由几种不同电介质组成的。现以最简单的双层电介质为例来分析夹层极化。如图 1-37 所示,图 a)为双层介质的示意图,图 b)为等值电路。

在开关 S 闭合瞬间,两层介质的初始电压按电容成反比分配,即

$$\frac{U_1}{U_2}\bigg|_{t\to 0} = \frac{C_2}{C_1} \tag{1-16}$$

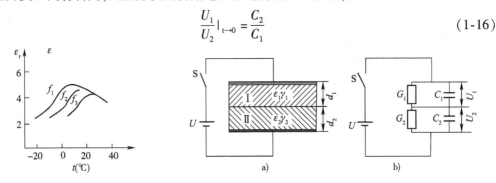

图 1-36 氯化联苯的 ε_r 与温度的关系　　图 1-37 双层电介质的极化

a)双层介质的示意图;b)等值电路

到达稳态时,两层介质上的电压按电导成反比分配,即

$$\frac{U_1}{U_2}\bigg|_{t\to\infty} = \frac{G_2}{G_1} \tag{1-17}$$

如果 $\dfrac{C_2}{C_1} = \dfrac{G_2}{G_1}$,则双层介质的表面电荷不重新分配,初始电压比等于稳态电压比。但实际中很难满足上述条件,电荷要重新分配。设 $C_1 > C_2$ 而 $G_1 < G_2$,则在 $t\to 0$ 时,$U_1 < U_2$;而在 $t\to\infty$ 时,$U_1 > U_2$。这样,在 $t > 0$ 后,随着时间 t 的增大,U_2 逐渐下降,而外施电压 $U = U_1 + U_2$ 为一定值,所以 U_1 逐渐升高。在这个电压重新分配的过程中,由于 U_2 下降,所以电容 C_2 在初瞬时获得的电荷将有部分通过电导 G_2 泄放掉;相应地,电容 C_1 则要通过 G_2 从电源再吸收一部分电荷,这部分电荷称为吸收电荷。这种在双层介质分界面上出现的电荷重新分配的过程,就是夹层极化过程。

这种极化形式存在于不均匀夹层介质中,由于电荷的重新分配是通过电介质电导 G 完成的,一方面必然带来能量损失,属于有损极化;另一方面由于电介质的电导通常都很小,所以这种极化的建立所需时间很长,一般为几分钟到几十分钟,有的甚至长达几小时,因此,这种性质的极化只有在低频时才有意义。

(4)液体电介质的极化

①非极性和弱极性液体电介质。非极性液体和弱极性液体电介质极化中起主要作用的是电子位移极化,这类液体介质的相对介电常数一般在 2.5 左右,有四氯化碳、苯、二甲苯、

变压器油等。

对于非极性和弱极性液体介质,它们的分子在外电场作用下,所感应的偶极矩大小相等,且沿电场方向排列。又由于液体无一定的形状,分子在空间各处出现的几率相等,因而分子的分布可以看作是对称的,对中心分子作用的场强为0。

②极性液体电介质。极性液体介质包括中极性和强极性液体介质,这类介质在电场作用下,除了电子位移极化外,还有偶极子极化,对于强极性液体介质,偶极子的转向极化往往起主要作用。极性液体分子具有固有偶极矩,它们之间的距离近,相互作用强,造成强的附加电场。

极性液体电介质的 ε_r 与电源频率有较大的关系。频率太高时偶极子来不及转动,因而 ε_r 值变小,如图1-38所示。其中 ε_{r0} 相当于直流电场下的相对介电常数,$f > f_1$ 以后偶极子越来越跟不上电场的交变,ε_r 值不断下降;当频率 $f = f_2$ 时,偶极子已经完全跟不上电场转动了,这时只存在电子式极化,ε_r 减小到 $\varepsilon_{r\infty}$,在常温下,极性液体电介质的 $\varepsilon_r \approx 3 \sim 6$。

温度对极性液体电介质的 ε_r 值也有很大的影响。如图1-39所示,当温度很低时,由于分子间的联系紧密,液体电介质黏度很大,偶极子转动困难,所以 ε_r 很小;随着温度的升高,液体电介质黏度减小,偶极子转动幅度变大,ε_r 随之变大;温度继续升高,分子热运动加剧,阻碍极性分子沿电场取向,使极化减弱,ε_r 又开始减小。

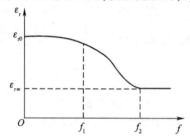
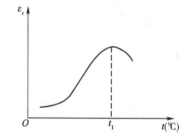

图1-38 极性液体电介质 ε_r 与电源频率的关系　　图1-39 极性液体电介质 ε_r 与温度的关系

(5)固体电介质的极化

①非极性固体电介质。这类介质在外电场作用下,按其物质结构只能发生电子位移极化,它包括原子晶体(例如金刚石)、不含极性基团的分子晶体(例如晶体萘、硫等)、非极性高分子聚合物(例如聚乙烯、聚四氟乙烯、聚苯乙烯等)。

②极性固体电介质。极性固体电介质在外电场作用下,除了发生电子位移极化外,还有极性分子的转向极化。由于转向极化的贡献,使介电常数明显地与温度有关。

一些低分子极性化合物(HCl、HBr、CH_3NO_2、H_2S 等)在低温下形成极性晶体,在这些晶体中,除了电子位移极化外,还可能观察到弹性偶极子极化或转向极化。当极性液体凝固时,由于分子失去转动定向能力而往往观察到介电常数在熔点温度时急剧下降。

又有一些低分子极性化合物,在凝固后极性分子仍有旋转的自由度,如冰、氧化乙烯等,最典型的是冰。这一类低分子极性晶体,虽然具有转向极化,可能贡献较大的是介电常数,但由于其 ε_r 对温度的不稳定性,介质损耗角正切值大以及某些物理、化学性能不良等,很少被用作电介质。

对于极性高分子聚合物,如聚氯乙烯、纤维树脂等,由于它们含有极性基团,结构不对称而具有极性。由于极性高聚物的极性基团在电场作用下能够旋转,所以极性高聚物的介电常数是由电子位移极化和转向极化所贡献的。但在固体介质中,由于每个分子链相互紧密固定,旋转很困难,因此,极性高聚物的极化与其玻璃化温度密切相关。

(6)极化在工程实际中的应用

①选择绝缘。在选择高压电气设备的绝缘材料时,除了要考虑材料的绝缘强度外,还应考虑相对介电常数 ε_r。例如在制造电容时,要选择 ε_r 大的材料作为极板间的绝缘介质,以使电容器单位容量的体积和质量减小;在制造电缆时,则要选择 ε_r 小的绝缘材料作为缆芯与外皮间的绝缘介质,以减小充电电流。其他绝缘结构也往往希望选用 ε_r 小的绝缘材料。

②多层介质的合理配合。一般高压电气设备中的绝缘常常是由几种电介质组合而成的。在交流及冲击电压下,串联电介质中的电场强度是按与 ε_r 成反比分布的,这样就使得外加电压的大部分常常为 ε_r 小的材料所负担,从而降低了整体的绝缘强度。因此要注意选择 ε_r,使各层电介质的电场分布较均匀。

③介质损耗与极化类型有关,而介质损耗是绝缘老化和热击穿的一个重要影响因素。

④在绝缘预防性试验中,夹层极化现象可用来判断绝缘状况。

2. 电介质的电导

任何电介质都不可能是理想的绝缘体,电介质内部总存在一些自由的或联系较弱的带电质点,在电场作用下,它们可沿电场方向运动构成电流,因此任何电介质都具有一定的电导。

(1)电介质电导的定义

在电场作用下,电介质中的带电质点做定向移动而形成电流的现象,称为电介质的电导。

(2)电介质电导与金属电导的本质区别

①电介质的电导主要是由离子造成的,包括介质本身和杂质分子离解出的离子(主要是杂质离子),所以电介质电导是离子性电导;而金属的电导是由金属导体中的自由电子造成的,所以金属电导是电子性电导。

②电介质的电导很小,其电阻率一般为 $10^9 \sim 10^{22}\Omega \cdot cm$;而金属的电导很大,其电阻率仅为 $10^{-6} \sim 10^{-2}\Omega \cdot cm$。

③电介质的电导具有正的温度系数,即随温度的升高而增大。这是因为,当温度升高时,介质本身分子和杂质分子的离解度增大,使参加导电的离子数增多;另一方面,随温度的升高,分子间的相互作用力减弱,同时离子的热运动加剧,改变了原来受束缚的状态,这些都有利于离子的迁移,所以使电介质的电导增大。而金属的电阻随温度的升高而升高,故其电导随温度升高而下降,因此具有负的温度系数。

(3)吸收现象

图1-40a)所示为测量固体电介质中电流的电路。开关 S_1 闭合后,流过电介质内部的电流随时间的变化规律,如图1-40b)所示,它随时间逐渐衰减,最终达到某个稳定值,这种现象称为吸收现象。吸收现象是由电介质的极化产生的,图中 i_c 是由无损极化产生的电流,由于无损极化建立所需时间很短,所以 i_c 很快衰减到零;i_a 是由有损极化产生的电流,而有损极化建立所需时间较长,所以 i_a 较为缓慢地衰减到零,这部分电流又称为吸收电流;I_g 是不随时间变化的恒定分量,称为电介质的电导电流或泄漏电流。因此通过电介质的电流由3部分组成,即泄漏电流所对应的电阻称为绝缘电阻。电介质中的电流完全衰减至恒定电流 I_g 往往需要数分钟以上的时间,通常测量绝缘电阻时,应以施加电压1min(或10min,如大型电机)后测得的电流来求出。

在图1-40a)中施加电压达到稳定后断开S_1,再合上S_2,则流过电流表的电流如图1-40b)下部曲线所示,有与吸收电流变化规律相同的电流反向流过。

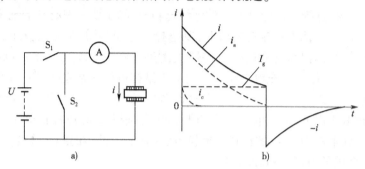

图1-40　直流电压下流过电介质的电流
a)实验电路;b)电流随时间的变化曲线

根据上述分析,可以得到电介质的等值电路,如图1-41所示。它由3条并联支路组成,其中含有电容C_0的支路代表无损极化引起的瞬时充电电流支路,电阻r_a和电容C_a串联的支路代表有损极化引起的吸收电流支路,而含有电阻R的支路代表电导电流支路。

(4)气体电介质的电导

气体电介质的伏安特性如图1-2所示,OA段可视其电导为常数,以后就不再是常数了。通常气体绝缘工作在AB段,其电导极微小。故气体电介质只要工作在场强低于其击穿场强时,其电导可以忽略不计。

(5)液体电介质的电导

构成液体电介质电导的主要因素有两种:离子电导和电泳电导。离子电导是由液体本身分子或杂质的分子离解出来的离子造成的;电泳电导是由荷电胶体质点造成的,所谓荷电胶体质点即固体或液体杂质以高度分散状态悬浮于液体中形成了胶体质点,例如变压器油中悬浮的小水滴,它吸附离子后成为荷电胶体质点。

①液体电介质的离子电导。

a. 液体电介质中离子的来源。根据液体介质中离子来源的不同,离子电导可分为本征离子电导和杂质离子电导两种。本征离子是指出组成液体本身的基本分子热离解而产生的离子。在强极性液体介质中(如有机酸、醇、酯类等)才明显存在这种离子。杂质离子是指由外来杂质分子(如水、酸、碱、有机盐等)或液体的基本分子老化的产物(如有机酸、醇、酚、酯等)离解而生成的离子,它是工程液体介质中离子的主要来源。

极性液体分子和杂质分子在液体中仅有极少的部分离解成为离子,可能参与导电。

b. 液体电介质中的离子迁移率。液体是介于气体和固体之间的一种物质状态,分子之间的距离远小于气体而与固体相接近,其微观结构与非晶态同体类似,通过 X 射线研究发现,液体分子的结构具有短程有序性。另一方面,液体分子的热运动比固体慢,因而没有固体那样稳定的结构,分子有强烈的迁移现象。可以认为液体中的分子在一段时间内是与几个邻近分子束缚在一起,在某一平衡位置附近作振动;而在另一段时间,分子因碰撞得到较大的动能,使它与相邻分子分开,迁移至与分子尺寸可相比较的一段路径后,再次被束缚。液体中的离子所处的状态与分子相似,一般可用如图1-42所示的势能图来描述液体中离子的运动状态。

设离子为正离子,它们处于A、B、C等势能最低的位置作振动,其振动频率为ν,当离子的热振动能超过邻近分子对它的束缚势垒 u_0 时,离子即能离开其稳定位置而迁移,这种由于热振动而引起离子的迁移,在无外电场作用时也是存在的。

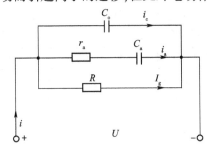

图 1-41　直流电压下电介质的等值电路

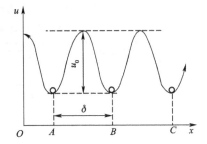

图 1-42　液体电介质中的离子势能图

设离子带正电荷 q,电场强度沿 x 正方向。由电场作用,离子由 A 向 B 迁移所需克服的势垒将降低 Δu,而由 B 向 A 迁移所需克服的势垒相反将上升 Δu,如图 1-43 所示,即

$$\Delta u = \frac{1}{2}\delta qE \tag{1-18}$$

式中:δ——离子每次跃迁的平均距离。

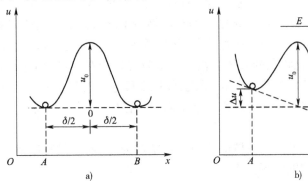

图 1-43　液体电介质离子跃迁时所需克服的势垒模型

c. 液体电介质电导率与温度的关系。一般工程纯液体介质在常温下主要是杂质离子电导,此时

$$\gamma = \frac{q^2\delta v}{6kT}\sqrt{\frac{Nv_0}{\xi}}e^{-\frac{(2u_0+u_a)}{2kT}} \tag{1-19}$$

从式(1-19)可以看出,在通常条件下,当外加电场强度远小于击穿场强时,液体介质的离子电导率 γ 是与电场强度无关的常数,其导电规律遵从欧姆定律。而电导率 γ 随温度的增加如式(1-19)所示。考虑到在温度变化时,指数项的改变远比 $1/T$ 项的变化为大,因此在讨论离子电导率随温度的变化时,可忽略系数项随温度的变化,近似地写成

$$\gamma = Ae^{-\frac{B}{T}} \tag{1-20}$$

$$\ln\gamma = \ln A - \frac{B}{T} \tag{1-21}$$

即 $\ln\gamma$ 与 $(1/T)$ 的关系具有线性关系。

d. 离子电导的大小与液体的纯净程度有关。离子电导的大小和分子极性及液体的纯净程度有关。非极性液体电介质本身分子的离解是极微弱的,其电导主要由离解性的杂质和悬浮于液体电介质中的荷电胶体质点所引起。纯净的非极性液体电介质的电阻率 ρ 可达

35

$10^{18}\Omega\cdot cm$,弱极性电介质 ρ 可达 $10^{15}\Omega\cdot cm$。对于偶极性液体电介质,极性越大,分子的离解度越大,ρ 为 $10^{10}\sim10^{12}\Omega\cdot cm$。强极性液体,如水、酒精等实际上已经是离子性导电液了,不能用作绝缘材料。表 1-5 列出了部分液体电介质的电导率 γ 和相对介电常数 ε_r。

液体电介质的电导率 γ 和相对介电常数 ε_r 表 1-5

液体种类	液体名称	温度(℃)	相对介电常数	电导率(S/cm)	纯净程度
中性	变压器油	80	2.2	0.5×10^{-12}	未净化的
		80	2.1	2×10^{-15}	净化的
		80	2.1	10^{-15}	两次净化的
		80	2.1	0.5×10^{-15}	高度净化的
极性	三氯联苯	80	5.5	10^{-11}	工程上应用
	蓖麻油	20	4.5	10^{-12}	工程上应用
强极性	水	20	8.1	10^{-7}	高度净化的
	乙醇	20	25.7	10^{-8}	净化的

②液体电介质的电泳电导。

在工程应用中,为了改善液体介质的某些物理化学性能(如提高黏度和抗氧化稳定性等),往往在液体介质中加入一定量的树脂(如在矿物油中混入松香),这些树脂在液体介质中部分呈溶解状态,部分可能呈胶粒状悬浮在液体介质中,形成胶体溶液,此外,水分进入某些液体介质也可能造成乳化状态的胶体溶液。这些胶粒均带有一定的电荷,当胶粒的介电常数大于液体的介电常数时,胶粒带正电;反之,胶粒带负电。胶粒相对于液体的电位 U_0 一般是恒定的(为 $0.05\sim0.07V$),在电场作用下定向的迁移构成"电泳电导"。胶粒为液体介质中导电的载流子之一。

设胶粒呈球形,球体的半径 r,液体的相对介电常数为 ε_r,胶粒的带电量 $q=4\pi\varepsilon_r\varepsilon_0 rU_0$,它在电场 E 的作用下,受到的电场力为

$$F=qE=4\pi\varepsilon_r\varepsilon_0 rU_0 E \tag{1-22}$$

由此可得电泳电导率

$$\gamma=n_0 q\mu=\frac{n_0 q^2}{6\pi r\eta}=\frac{8\pi rn_0\varepsilon_r^2 U_0^2}{3\eta} \tag{1-23}$$

式中:η——液体电介质的黏度。

$$\gamma\eta=\frac{n_0 q^2}{6\pi r}=\frac{8\pi}{3}rn_0\varepsilon_r^2 U_0^2 \tag{1-24}$$

在 n_0、ε_r、U_0、r 保持不变的情况下,γ、η 将为一常数,这一关系称为华尔屯(Walden)定律。此定律表明,某些液体介质的电泳电导率和黏度虽然都与温度有关,但电泳电导率与黏度的乘积则可能为一与温度无关的常数。

③液体电介质在强电场下的电导。在弱电场区,液体介质的电流正比于电场强度,即遵循欧姆定律,而在 $E\geqslant10^7V/m$ 的强电场区,电流随电场强度呈指数关系增长,除极纯净的液体介质外,一般不存在明显的饱和电流,如图 1-44 所示。

实验结果表明,液体介质在强电场区($E\geqslant E_2$ 区)的电流密度按指数规律随电场强度增加而增加,即

$$j=j_0 e^{C(E-E_2)} \tag{1-25}$$

式中:j_0——液体介质在场强层 $E=E_2$ 时的电流密度;

C——常数。

式(1-25)可用离子迁移率和离子离解度在强电场中的增加来说明。在 $E > 2kT/q\delta$ 的强电场区，离子迁移率随场强增加而增加，可写为

$$\mu = \frac{\delta v}{6E}e^{-\frac{u_0}{kT}}e^{\frac{q\delta E}{2kT}} = \frac{B}{E}e^{CE} \qquad (1-26)$$

$$j = n_0 q\mu E = n_0 qBe^{CE}$$

如以 $E = E_2$ 时的电流密度 $j = j_0$ 代入式(1-26)，则有

$$j = j_0 e^{C(E-E_2)} \qquad (1-27)$$

式中：$j_0 = n_0 qBe^{CE_2}$。

式(1-27)虽与实验结果相似，但如以 $E_2 = 2kT/q\delta$ 来估算，得 $E_2 \approx 5 \times 10^8\,\text{V/m}$，与实验结果相比较，约高一个数量级。

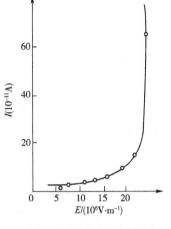
图 1-44 纯净二甲苯的电流与电场强度的关系

除了离子迁移率在强电场上可能激增之外，离子离解度和离子浓度在强电场下亦会增加，则有

$$n_0 = \sqrt{\frac{N_0 v_0}{\xi}}e^{-\frac{u_a}{2kT}}e^{\sqrt{\frac{e^3}{\pi\varepsilon_0\varepsilon_r}\frac{\sqrt{E}}{2kT}}} = Ae^{a\sqrt{E}} \qquad (1-28)$$

此时 n_0、j 随 $\sqrt{E}$ 呈指数关系增加，与式(1-28)不符。因此把液体介质在强场下电导的激增归之于离子电导看来与实验结果不符。

许多实验表明，液体电介质在强电场下的电导具有电子碰撞电离的特点。图 1-45 所示为仔细净化过的环己烷在强电场下的电流与电场强度的关系，与电极间的距离有关。随着极间距离的增加，电流增加，曲线上移。这表明液体介质在强电场下的电导可能是电子电导所引起的。

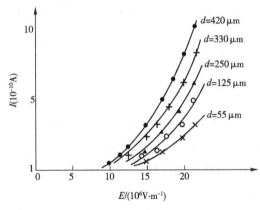
图 1-45 净化过的环己烷在强电场下的电流与电场强度的关系

实验还表明，在纯净的环己烷中加入 5%的乙醇，结果在弱电场下的电导增加，但在强电场下的电导反比纯环己烷低。说明强极性的乙醇加入使弱电场下的离子电导增加，而在强电场下可能主要是电子电导，由于乙醇对电子有强烈的吸附作用，因而加入乙醇使电子电导下降。

（6）固体电介质的电导

任何电介质都不可能是理想的绝缘体，它们内部总是或多或少地具有一些带电粒子（载流子），例如可以迁移的正、负离子以及电子、空穴和带电的分子团。在外电场的作用下，某些联系较弱的载流子会产生定向漂移而形成传导电流（电导电流或泄漏电流）。换言之，任何电介质都不同程度地具有一定的导电性能，只不过其电导率很小而已，而表征电介质导电性能的主要物理量即为电导率 γ 或其倒数——电阻率 ρ。

固体电介质的电导分为体积电导和表面电导。固体电介质的电导按导电载流子种类可

分为离子电导和电子电导两种,前者以离子为载流子,而后者以自由电子为载流子,在弱电场中主要是离子电导,构成固体电介质电导的主要因素是离子电导。非极性和弱极性固体电介质的电导主要是由杂质离子造成的,纯净介质的电阻率 ρ 可达 $10^{10} \sim 10^{12} \Omega \cdot cm$。对于偶极性固体电介质,因本身分子能离解,所以其电导是由其本身和杂质离子共同造成的,电阻率较小,最高的可达 $10^{10} \sim 10^{12} \Omega \cdot cm$。

对于离子性电介质,电导的大小和离子本身的性质有关。单价小离子(Li^+、Na^+、K^+),束缚弱,易形成电流,因而含单价小离子的固体电介质的电导较大。结构紧密,洁净的离子性电介质,电阻率 ρ 为 $10^{17} \sim 10^{19} \Omega \cdot cm$;结构不紧密且含单价小离子的离子性电介质的电阻率 ρ 仅为 $10^{13} \sim 10^{14} \Omega \cdot cm$。

①固体电介质的离子电导。固体电介质按其结构可分为晶体和非晶体两大类。对于晶体,特别是离子晶体的离子电导机理研究得比较多,现已比较清楚。然而在绝缘技术中使用极其广泛的高分子非晶体材料,其电导机理尚不完全清楚。

a. 晶体无机电介质的离子电导。晶体介质的离子来源有两种:本征离子和弱束缚离子。本征离子电导,离子晶体点阵上的基本质点(离子),在热振动下,离开点阵形成载流子,构成离子电导。这种电导在高温下才比较显著,因此有时亦称为"高温离子电导"。弱束缚离子电导,与晶体点阵联系较弱的离子活化而形成载流子,这是杂质离子和晶体位错与宏观缺陷处的离子引起的电导,它往往决定了晶体的低温电导。

晶体介质中的离子电导机理与液体中离子电导机理相似,具有热离子跃迁电导的特性,而且参与电导的也只是晶体的部分活化离子(或空位)。

b. 非晶体无机电介质的离子电导。无机玻璃是一种典型的非晶体无机电介质,它的微观结构是由共价键相结合的 SiO_2 或 B_2O_3,组成主结构网,其中含有离子键结合的金属离子。

玻璃结构中的金属离子一般是 1 价碱金属离子(如 Na^+、K^+ 等)和 2 价碱土金属离子(如 Ca^{2+}、Ba^{2+}、Pb^{2+} 等)。这些金属离子是玻璃导电载流子的主要来源,因此玻璃的电导率与其组成成分及含量密切相关。纯净的石英玻璃(非晶态 SiO_2)和硼玻璃(B_2O_5)具有很低的电导率($\gamma \approx 10^{-15} S/m$)。同时,它们的电导率随温度的变化与离子跃迁电导机理相符,即 $\gamma = Ae^{-\frac{B}{T}}$。对于石英玻璃 $B = 22000K$,对于硼玻璃 $B = 225500K$,它们的 B 值都较高。这类纯净玻璃的导电载流子是其中所含少量碱金属离子活化而形成的。

c. 有机电介质中的离子电导。非极性有机介质中不存在本征离子,导电载流子来源于杂质,通常纯净的非极性有机介质的电导率极低,如聚苯乙烯在室温下 $\gamma \approx 10^{-16} \sim 10^{-17} S/m$。在工程上,为了改善这类介质的力学、物理和老化性能,往往要引入极性的增塑剂、填料、抗氧化剂、抗电场老化稳定剂等添加物,这类添加物的引入将造成有机材料电导率的增加。一般工程用塑料(包括极性有机介质的虫胶、松香等)的电导率 $\gamma \approx 10^{-11} \sim 10^{-13} S/m$。

②固体电介质的电子电导。固体电介质在强电场下,主要是电子电导,这在禁带宽度较小的介质和薄层介质中更为明显。

电介质中导电电子的来源包括来自电极和介质体内的热电子发射,场致冷发射及碰撞电离,而其导电机制则有自由电子气模型、能带模型和电子跳跃模型等。

③固体电介质的表面电导。前面所讨论的电介质电导,都是指电介质的体积电导,这是电介质的一个物理特性参数,它主要是取决于电介质本身的组成、结构、含杂情况及介质所处的工作条件(如温度、气压、辐射等),这种体积电导电流贯穿整个介质。同时,通过固体介

质的表面还有有一种表面电导电流 I_s。此电流与固体介质上所加电压 U 成正比,即

$$I_s = G_s U \qquad (1\text{-}29)$$

式中:G_s——固体介质的表面电导,S。

固体电介质的表面电导主要由表面吸附的水分和污物引起,介质表面、干燥、清洁时电导很小。介质吸附水分的能力与自身结构有关。石蜡、聚苯乙烯、硅有机物等非极性和弱极性电介质,其分子和水分子的亲和力小于水分子的内聚力,表现为水滴的接触角大于 90°,如图1-46a)所示,水分不易在其表面形成水膜,表面电阻率很小,这种固体电介质称为憎水性介质;玻璃、陶瓷等离子性电介质和偶极性电介质,其分子和水分子的亲和力大于水分子的内

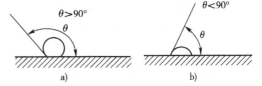

图 1-46　水滴在固体表面的接触角示意图
a) 憎水性;b) 亲水性

聚力,表现为水滴的接触角小于 90°,如图 1-46b)所示,水分在其表面容易形成水膜,表面电导率很大,这种固体电介质称为亲水性介质。

由上述分析可知,固体电介质中的泄漏电流,除了通过介质本身体积的泄漏电流 I_v 外,还包括沿介质表面的泄漏电流 I_s,即 $I = I_v + I_s$,因而介质的绝缘电阻 R 实际上是体积电阻 R_v 和表面电阻 R_s 两者的并联值,即

$$R = \frac{R_v R_s}{R_v + R_s} \qquad (1\text{-}30)$$

为了消除或减小介质表面状况对所测绝缘电阻的影响,在测试之前通常先对介质表面进行清洁处理,并在测量接线上采取一定的措施,以减小表面泄漏电流对测量的影响。

(7)电导在工程实际中的应用

①串联的多层电介质,在直流电压作用下,各层电压分布与电导成反比。因此,设计用于直流的电气设备时,要注意所用电介质的电导率,尽量使材料得到合理的使用。

②注意环境湿度对固体电介质表面电导的影响,注意亲水性材料的表面防水处理。

③在绝缘预防性试验中,通过测量介质的绝缘电阻和泄漏电流来判断绝缘是否存在受潮或其他劣化现象。

3. 电介质的损耗

由前述电介质的极化和电导可以看出,电介质在电场中是有能量损耗的。

(1)介质损耗的定义

在外加电压作用下,电介质在单位时间内消耗的能量称为介质损耗,简称介损。

(2)介质损耗的基本形式

①电导损耗。电导损耗是由电介质中的泄漏电流引起的。气体、液体和固体电介质中都存在这种形式的损耗。通常,电介质的电导损耗很小,但当电介质受潮、脏污或温度升高时,电导损耗会急剧增大。

由于电介质中的泄漏电流与电源频率无关,所以,电导损耗在交、直流电压下都存在。

②极化损耗。极化损耗是由有损极化(即转向极化和夹层极化)引起的。在偶极性电介质及复合电介质中存在这种形式的损耗。

在直流电压下,由于极化的建立仅在加压瞬间出现一次,与电导损耗相比可以忽略不计。而在交流电压下,随着电压极性的改变,不断有极化建立,极化损耗的大小与电源的频率有很大关系。在频率不太高时,随频率升高极化损耗增大;当频率超过某一数值后,随频

率升高,极化过程反而减弱,损耗减小。

③游离损耗。游离损耗是由气体电介质在电场的作用下出现局部放电引起的。气体电介质及含有气泡的液体、固体电介质中都存在这种形式的损耗。游离损耗仅在外加电压超过一定值时才出现,且随电压升高而急剧增大。这在交、直流电压下都存在。

(3)介质损耗的指标

在直流电压(低于发生局部放电的电压)作用下,介质中仅有电导损耗,因此可用体积电导率和表面电导率这两个物理量来表征。

在交流电压作用下,除电导损耗外,还有极化损耗,仅用电导率来表征介质损耗就不全面了,需要引入一个新的物理量——介质损耗角正切值 $\tan\delta$ 来表示此时介质中的能量损耗。

图 1-41 所示的 3 条并联支路等值电路可以代表任何实际电介质,不但适用于直流电压,也适用于交流电压。电路中的电阻 R 和 r_a 是引起功率损耗的元件,R 代表电导引起的损耗,r_a 代表极化损耗。此等值电路可进一步简化为图 1-47 和图 1-48 所示的电阻、电容并联或串联的等值电路。

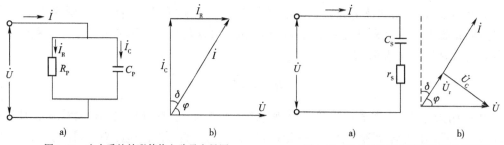

图 1-47　电介质的并联等值电路及向量图　　　　图 1-48　电介质的串联等值电路及向量图
a)等值电路;b)向量图　　　　　　　　　　　　　a)等值电路;b)向量图

在等值电路所对应的相量图中,φ 为电压电流相量之间的夹角,即电路的功率因数角,δ 为 φ 的余角,称为介质损耗角。

并联等值电路中,$\dot{I}_R = \dfrac{\dot{U}}{R_P}$,$\dot{I}_C = \dfrac{\dot{U}}{-jX_C} = j\omega C_P \dot{U}$,因此

$$\tan\delta = \frac{I_R}{I_C} = \frac{U/R_P}{U\omega C_P} = \frac{1}{\omega C_P R_P} \tag{1-31}$$

$$P = UI_R = UI_C \tan\delta = U^2 \omega C_P \tan\delta \tag{1-32}$$

在串联等值电路中,$\dot{U}_r = r_S \dot{I}$,$U_C = -j X_C \dot{I} = \dfrac{\dot{I}}{j\omega C_S}$

$$\tan\delta = \frac{U_r}{U_C} = \frac{r_S I}{I/\omega C_S} = \omega C_S r_S \tag{1-33}$$

$$P = I^2 r_S = \left(\frac{U}{Z}\right)^2 r_S = \frac{U^2}{r_S{}^2 + (1/\omega C_S)^2} r_S = \frac{U^2 \omega^2 C_S{}^2 r_S}{1 + (\omega C_S r_S)^2} = \frac{U^2 \omega C_S \tan\delta}{1 + \tan^2\delta} \tag{1-34}$$

以上是对同一电介质的两种不同形式的等值电路进行的分析,所以其功率损耗应相等,比较式(1-32)和式(1-34)可知

$$C_P = \frac{C_S}{1 + \tan^2\delta} \tag{1-35}$$

式(1-35)表明,同一电介质用不同等值电路表示时,其等值电容是不相同的。通常 $\tan\delta$ 远小于 1,所以 $1 + \tan^2\delta \approx 1$,故 $C_P \approx C_S$。这时介质损耗在两种等值电路中可用同一公式表

示,即

$$P = U^2 \omega C \tan\delta \qquad (1\text{-}36)$$

显然,介质损耗 P 与外加电压 U,电源角频率 ω 及电介质的等值电容 C 等因素有关,因此直接用 P 作为比较各种电介质品质好坏的指标是不合适的。在上述各量均为给定值的情况下,P 最后决定于 $\tan\delta$,而 $\tan\delta$ 是一个无量纲的量,它与电介质的几何尺寸无关,只反映介质本身的性能。因此,在高电压工程中常把 $\tan\delta$ 作为衡量电介质损耗的指标,称之为介质损耗因数或介质损耗角正切。

(4)电介质的损耗及其影响因素

影响电介质损耗的因素主要有温度、频率和电压。不同的电介质所具有的损耗形式不同,从而温度、频率和电压对电介质损耗的影响也不同。

①气体电介质的损耗。气体电介质的相对介电常数 ε_r 接近1,极化率极小,因此气体电介质损耗仅由电导引起。当外加电压低于气体的起始放电电压时,气体电介质的电导也是极小的,所以气体电介质的损耗很小,受温度和频率的影响都不大。因此,实际工程中,常用气体作为标准电容器的介质。

当外加电压超过气体的起始放电电压时,气体将发生局部放电,损耗急剧增加,如图1-49所示。

②液体和固体电介质的损耗。非极性或弱极性的液体、固体及结构较紧密的离子性电介质,它们的极化形式主要是电子位移极化和离子位移极化,没有能量损耗,因此这类电介质的损耗主要由电导引起,$\tan\delta$ 较小。频率对其损耗没有影响,温度对这类介质的损耗影响与温度对电导的影响相似,即 $\tan\delta$ 随温度的升高也是按指数规律增大。

偶极性液体、固体及结构不紧密的离子性电介质,除具有电导损耗外,还有极化损耗,因此 $\tan\delta$ 较大,而且和温度、频率等因素有较复杂的关系,如图1-50所示。图中曲线有最大值和最小值,首先分析电源频率为 f_1 时的情况,在温度较低($t < t_1$)时,电导损耗和极化损耗都很小,随温度的升高偶极子转向容易,从而使极化损耗显著增加,同时电导损耗也随温度升高而略有增加,因此在这一范围内 $\tan\delta$ 随温度的升高而增大。当 $t = t_1$ 时,总的介质损耗达到最大值。当温度继续升高($t_1 < t < t_2$)时,分子热运动加剧,阻碍了偶极子在电场作用下做规则排列,极化损耗减小,在此阶段虽然电导损耗随温度的升高仍是增加的,但其增加的程度比极化损耗减小的程度小,因此在这一范围内 $\tan\delta$ 是随温度升高而减小的,当 $t = t_2$ 时,总损耗达到最小值。当温度进一步升高($t > t_2$)时,电导损耗随温度的升高而急剧增加,此时总损耗以电导损耗为主,也随之急剧增大。

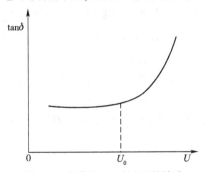

图1-49 气体的 $\tan\delta$ 与电压的关系

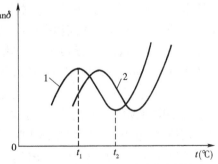

图1-50 极性介质 $\tan\delta$ 与温度和频率的关系
1-频率 f_1 的曲线;2-频率 f_2 的曲线($f_1 < f_2$)

当电源频率增高时,由图可见,整个曲线右移,这是因为在较高的频率下,偶极子来不及充分转向,要使转向极化充分进行,就必须减小黏滞性即升高温度。

在一定的电压范围内,tanδ 与外加电压无关,若电介质中含有气泡,当电压升高到气泡的起始游离电压以上时,气泡发生游离,介质中产生了游离损耗,tanδ 随电压的升高而急剧增大。

(5)tanδ 在工程实际中的应用

①选择绝缘。设计绝缘结构时,必须注意绝缘材料的 tanδ,tanδ 过大会引起严重发热,容易使材料劣化,甚至导致热击穿。

②在绝缘预防性试验中判断绝缘状况。当绝缘受潮或劣化时,tanδ 将急剧上升,绝缘内部是否存在局部放电,也可以通过 tanδ 与 U 的关系曲线加以判断。

③介质损耗引起的发热有时也可以利用。例如电瓷生产中对泥坯加热即是在泥坯两端加上交流电压,利用介质损耗发热加速泥坯的干燥过程。由于这种方法是利用材料本身介质损耗的发热,所以加热非常均匀。

二、液体电介质的击穿

工程上常用的液体电介质有矿物油、植物油(蓖麻油)及人工合成油(如硅油、十二烷基苯)等几类。目前应用最广泛的是从石油中提炼出的矿物油,通过不同程度的提炼可得到应用于不同高压设备中的液体电介质,如变压器油、电缆油和电容器油等。液体电介质的耐电强度一般比气体高,除具有绝缘的作用外,还有冷却、灭弧的作用。

关于液体电介质击穿的机理,许多学者进行了大量的研究工作,但由于问题的复杂性,目前,液体介质的击穿理论还很不完善。由于液体介质的击穿与其含气、含杂质情况密切相关,在液体净化技术不够高的条件下,液体净化程度没有严格的指标规定,因此不少研究得到的实验结果差异很大,无法进行分析比较。近年来随着液体净化技术不断的提高,得到一些合乎规律的实验研究结果,从而建立了一些比较实用化的液体介质击穿学说。根据液体纯净程度的不同,本节介绍 3 类液体介质击穿的理论、观点。

1. 液体电介质的击穿机理

(1)高度纯净去气液体电介质的电击穿机理

电击穿理论把气体碰撞电离击穿机理扩展用于液体,并进一步把碰撞电离与液体分子振动联系起来,以简单结构的有机液体介质为例,阐明它的击穿过程与分子结构的关系。根据击穿发生的判定条件不同,有以下两种观点。

①碰撞电离开始作为击穿条件。液体介质中由于阴极的场致发射或热发射的电子在电场中被加速而获得动能,在碰撞液体分子时又把能量传递给液体分子,电子损失的能量都用于激发液体分子的热振动。假设液体分子热振能量是量子化的,那么当液体分子基团的固有振动频率为 v 时(固有振动频率可以用红外吸收光谱法测量出来),在与电子的一次碰撞中,液体分子平均吸收的能量仅为一个振动能量子 hv(h 是普朗克常数)。当电子在相邻两次碰撞间从电场中得到的能量大于 hv 时,电子就能在运动过程中逐渐积累能量,直到电子能量大到一定值时,电子与液体相互作用时便导致碰撞电离。

②电子崩发展至一定大小为击穿条件。

(2)含气纯净液体电介质的气泡击穿机理

液体介质的气泡击穿理论是基于液体介质击穿往往与液体含气或从液体中产生气体密

切相关而提出来的。气泡击穿理论认为,不论何种原因使液体中存在气泡时,由于在交变电压下两串联介质中电场强度与介质介电常数成反比,气泡中的电场强度比液体介质高,而气体的击穿场强又比液体介质低得多,所以总是气泡先发生电离,这使气泡温度升高,体积膨胀,电离将进一步发展;而气泡电离产生的高能电子又碰撞液体分子,使液体分子电离生成更多的气体,扩大气体通道,当气泡在两极间形成"气桥"时,液体介质就能在此通道中发生击穿。

由于液体电介质的密度远比气体电介质的密度大,所以电子在其中的自由行程很短,不容易积累起产生碰撞游离所需的动能。因此纯净液体电介质的耐电强度比常态下气体电介质的耐电强度高得多。

(3)工程用液体电介质的击穿机理

纯净液体介质的击穿场强虽高,但其精制、提纯极其复杂,而且在电气设备制造过程中又难免会有杂质重新混入;此外,在运行中也会因液体介质劣化而分解出气体或低分子物,所以工程用液体介质或多或少含有一些杂质。例如,油常因受潮而含有水分,还常含有由纸或布脱落的纤维等固体微粒。因此,在工程纯液体介质的击穿中,这些杂质起着决定性的作用。杂质的存在使工程用液体电介质的击穿具有了新的特点,一般用"小桥"理论说明工程用液体电介质的击穿过程。

"小桥"理论认为,由于液体电介质中的水和纤维的相对介电常数(分别为81,6~7)比油的相对介电常数(1.8~2.8)大得多,这些杂质很容易极化并沿电场方向定向排列成杂质的"小桥"。当杂质"小桥"贯穿两极时,在电场作用下,由于组成此小桥的水分和纤维的电导较大,使泄漏电流增加,从而使"小桥"急剧发热,油和水分局部沸腾汽化,形成"气体桥"。气体中的电场强度要比油中高很多(与相对介电常数成反比),而气体的耐电强度比油的低很多,最后沿此"气体桥"击穿。这种形式的击穿包含热过程,所以属于热击穿的范畴。

2.影响液体电介质击穿电压的因素

液体电介质击穿电压的大小既决定于其自身品质的优劣,又与外界因素,如温度、电压等有关。

(1)液体电介质本身品质的影响

液体电介质的品质决定于其所含杂质的多少。含杂质越多,品质越差,击穿电压越低。对液体电介质,通常用标准试油器(又称标准油杯)按标准试验方法测得的工频击穿电压来衡量其品质的优劣,而不用击穿场强值。因为即使是均匀场,击穿场强也随间隙距离的增大而明显下降。

我国国家标准《绝缘油击穿电压测定法》(GB/T 507—2002)对标准油杯推荐了两种电极:一种为球形电极;另一种为球盖形电极,电极材料为黄铜或不锈钢。球形电极由两个直径为12.5~13.0mm的球电极组成,电极间距离为2.5mm;球盖形电极由两个直径为36mm的球盖形电极组成,电极间距离也为2.5mm,如图1-51所示,标准油杯的器壁为透明的有机玻璃。

必须指出,在标准试油器中测得的油的耐电强度只能作为对油的品质的衡量标准,不能用此数据直接计算在不同条件下油间隙的耐受电压,因为同一种油在不同条件下的耐电强度是有很大差别的。

下面具体讨论变压器油本身的某些品质因素对耐电弧度的影响。

①含水量。水分在油中有 3 种存在方式,当含水量极微小时,水分以分子状态溶解于油中,这种状态的水分对油的耐电强度影响不大;当含水量超过其溶解度时,多余的水分便以乳化状态悬浮在油中,这种悬浮状态的小水滴在电场作用下极化易形成小桥,对油的耐电强度有很强烈的影响。图 1-52 所示是在标准油杯中测出的变压器油的工频击穿电压与含水量的关系。由图可见,在常温下,只要油中含有 0.01% 的水分,就会使油的击穿电压显著下降。当含水量超过 0.02% 时,多余的水分沉淀到油的底部,因此击穿电压不再降低。

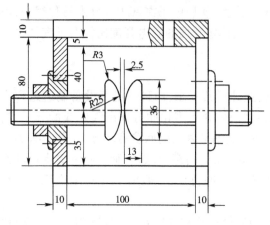

图 1-51 标准油杯示意图(尺寸单位:mm)　　　图 1-52 在标准油杯中变压器油的工频击穿电压
　　　　　　　　　　　　　　　　　　　　　　　　　　　　　　　　　　与含水量的关系

②含纤维量。当油中有纤维存在时,在电场力的作用下,纤维将沿着电场方向极化排列形成杂质小桥,使油的击穿电压大大下降。纤维又具有很强的吸附水分的能力,吸湿的纤维对击穿电压的影响更大。

③含气量。绝缘油能够吸收和溶解相当数量的气体,其饱和溶解量主要由气体的化学成分、气压、油温等因素决定。温度对油中气体饱和溶解量的影响随气体种类而异,没有同一的规律。气压升高时,各种气体在油中的饱和溶解量都会增加,所以油的脱气处理通常都在高真空下进行。

溶解于油中的气体在短时间内对油的性能影响不大,主要只是使油的黏度和耐电强度稍有降低。它的主要危害有两个方面:一是当温度、压力等外界条件发生改变时,溶解在油中的气体可能析出,成为自由状态的小气泡,容易导致局部放电,加速油的老化,也会使油的耐电强度有较大的降低;二是溶解在油中的氧气经过一定时间会使油逐渐氧化,酸价增大,并加速油的老化。

④含碳量。某些电气设备中的绝缘油在运行中常受到电弧的作用。电弧的高温会使绝缘油分解出气体(主要为氢气和烃类气体)、液体(主要为低分子烃类)及固体(主要为碳粒)物质。碳粒对油的耐电强度有两方面的作用:一方面,碳粒本身为导体,它散布在油中,使碳粒附近局部电场增强,从而使油的耐电强度降低;另一方面,新生的活性炭的碳粒有很强的吸附水分和气体的能力,从而使油的耐电强度提高。总的来说,细而分散的碳粒对油的耐电强度的影响并不显著,但碳粒(再加吸附了某些水分和杂质)逐渐沉淀到电气设备的固体介质表面,形成油泥,则易造成油中沿固体介质表面的放电,同时也影响散热。

(2)温度的影响

温度对变压器油耐电强度的影响和油的品质、电场均匀度及电压作用时间有关。在较均匀电场及 1min 工频电压作用下,变压器油的击穿电压与温度的关系如图 1-53 所示。曲线1、2分别代表干燥的油和受潮的油的试验曲线。受潮的油,当温度从0℃逐渐升高时,水分在油中的溶解度逐渐增大,一部分乳化悬浮状态的水分就转化为溶解状态,使油的耐电强度逐渐增大;当温度超过60~80℃时,部分水分开始汽化,使油的耐电强度降低;当油温稍低于0℃时,呈乳化悬浮状态的水分最多,此时油的耐电强度最低;温度再低时水分结成冰粒,冰的介电常数与油相近,对电场畸变的程度减弱,因而油的耐电强度又逐渐增加。对于很干燥的油,就没有这种变化规律,油的耐电强度只是随着温度的升高单调地降低。

在极不均匀电场中,油中的水分和杂质不易形成小桥,受潮的油的击穿电压和温度的关系不像均匀电场中那样复杂,只是随着温度的上升,击穿电压略有下降。

不论是均匀电场还是不均匀电场,在冲击电压作用下,即使是品质较差的油,油隙的击穿电压和温度也没有显著关系,只是随着温度的上升,油隙的击穿电压稍有下降。主要是冲击电压作用时间太短,杂质来不及形成小桥的缘故。

(3)电压作用时间的影响

电压作用时间对油的耐电强度有很大影响,如图1-54所示。

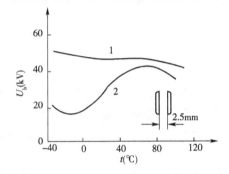

图1-53 在标准油杯中变压器油的击穿电压与温度的关系　　图1-54 变压器油的击穿电压和电压作用时间的关系

1-干燥的油;2-受潮的油

在电压作用时间很短时(小于毫秒级),击穿电压随时间的变化规律和气体电介质的伏秒特性相似,具有纯电击穿的性质;电压作用时间越长,杂质成桥,介质发热越充分,击穿电压越低,属于热击穿。对一般不太脏的油做1min击穿电压和长时间击穿电压的试验结果差不多,故做油耐压试验时,只做1min。

(4)电场情况的影响

由图1-55可见,在工频电压作用下,如电场比较均匀(曲线2),则油的品质对油隙击穿电压的影响很大;如电场极不均匀(曲线1),则油的品质对油隙击穿电压的影响很小。这是因为在极不均匀电场下,电极附近的电场很强,造成强烈的游离,电场力对带电质点强烈的吸斥作用使该处的油受到剧烈的扰动,以致杂质和水分等很难形成"小桥"的缘故。

在冲击电压作用下,由于杂质本身的惯性,不可能在极短的电压作用时间内沿电场方向排列成"小桥",故不论电场均匀与否,油的品质对冲击击穿电压均无显著影响,如图1-56所示。

(5)压力的影响

不论电场均匀与否,当压力增加时,工程用变压器油的工频击穿电压会随之升高,这个关系在均匀电场中更为显著。其原因是随着压力的增加,气体在油中的溶解度增加,气泡的局部放电起始电压也提高,这两个因素都将使油的击穿电压提高。若除净油中所含气体或在冲击电压作用下,则压力对油隙的击穿电压几乎没有什么影响。这说明油隙的击穿电压随压力的增加而升高的原因在于油中含有气体。总的来说,即使是较均匀电场,油隙的击穿电压随压力的增大而升高的程度远不如气隙。

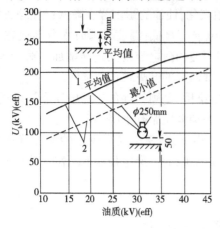

图1-55 不同电场情况下变压器油的击穿电压和油品质的关系

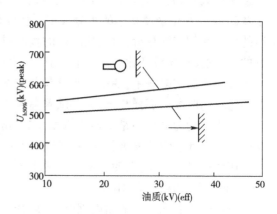

图1-56 冲击电压作用下油质对油隙击穿电压的影响

3．提高液体电介质击穿电压的方法

（1）提高并保持油品质

提高并保持油品质最常用的方法如下：

①过滤。将油在压力下连续通过滤油机中的大量滤纸层,油中的杂质(包括纤维、碳粒、树脂、油泥等)被滤纸阻挡,油中大部分的水分和有机酸等也被滤纸纤维吸附,从而大大提高了油的品质。若在油中加一些白土、硅胶等吸附剂,吸附油中的水分、有机酸等,然后再过滤,效果会更好。

②防潮。油浸式绝缘在浸油前必须烘干,必要时可用真空干燥法去除水分,在油箱呼吸器的空气入口放干燥剂,以防潮气进入。

③袪气。常用的方法是先将油加热,在真空中喷成雾状,油中所含水分和气体即挥发并被抽走,然后在真空条件下将油注入电气设备中。

（2）采用"油－屏障"式绝缘

①覆盖层。覆盖层是指紧贴在金属电极上的固体绝缘薄层,通常用漆膜、黄蜡布、漆布带等做成。由于它很薄(＜1mm),所以它并不会显著改变油中电场分布。它的作用主要是使油中的杂质、水分等形成的"小桥"不能直接与电极接触,从而减小了流经杂质小桥的电流,阻碍了杂质"小桥"中热击穿过程的发展。覆盖层的作用显然是与杂质"小桥"密切相关的,在杂质"小桥"的作用比较显著的场合,覆盖层的效果就会较强,反之就会较弱。

实验结果表明,油本身品质越差、电场越均匀、电压作用时间越长,则覆盖层对提高油隙击穿电压的效果就越显著,且能使击穿电压的分散性大为减小。对一般工程用的油,在工频电压作用下,覆盖层的效果大致为:在均匀电场、稍不均匀电场和极不均匀电场中,覆盖层可使油隙的工频击穿电压分别提高约100%～70%、70%～50%、50%～20%。实验结果还表明,覆盖层上如有个别穿孔或击穿(但无明显的烧焦)等情况对油隙击穿电压没有很大影响,这可能是杂质"小桥"和电极接触点的位置具有概率统计性质的缘故。在冲击电压作用下,覆盖层几乎不起什么作用。

②绝缘层。绝缘层在形式上就像加厚了的覆盖层(有的厚度可达几十毫米),绝缘层不仅能起覆盖层的作用,减小杂质的有害影响,而且它能承担一定的电压,可改善电场的分布。

它通常只用在不均匀电场中,包括在曲率半径较小的电极上,由于固体绝缘层的介电常数比油大,因此,能降低绝缘层所填充的部分空间的场强;固体绝缘层的耐电强度也较高,不会在其中造成局部放电。固体绝缘层的厚度应使其外缘处的曲率半径已足够大,致使此处油中的场强已减小到不会发生电晕或局部放电的程度。变压器高压引线、屏蔽环以及充油套管的导电杆上都包有绝缘层。

③屏障。屏障又称极间障或隔板,是放在电极间油间隙中的固体绝缘板(层压纸板或层压布板),其形状可以是平板、圆筒、圆管等,厚度通常为 2~7mm,主要由所需机械强度决定。屏障的作用一方面是阻隔杂质"小桥"的形成;另一方面和气体电介质中放置屏障的作用类似,在极不均匀电场中,曲率半径小的电极附近场强高,会先发生游离,游离出的带电粒子被屏障阻挡,并分布在屏障的一侧,使另一侧油隙中的电场变得比较均匀,从而能提高油间隙的击穿电压。

在极不均匀电场(如棒—板)中,在工频电压作用下,当屏障与棒极距离 S' 为总间隙距离 S 的 15%~25% 时,屏障的作用最大,此时,油隙的击穿电压可达无屏障时的 200%~250%。当屏障过分靠近棒极时,有可能引起棒极与屏障之间的局部击穿,使屏障逐渐被破坏。

在较均匀电场中,屏障的最优位置仍在 $S'/S \approx 0.25$ 处,但此时油隙的平均击穿电压只能提高 25%,不过它能使击穿电压的分散性减小。

为了使屏障能充分发挥作用,屏障的面积应足够大,以避免绕过其边缘的放电,最好是将屏障的形状做成与电极的形状接近相似并包围电极。屏障的厚度超过机械强度所要求的厚度是不必要的,而且是没有好处的。特别在较均匀电场中,由于屏障材料的介电常数比油大得多,过厚的屏障,反而会增大油隙中的场强。

在较大的油间隙中若合理地布置几个屏障,可使击穿电压进一步提高。在冲击电压作用下,油中杂质来不及形成"小桥",所以屏障的作用就很小了。

三、固体电介质的击穿

当施加于电介质的电场增大到相当强时,电介质的电导就不服从欧姆定律了,实验表明,电介质在强电场下的电流密度按指数规律随电场强度增加而增加,当电场进一步增强到某个临界值时,电介质的电导突然剧增,电介质便由绝缘状态变为导电状态,这一跃变现象称为电介质的击穿。发生击穿时的临界电压称为电介质的击穿电压,相应的电场强度称为电介质的击穿场强。

电介质的击穿场强是电介质的基本电性能之一,它决定了电介质在电场作用下保持绝缘性能的极限能力。在电力系统中常常由于某一电气设备的绝缘损坏而造成事故,因而在很多情况下,电力系统和电气设备的可靠性在很大程度上取决于其绝缘介质的正常工作。随着电力系统额定电压的提高,对系统供电可靠性的要求也愈高,系统绝缘介质在高场强下正常工作变得至关重要。

固体电介质的击穿特性与气体、液体电介质的击穿特性有很大不同,主要体现在以下两点:一是固体电介质的固有耐电强度比气体和液体电介质高。通常,空气的耐电强度一般在 3~4kV/mm;液体的耐电强度在 10~20kV/mm;而固体的耐电强度在十几至几百千伏每毫米;二是与气体、液体介质相比,固体介质的击穿场强较高,击穿过程最复杂,且击穿后其绝缘性能不能恢复。固体电介质击穿后会出现烧焦或熔化的通道、裂缝等,即使去掉外施电压,也不能像气体、液体电介质那样恢复绝缘性能,属于非自恢复绝缘。

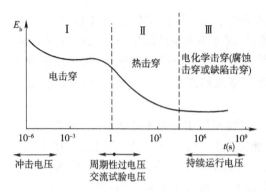

图 1-57 固体电介质的击穿场强与电压作用时间的关系

1. 固体电介质的击穿理论

固体电介质的击穿与电压作用时间有很大的关系,如图 1-57 所示,并且随电压作用时间的不同,固体电介质的击穿有:电击穿、热击穿和电化学击穿 3 种不同的形式。

(1)电击穿

固体电介质的电击穿理论与气体的击穿相似,认为是在强电场作用下,电介质内部少量的带电质点剧烈运动,发生碰撞游离形成电子崩,当电子崩足够强时,破坏了固体电介质的晶格结构,导致击穿。

电击穿的主要特点是:电压作用时间短;击穿电压高;击穿电压与环境温度无关;而电场均匀程度对击穿电压影响很大。当介质的电导很小,又有良好的散热条件以及电介质内部不存在局部放电时,固体电介质所发生的击穿一般为电击穿。

(2)热击穿

热击穿是由于固体电介质内部的热不稳定过程造成的。固体电介质长期在电压作用下,由于电导和极化损耗的存在,使介质发热升温,而电介质电导具有正的温度系数,温度升高电导变大,损耗发热也随之增大。在电介质不断发热升温的同时,也存在一个通过电极及其他介质向外不断散热的过程。如果同一时间内发热量等于散热量,即达到热平衡,则介质温度不再上升而是稳定于某一数值,这时将不至引起介质绝缘强度的破坏。如果散热条件不好或电压达到某一临界值,使发热量超过散热量,则介质的温度会不断上升,以致引起电介质分解、炭化或烧焦,最终击穿。

热击穿的主要特点是:发生热击穿时,介质温度尤其是热击穿通道处的温度特别高;热击穿电压随环境温度的升高呈指数规律下降;随外施电压作用时间的增长而下降;随外施电压频率的增高而下降;周围媒质的散热条件越差,热击穿电压越低;固体电介质的厚度增加或其 $\tan\delta$ 增大,都会使介质发热量增大,导致热击穿电压下降。

(3)电化学击穿

电介质在运行中长期受到电、热、化学和机械力等的作用,使其物理、化学性能发生不可逆的劣化,最终导致击穿,这种过程称为电化学击穿。电化学击穿是一个复杂的缓慢过程,是电介质内部和边缘处存在的气泡、气隙长期在工作电压作用下发生电晕或局部放电,产生臭氧、二氧化氮等气体氧化、腐蚀绝缘;产生热量,增大局部电导和介质损耗,甚至造成局部烧焦绝缘以及气体游离产生带电质点撞击、破坏绝缘等综合作用的结果。所有这些情况都将导致绝缘劣化、击穿强度下降,以致在长时期电压作用下发生热击穿,或者在短时过电压作用下发生电击穿。

电化学击穿是固体电介质在电压长期作用下劣化、老化而引起的,它与固体电介质本身的制造工艺、工作条件等有密切关系,并且电化学击穿的击穿电压比电击穿和热击穿更低,甚至在工作电压下就可能发生。所以对固体电介质的电化学击穿应引起足够的重视。

2. 影响固体电介质的击穿电压的因素

(1)电压作用时间

电压作用时间越长,击穿电压越低,而且对于大多数固体电介质来说存在着明显的分界点。当电压作用时间足够长,以致引起热击穿或电化学击穿时,击穿电压急剧下降。以常用的油浸电工纸板为例,如图1-58所示,以1min工频击穿电压(幅值)作为基准值(100%),则在长期工作电压下的击穿电压值仅为其几分之一,而在雷电冲击电压作用下的击穿电压值为其300%以上。电击穿与热击穿的分界点时间在$10^5 \sim 10^6 \mu s$,小于此值的击穿属于电击穿,因为在这段时间内,热与化学的影响都来不及起作用,在此区域内,在较宽的时间范围内击穿电压与电压作用时间几乎无关,只有在时间小于微秒级时击穿电压才升高,这与气体放电的伏秒特性很相似。当时间大于$10^5 \sim 10^6 \mu s$时,随加压时间的增加,击穿电压明显下降,这只能用发展较慢的热过程来解释,属于热击穿。当电压作用时间更长时,击穿电压仅为1min工频击穿电压(幅值)的几分之一,此时是由于绝缘老化,绝缘性能降低后发生了电化学击穿。

(2)电场均匀程度和介质厚度

在均匀电场中,固体电介质的击穿电压要高于不均匀电场中的击穿电压,且其击穿电压随着介质厚度的增加近似地呈线性增加;在不均匀电场中,介质厚度越大,电场越不容易均匀,击穿电压不再随厚度的增加而线性增加。值得注意的是,当介质厚度增加到散热困难以致出现热击穿时,再靠继续增加厚度来提高击穿电压就没有多大意义了。

(3)温度

当环境温度较低时,固体电介质的击穿电压与温度几乎无关,属于电击穿;当环境温度高到一定程度,电击穿转为热击穿时,击穿电压大幅度下降,如图1-59所示。且环境温度越高,热击穿电压越低。对于不同材料,临界温度t_0是不同的,即使是同材料,t_0值也会因介质的厚度、冷却条件和所加电压性质等因素的不同而在很大范围内变动。

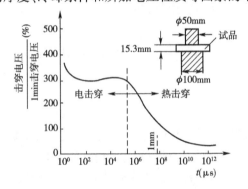

图1-58 油浸电工纸板的击穿电压与电压作用时间的关系　　图1-59 工频电压下电瓷的击穿电压与温度的关系

(4)电压种类

在相同条件下,固体电介质在直流、交流和冲击电压下的击穿电压往往是不同的。在直流电压下,固体电介质的损耗(主要为电导损耗)比工频交流电压下的损耗(除电导损耗外,还包括极化损耗甚至还有游离损耗)小,电介质发热少,因此直流击穿电压比工频击穿电压(幅值)高。而在交流电压下,工频交流击穿电压要高于高频交流击穿电压,因为高频下局部放电严重,发热也严重,使其击穿电压最低。在冲击电压下,由于电压作用时间极短,热的效应和电化学的影响来不及起作用,因此击穿电压比工频交流和直流下都高。

(5)受潮

固体电介质受潮后其击穿电压的下降程度与材料的吸水性有关。对不易吸潮的电介质,如聚乙烯、聚四氟乙烯等,受潮后击穿电压下降一半左右;对易吸潮的电介质,如棉纱、纸等纤维材料,受潮后击穿电压仅为干燥时的几百分之一。所以,高压电气设备的绝缘在制造时应注意烘干,在运行中要注意防潮,并定期检查受潮情况。

（6）累积效应

由于固体电介质属于非自恢复绝缘,若每次施加某一电压时,都会使绝缘产生一定程度的损伤,那么在多次施加同样电压时,绝缘的损伤会逐步积累,这称为累积效应。显然,累积效应会使固体电介质的绝缘性能劣化,导致击穿电压下降。因此,在确定电气设备试验电压和试验次数时应注意累积效应,而在设计绝缘结构时也应留有一定的裕度。

（7）机械负荷

均匀和致密的固体电介质在弹性限度内,击穿电压与其机械变形无关;但对某些具有孔隙的不均匀固体电介质,机械应力和变形对其击穿电压影响较大。机械应力可能使电介质中的孔隙减少或缩小,从而使击穿电压提高;也可能使某些原来较完整的电介质产生开裂、松散,如该介质放在气体中,则气体将填充到裂缝内,从而使击穿电压下降。

3. 提高固体电介质的击穿电压的措施

（1）改进绝缘设计

采用合理的绝缘结构,使各部分绝缘的耐电强度与其所承担的场强有适当的配合;改善电极形状及表面光洁度,尽可能使电场分布均匀。使边缘效应减小到最小程度,改善电极与电介质的接触状态,消除接触处的气隙或使接触处的气隙不承受电位差;改进密封结构,确保可靠密封等。

（2）改进制造工艺

尽可能地清除固体电介质中残留的杂质、气泡、水分等,使固体电介质尽可能均匀致密。这可通过精选材料、改善工艺、真空干燥、加强浸渍（油、胶、漆等）等方法达到。

（3）改善运行条件

注意防潮,防止尘污和各种有害气体的侵蚀,加强散热冷却（如自然通风、强迫通风、氢冷、油冷、水内冷等）。

四、电介质的老化

电气设备的绝缘在运行中受到电场、高温、机械力等作用将产生一系列的化学、物理变化,以致机械性能逐渐变差,强度逐渐变弱,甚至丧失绝缘性能,这种过程称为电介质的老化。

电介质老化主要可分为3类:电老化、热老化及环境老化。环境老化是由光、氧气、臭氧及污秽等因素引起,主要对暴露在大气中的绝缘影响较大;对绝大多数电气设备的绝缘来讲,主要是电老化和热老化。

1. 电老化

电介质在电场的长时间作用下,其物理、化学性能会逐渐发生不可逆的劣化,最终导致电介质的击穿,这个过程称为电老化。

某些缺陷（如固体绝缘中的气隙或液体绝缘中的气泡）,在交变电场作用下的局部场强达到一定值以上时,就会发生局部放电;或者电介质在直流电压的长期作用下,即使所加电压远低于局部放电的起始电压,由于介质内部进行着电化学过程,电解质也会逐渐老化,最终导致击穿。

2. 热老化

电介质在长期受热的情况下,其绝缘性能会发生不可逆的劣化,这就是电介质的热老化。液体电介质的热老化是由于介质在热作用下发生了缓慢的化学变化(主要是氧化)所致,主要表现为酸价升高,颜色加深,黏度增大,出现沉淀物,绝缘性能下降。固体电介质的热老化是由于介质在受热情况下发生了热裂解、氧化裂解以及低分子挥发物逸出等所致,主要表现为失去弹性,变硬,变脆,机械强度降低,有的表现为变软,发黏,变形,失去机械强度,与此同时介质电导变大,介质损耗增加,击穿电压下降,绝缘性能变坏。

热老化的进程与电介质的工作温度有关,温度升高热老化过程加快。各种电介质都有一定的耐热性能,电介质的最高允许温度是由其耐热性能决定的。为了保证绝缘具有一定的、经济合理的工作寿命,通常规定了各类绝缘材料的最高允许温度,在运行中电介质的温度一般不允许超过其最高允许温度。国际电工委员会将各种电工绝缘材料按其耐热程度划分成7个耐热等级(Y、A、E、B、F、H、C),并确定各级绝缘材料的最高持续工作温度,见表1-6。

电工绝缘材料的耐热等级 表1-6

级别	最高持续工 作温度(℃)	材 料 举 例
Y	90	未浸渍的木材、棉纱、天然丝和纸等或其组合物;聚乙烯、聚氧乙烯、天然橡胶
A	105	矿物油及浸入其中的Y级材料;油性漆、油性树脂漆及其漆包线
E	120	由酚醛树脂、糠醛树脂、三聚氰胺甲醛树脂制成的塑料、胶纸板、胶布板、聚酯薄膜及聚酯纤维;环氧树脂;聚氨酯及漆包线;油改性三聚氰胺漆
B	130	以合适的树脂或沥青浸渍、黏合或涂复过的或用有机补强材料加工过的云母、玻璃纤维、石棉等的制品;聚酯漆及其漆包线;使用无机填充的塑料
F	155	用耐热有机树脂划漆所黏合或浸渍的无机物(云母、石棉、玻璃纤及其制品)
H	180	硅有机树脂、硅有机漆或用它们黏合或浸渍过的无机材料;硅有机橡胶
C	220	不采用任务何有机黏合剂或浸渍的无机物,如云母、石英、石板、陶瓷、玻璃或玻璃纤维、石棉水泥制品、玻璃云母模压品等;聚四氟乙烯塑料

任务实施一 ▶ **变压器油的绝缘强度测试**

一、工作任务

对变压器油进行击穿特性测试。

二、引用的标准和规程

(1)《高电压试验技术 第二部分 试验程序》(GB 311.6—83)。

(2)《电业安全工作规程》(发电厂和变电所电气部分)(GB 26860—2011)。

(3)《绝缘油击穿电压测定法》(GB/T 507—2002)。

(4)绝缘油介电强度测试仪使用说明书。

三、试验仪器、仪表及材料(见表1-7)

试验仪器、仪表及材料 表1-7

序号	试验所用设备(材料)	数量	序号	试验所用设备(材料)	数量
1	绝缘油介电强度测试仪	1套	3	小线箱(各种小线夹及短接线)	1套
2	电源盘	2个	4	设备试验原始记录	1本

四、测试准备及工作危险点分析、防范措施

(1)试验人员进入试验现场,必须按规定戴好安全帽、正确着装。

(2)高压试验工作不得少于2人,试验负责人应由有经验的人员担任。开始试验前,负责人应对全体试验人员详细布置试验中的安全事项。

(3)在试验现场应装设遮栏或围栏,字面向外悬挂"止步,高压危险!"标示牌,并派专人看守。

(4)试验器具的金属外壳应可靠接地,试验设备应牢靠接地,防止感应电伤人、损坏仪器。试验电源开关应使用具有明显断开点的双极刀闸,并装有合格的漏电保护装置,防止低压触电。

(5)操作人员应站在绝缘垫上。试验人员在加压过程中,应精力集中,随时警惕异常现象发生。操作顺序应有条不紊,在操作中除有特殊要求,均不得突然加压或失压。当发生异常现象时,应立即降压、断电、放电、接地,然后再检查分析。

五、测试人员配置

此任务可配测试负责人1名,测试人员2名(1名接线、测试;1名记录数据)。

六、测试仪表设备介绍

绝缘油击穿电压测试仪是根据国家标准《绝缘油击穿电压测定法》(GB/T 507—2002)研制而成,仪器LCD显示屏可以实现试验过程和结果显示,内置EEPROM存储器可以保存100最多组试验数据和结果,所有的人机交互操作都由旋转鼠标完成,微型打印机可以随时打印试验结果,测试仪操作简单,功能强大,稳定可靠抗干扰能力极强,试验过程中无死机现象发生。其技术指标为:

(1)输入电压:AC 220V;

(2)输出电压:AC 0~80kV;

(3)升压速率:2kV/s±10%;

(4)精度等级:3级;

(5)连续试验次数:1~9次;

(6)搅拌时间:0~99s;

(7)静置时间:0~9min59s;

(8)限压设定:20~75kV。

七、实施步骤

(1)将仪器可靠接地。

(2)断电状态下,将磁振子置于验油杯中。

(3)试油必须在不破坏原有储装密封的状态下,在试验室内放置一段时间,待油温和室温相近后方可揭盖试验。在揭盖前,将试油轻轻摇荡,使内部杂质均匀,但不得产生气泡,在试验前,用试油将油杯洗涤2~3次。

(4)断电状态下,将测试样油装入油杯试油注入油杯时,应徐徐沿油杯内壁流下,以减少气泡,在操作中,不允许用手触及电极、油杯内部和试油。试油盛满后必须静置10~15min,方可开始升压试验。

(5)断电状态下,罩上电极罩,盖好高压舱。

(6)合上电源开关,仪器出现欢迎界面后,自动转入主界面。

(7)通过旋转鼠标可以选择进行击穿试验,耐压试验,查看历史数据,时间设定和PC通信等操作项目。

(8)进入击穿试验后,进行试验参数设置,设置的项目包括:油标号、初始静置时间、试验次数、静置时间和搅拌时间,初始静置时间的范围是0~9min59s,静置时间的设置范围是0~9min59s,搅拌时间的设置范围是0~59s。

(9)选择开始试验,点击运行后仪器按照先升压至击穿,搅拌,静置,再升压至击穿的顺序循环进行,直至达到设定的试验次数为止,蜂鸣器鸣叫,试验停止。

(10)击穿试验完成后,显示的试验结果包括的击穿电压,击穿电压平均值和试验参数设置。

(11)操作人员还可以根据需要将试验结果保存和打印。

(12)全部工作结束后,试验人员对设备进行检查,恢复至试验前的状态,清理工作现场,并向试验负责人汇报问题、结果等。

 注意

(1)试验过程中,如果高压舱被打开,仪器会自动报警,提示高压舱已被打开。

(2)试验过程如果意外关机,再开机时仪器会接着上次没有完成的试验继续进行。

(3)仪器通电后有高压输出,严禁打开高压舱。

八、测试报告(见表1-8)

测 试 报 告   表1-8

次数 油的品质	一次	二次	三次	四次	五次	平均值	击穿场强 (kV/cm)
油的耐压值(kV)							

任务实施二 固体介质的绝缘强度测试

一、工作任务

对固体介质进行电气绝缘强度进行测试。

二、引用的标准和规程、文件

(1)《高电压试验技术　第二部分 试验程序》(GB 311.3—1983)。

(2)《电业安全工作规程》(发电厂和变电所电气部分)(GB 26860—2011)。

(3)《现场绝缘试验实施导则 第4部分 交流耐压试验》(DL/T 474.4—2006)。

(4)固体击穿强度测试仪使用说明书。

三、试验仪器、仪表及材料(见表1-9)

试验仪器、仪表及材料 表1-9

序号	试验所用设备(材料)	数量	序号	试验所用设备(材料)	数量
1	电压击穿强度测定仪	1套	3	小线箱(小线夹及短接线)	1套
2	电源盘	2个	4	设备试验原始记录	1本

四、测试准备及工作危险点分析、防范措施

(1)试验人员进入试验现场,必须按规定戴好安全帽、正确着装。

(2)高压试验工作不得少于2人,试验负责人应由有经验的人员担任。开始试验前,负责人应对全体试验人员详细布置试验中的安全事项。

(3)在试验现场应装设遮栏或围栏,字面向外悬挂"止步,高压危险!"标示牌,并派专人看守。

(4)试验器具的金属外壳应可靠接地,试验设备应牢靠接地,防止感应电伤人、损坏仪器。试验电源开关应使用具有明显断开点的双极刀闸,并装有合格的漏电保护装置,防止低压触电。

(5)操作人员应站在绝缘垫上。试验人员在加压过程中,应精力集中,随时警惕异常现象发生。操作顺序应有条不紊,在操作中除有特殊要求,均不得突然加压或失压。当发生异常现象时,应立即降压、断电、放电、接地,然后再检查分析。

五、测试人员配置

此任务可配测试负责人1名,测试人员2名(1名接线、测试;1名记录数据)。

六、测试仪表设备介绍

(1)使用范围

电压击穿强度测试仪主要适用于固体绝缘材料(如塑料、橡胶、薄膜、树脂、云母、陶瓷、玻璃、绝缘漆等介质)在工频电压或直流电压下击穿强度和耐电压的测试。

(2)功能

本仪器由电脑控制,通过全新智能数字集成电路系统与软件控制系统两部分完成,使升压速率真正做到匀速、准确,并能够准确测出漏电电流的数据。可实时绘制试验曲线,显示试验数据,判断准确,并可保存,分析,打印试验数据。其外观如图1-60所示。

七、实施步骤

(1)本次只做工频电压作用下短时的与1min的击穿试验,做试验的电极形状如图1-61所示。电极用铜或黄铜制成圆柱形,直径D为50mm或$(25+0.5)$mm。

(2)短时试验的进行方法是电压均匀地以1kV/s的速度从0开始升压,直到达到临界击穿电压,则应降低速度,使加压时间不小于10s,这样得到的击穿电压,称为短时试验击穿电压。

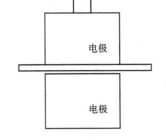

图1-60　电压击穿强度测试仪外观图　　　　　图1-61　测试用电极形状

（3）1min 试验的进行方法是在被试品上瞬时加上等于短时试验击穿电压 40% 的电压，保持 1min，然后根据表 1-10 隔 1min 升高一次电压，直至击穿为止，加压 1min 而未发生击穿的最高电压即为 1min 试验击穿电压。试验电压见表 1-10。

试 验 电 压　　　　　　　　　　表 1-10

短时试验时电压值(kV)	0~2	2~5	5~10	10~20	20~30	30~50	50~75	75~100
分段升高电压值(kV)	0.1	0.2	0.5	1	2	3	5	7

①取 5 层电缆纸（或青壳纸）为被试固体介质，用 50mm 直径的圆柱形电极进行短时击穿试验，取 3 次的平均值，量出纸的厚度，求出 5 层电缆纸的击穿电压 U，并算出其击穿电场强度 E。

②取 5 层电缆纸（或青壳纸）为被试品，用 50mm 圆柱形电极进行 1min 击穿试验，取 3 次的平均值，求出 5 层电缆纸的 1min 击穿电压和 1min 击穿电场强度，并与①中 5 层的 U 与 E 进行比较。

③将电缆纸（或青壳纸）浸油后再进行短时击穿试验，并将试验结果与①中层数相同者加以比较。

八、测试报告

1. 记录数据（见表 1-11）

测 试 数 据　　　　　　　　　　表 1-11

固 体 介 质	击穿电压 U(kV)				介质厚度	击穿电场强度(kV/mm^2)
	一次	二次	三次	平均值		
5 层电缆纸的短时击穿试验						
5 层电缆纸的 1min 击穿试验						
5 层浸油电缆纸的短时击穿试验						

2. 分析试验中观察到的现象，分析测试结果，讨论心得和存在的问题。

项目总结

通过对本项目的系统学习和实际操作，能够掌握掌握气体放电理论知识、电介质的基本特性、液体电介质的放电理论、液体电介质的击穿特性和固体电介质的击穿特性等相关理论知识，明确各项测试的目的、器材、危险点及防范措施，掌握气隙放电、变压器油的放电、固体的放电等试验接线、方法和步骤，使其能够在专人监护和配合下独立完成整个测试过程，并根据相关标准、规程对测试结果做出正确的判断和比较全面的分析。

拓展训练

一、理论题

1. 气体带电质点的产生和消失有哪些主要方式？

2. 什么叫自持放电？简述汤逊放电理论的自持放电条件。

3. 汤逊放电理论与流注放电理论的主要区别在哪里？它们各自的适用范围如何？

4. 极不均匀电场中有何放电特性？比较棒-板气隙极性不同时电晕起始电和击穿电压的高低，简述其理由。

5. 电晕放电是自持放电还是非自持放电？电晕放电有何危害及用途？

6. 什么是巴申定律？有何种情况下气体放电不遵循巴申定律？

7. 雷电冲击电压下间隙击穿有何特点？冲击电压作用下放电时延包括哪些部分？用什么来表示气隙的冲击特性？

8. 什么叫伏秒特性？伏秒特性有何意义？

9. 影响气体间隙击穿电压的因素有哪些？提高气体间隙击穿电压有哪些措施？

10. 沿面闪络电压为什么低于同样距离下纯空气间隙的击穿电压？

11. 分析套管的沿面闪络过程，提高套管沿面闪络电压有哪些措施？

12. 试分析绝缘子串的电压分布及改进电压分布措施。

13. 什么叫绝缘的污闪？防止绝缘子污闪有哪些措施？

14. 列表比较电介质 4 种极化形式的形成原因、过程进行的快慢、有无损耗、受温度的影响。

15. 说明绝缘电阻、泄漏电流、表面泄漏的含义。

16. 说明介质电导与金属电导的本质区别。

17. 何为吸收现象？在什么条件下出现吸收现象？试说明吸收现象的成因。

18. 说明介质损失角正切值 $\tan\delta$ 的物理意义，与电源频率、温度和电压的关系。

19. 说明变压器油的击穿过程以及影响其击穿电压的因素。

20. 比较气体、液体、固体介质击穿场强数量级的高低。

21. 说明固体电介质的击穿形式和特点。

22. 说明提高固体电介质击穿电压的措施。

二、实训——沿面放电测试

1. 实验设备

高压试验测试装置。

2. 测试接线图

沿面放电测试接线图 1-62 所示，其中：T—高压试验变压器；R—保护用水阻。

3. 测试内容

（1）按图 1-62 所示接线，被试验物为在一块接地的铜板上放一块玻璃板（其厚度为 t），在板的中间放一可移动的圆柱形电极，将此电极经水电阻接到高压电源上。

为了观察沿面放电现象，试验需在暗室中进行，试验时为了使试验者的眼睛仍适应黑暗，所以试验要在关灯后 5min 才可开始。

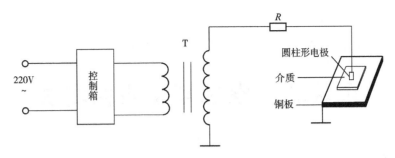

图 1-62　沿面放电测试接线图

　　逐渐升高被试电极上的电压,观察在圆柱形电极周围发生电晕的开始电压(有声和紫色光圈)和滑闪放电到介质表面完全放电的过程。

　　(2)按图 1-62 所示接线,改变圆柱形电极在玻璃板中间的位置(距玻璃板边缘的最小尺寸为 a),求两极之间的沿面距离与沿面放电电压的关系曲线。(注意每点做 3 次,取其平均值)。将试验结果换算为标准大气条件下的情况。

　　(3)把图 1-62 所示的圆柱形电极、玻璃板、铜板去掉,换成支持绝缘子,然后逐步升高被试支持绝缘子上的电压,观察在绝缘子上下极周围发生电晕的开始电压(有声和紫色光圈)和滑闪放电到介质表面完全放电的过程。测量支持绝缘子的干闪电压 40 次,记录其干闪电压数据,画出概率分布曲线。

项目二　电压互感器的测试

1. 掌握兆欧表的工作原理。
2. 熟悉绝缘电阻、吸收比的测量。
3. 掌握高压交流平衡电桥的基本原理。
4. 熟悉介质损耗角正切值的测量。

1. 能用绝缘表进行电压互感器绝缘电阻、吸收比的测量。
2. 能根据电力设备预防性试验规程进行介质损耗角正切值的测量。
3. 能够在专人监护和配合下独立完成整个测试过程。
4. 能根据相关标准、规程对测试结果做出正确的判断和比较全面的分析。

任务一　电磁式电压互感器绝缘电阻测试

电磁式电压互感器在投入使用后,每隔 3 年或在大修后都要进行绝缘电阻测试,当怀疑有绝缘缺陷时也要进行绝缘电阻测试,一般绝缘电阻值不应低于出厂值或初始值的 70%。测量电磁式电压互感器的绝缘电阻,能比较灵敏地反映电磁式电压互感器的绝缘情况,可以有助于发现绝缘整体或贯通性受潮、脏污;绝缘油劣化;绝缘击穿和严重热老化等缺陷。

一、绝缘电阻、吸收比和极化指数

电气设备在制造、运输、安装、检修过程中,有可能因发生意外事故而残留有潜伏性缺陷;在长期运行过程中,又会受到电场、导体发热、机械外力损伤、化学腐蚀及大气条件等因素的影响,使其绝缘性能劣化,严重的会造成设备损坏。这将直接影响到电力系统运行的稳定性和可靠性,因此必须对设备的绝缘进行检测和诊断,以掌握绝缘状况,对其是否存在缺陷或隐患、能否继续运行、是否需采取处理措施以及是否为寿命终结做出判断,预防事故的发生。

绝缘缺陷通常分为两类:一是集中性缺陷,指缺陷集中于绝缘的某个或某几个部分。如绝缘子瓷质开裂、绝缘局部磨损、绝缘内部气泡、局部受潮等,它又分为贯穿性缺陷和非贯穿性缺陷,这类缺陷的发展速度较快,因而具有较大的危险性;另一类是分布性缺陷,指由于受潮、过热、动力负荷及长时间过电压的作用导致的电气设备整体绝缘性能下降,如绝缘整体受潮、老化、变质等,这是一种普遍性的劣化,是经过缓慢演变而出现的。

绝缘试验按照其对被试绝缘的危险性可分为两类:一类为非破坏性试验,也称检查性试验或绝缘特性试验,是指在较低电压下或用其他不会损坏绝缘的方法来检测绝缘除电气强度以外的电气性能,这类试验的目的是判断绝缘状态,及时发现可能的劣化现象,主要包括绝缘电阻测量、直流泄漏电流测量和介质损失角正切值测量及局部放电测量等;另一类为破坏性试验,是指在各种较高的电压下进行的试验,也称耐压试验,它考核绝缘的电气强度,试验过程中有可能给绝缘造成一定的损伤,主要包括交流耐压试验、直流耐压试验、雷电冲击耐压试验及操作冲击耐压试验。这两类试验是相辅相成的,实际中应先进行非破坏性试验,再进行破坏性试验,若非破坏性试验表明绝缘有不正常情况,则必须查明原因并加以消除后才能再进行破坏性试验,以避免造成不应有的击穿。

常规绝缘试验是在停电状态下进行的,而停电测试往往不能正确及时地反映设备绝缘的运行工况以及是否存在隐患。采用在线检测技术可以对运行工况下的设备状态进行连续、实时的监测,在线检测通常是自动进行的,是基于计算机网络、先进传感器技术和专家诊断系统之上的综合体系。而通常所说的带电检测可以认为是在线检测的一种形式,它是指采用专门的检测仪器,对运行中的设备定时或根据需要进行检测。

测量电气设备的绝缘电阻,可以有助于发现电气设备中影响绝缘的异物、绝缘整体或贯通性受潮、脏污,绝缘油劣化,绝缘击穿和严重热老化等缺陷。因此测量绝缘电阻是电气检修、运行和实验人员都应掌握的基本方法。绝缘电阻通常采用兆欧表(也称摇表)进行测量。

绝缘电阻是指在绝缘体的临界电压以下,施加直流电压时,测量其所含的离子沿电场方向移动形成的电导电流 I_g,应用欧姆定律所确定的比值。如果施加的直流电压超过临界值,就会导致产生电导电流,使绝缘电阻急剧下降。这样,在过高电压作用下绝缘就遭到了损伤,甚至可能击穿。所以,一般兆欧表的额定电压不能太高,使用时应根据不同电压等级的绝缘选用。

对于单一的绝缘体(如瓷质或玻璃绝缘子、塑料、酚醛绝缘板材料及棒材等),在直流电压作用下,其电导电流瞬间即可达稳定值,所以测量这类绝缘体的绝缘电阻时,也很快就达到了稳定值。

在高压工程上用的设备内绝缘,大部分是夹层绝缘(如变压器、电缆、电动机等)。夹层绝缘在直流电压作用下,会产生多种极化,并从极化开始到完成,需要相当长时间。通常用夹层绝缘的绝缘电阻随时间变化的关系,作为判断绝缘状态的依据。

当在夹层绝缘体上施加直流电压后,其中便有 3 种电流产生,即电导电流、电容电流和吸收电流。这 3 种电流值的变化能反映出绝缘电阻值的大小,即随着加压时间的增长,这3 种电流的总和下降,而绝缘电阻值相应地增大。对于具有夹层绝缘的大容量设备,这种吸收现象就更明显。因为总电流随时间衰减,经过一定时间后,才趋于电导电流的数值,所以通常要求在加压 1min(或 10min)后,读取兆欧表指示的值,才能代表比较真实的绝缘电阻值。

不同的绝缘设备,在相同电压下,其总电流随时间下降的曲线不同,即使对同一设备,当绝缘受潮或有缺陷时,其总电流曲线也要发生变化。当绝缘受潮或有缺陷时,电流的吸收现象不明显,总电流随时间下降较缓慢。

如图 2-1 所示,在相同时间内电流的比值就不一样,有图 2-1a)中的 i_{15}/i_{60} 大于图 2-1b)中的 i_{15}/i_{60} 即可说明。因此,对同一绝缘设备,根据 i_{15}/i_{60} 的变化就可以初步判断绝缘的状况。通常以绝缘电阻的比值表示,即

$$k_1 = \frac{R_{60}}{R_{15}} = \frac{i_{15}}{i_{60}} \tag{2-1}$$

式中: i_{15}、R_{15}——加压 15s 时的电流和相应的绝缘电阻;

　　　i_{60}、R_{60}——加压 60s 时的电流和相应的绝缘电阻;

　　　k_1——吸收比。

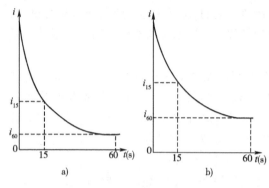

图 2-1　总电流 i 随时间的变化曲线
a)绝缘良好;b)绝缘受潮

通常将加压 60s 时测得的绝缘电阻值与加压 15s 时测得的绝缘电阻值之比,称为吸收比 k_1。《电力设备预防性试验规程》中规定: $k_1 \geq 1.3$ 为绝缘干燥; $k_1 < 1.3$ 为绝缘受潮。由于吸收比 k_1 是同一被试品的两个绝缘电阻之比,它与被试绝缘的尺寸无关,只取决于绝缘本身的特性,所以更有利于反映绝缘的状态。

经验表明,吸收比在工程应用中是存在局限性的。对于电容量较大的设备是适用的,但对电容量小的设备,由于吸收现象不明显,无实用价值。近几年来,由于干燥工艺的改进,大容量变压器的吸收现象也不明显,吸收比往往在 1.3 以下,而这并不一定表明变压器绝缘受潮,还要结合其他测试数据进行综合分析判断。

对于大型电动机或大型电力变压器及电容器等,由于吸收现象特别显著,在 60s 时测得的绝缘电阻仍会受吸收电流的影响,这时应采用加压 10min 和 1min 时的绝缘电阻值之比,即极化指数 k_2 作为衡量指标,即

$$k_2 = \frac{R_{10min}}{R_{1min}} \tag{2-2}$$

极化指数测量加压时间较长,测定的电介质吸收比率与温度无关,规程规定,绝缘良好时,极化指数 k_2 一般不小于 1.5,变压器极化指数 k_2 一般应大于 1.5,绝缘较好时其值可达到 3~4。

二、绝缘电阻、吸收比的测试

1. 兆欧表的工作原理

常用的兆欧表有手摇式、电动式和数字式几种。兆欧表是利用流比计的原理构成的,图 2-2 所示为兆欧表的原理接线图。图中 G 为电源,是由手摇(或电动)直流发电机或交流发电机经晶体二极管整流构成的;电压线圈 L_V 和电流线圈 L_A 绕向相反、相互垂直且固定在同一转轴上,它们处在同一个永久磁场中(图中未画出),由于没有弹簧游丝,当没有电流通过时,指针可以停留在任意位置; R_V、R_A 分别为分压电阻(包括电压线圈的电阻)和限流电阻(包括电流线圈的电阻)。

测量时,接地端子 E 接被试品的接地端,外壳或法兰等处,线路端子 L 接被试品的另一

极(绕组、芯柱或其他)。摇动手摇发电机,直流电压就加到两个并联支路上,电流通过两个线圈,在同一磁场中产生方向相反的转动力矩,在两个力矩差的作用下,线圈带动指针偏转,直至两个力矩平衡为止。当到达平衡时,指针偏转的角度 α 与流过 I_V 和 I_A 中的电流的比值有关,即

$$\alpha = F\left(\frac{I_V}{I_A}\right) \qquad (2\text{-}3)$$

而 $I_V = \dfrac{U}{R_V}$,$I_A = \dfrac{U}{R_A + R_X}$,$R_X$ 为被试品的绝缘电阻,所以

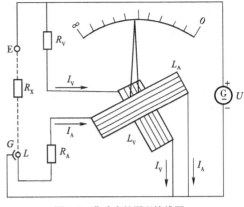

图 2-2 兆欧表的原理接线图

$$\alpha = F\left(\frac{I_V}{I_A}\right) = F\left[\frac{U/R_V}{U/(R_A + R_X)}\right] = F\left(\frac{R_A + R_X}{R_V}\right) = F'(R_X) \qquad (2\text{-}4)$$

可见指针偏转角 α 直接反映 R_X 的大小。当兆欧表分压电阻和限流电阻一定时,R_V、R_A 均为常数,故指针偏转角 α 的大小仅由被试品的绝缘电阻 R_X 决定。

当"L"(火线)"E"(地线)两端头间开路时,流比计电流线圈 L_A 中没有电流,$I_A = 0$,只有电压线圈 L_V 中有电流 I_V 流过,仅产生单方向转动的力矩,使指针沿逆时针方向偏转到最大位置,指向"∞",也即"L","E"两端开路就相当于被试品的绝缘电阻 R_X 为无穷大。

当两端头间短路时,并联电路两支路中都有电流,但流过电流线圈 L_A 中的电流 I_A 最大,其转动力矩大大超过 I_V 产生的反力矩,使指针沿顺时针转到最大位置,指向"0",即被测绝缘电阻 R_X 为零。

当外接被测绝缘电阻 R_X 在"0"与"∞"之间的任一数值时,指针停留的位置由通过这两个线圈中的电流 I_V 和 I_A 的比值来决定。兆欧表在额定电压下,I_V 为一定值,但被测绝缘电阻 R_X 与电流线圈 L_A 相串联,所以 I_A 的大小随 R_X 的数值而改变,于是 R_X 的大小就决定了指针偏转角的位置,因而在校准的电阻刻度盘上便可读取兆欧表测出的被试品绝缘电阻。

在端头"L"的外圈设有一个金属圆环 G,称为屏蔽端(或称保护环),有些兆欧表专设有屏蔽端头。它们均直接与电源的负极相连,起着屏蔽表面漏电的作用。因为在"L"和"E"之间会有高达几百伏至几千伏的直流电压,在这种高压下,"L"和"E"之间的表面泄漏是不可忽略的,如图 2-3 中的漏电流 i_1,而且在测量被试品时,还会有表面的漏电,如图 2-3 中的 i_2。屏蔽端头的作用,是使漏电流 i_1 和 i_2 直接从屏蔽端头"G"流回电源,而不经过测量机构,防止给测量结果造成误差,如图 2-3b)中所示。

兆欧表的负载特性,即所测绝缘电阻值和端电压的关系曲线,如图 2-4 所示。目前国内生产的不同类型的兆欧表的负载特性不同。从某种兆欧表的负载特性看出,当被测绝缘电阻小于 100MΩ 时,端电压剧烈下降。例如流比计型的测量机构,其偏转角的大小与电流比有关,而被试品的吸收比和绝缘电阻值直接影响兆欧表的端电压,因此当兆欧表的容量较小,而被试品的吸收电流大、绝缘电阻值又低时,就会引起兆欧表的端电压急剧下降。此时,测得的吸收比和绝缘电阻不能反映真实的绝缘状况,所以用小容量的兆欧表测量大容量设备的吸收比、极化指数和绝缘电阻时,其准确度较低。由此可见,不同类型的兆欧表,其负载特性不同。因此,对于同一被试品,用不同型号的兆欧表,测出的结果就有一定差异。所以

在测量极化指数和绝缘电阻时,应选择最大输出电流在 2mA 以上的数字兆欧表,并且在测量绝缘电阻范围内负载特性平稳的兆欧表,才能得到正确的结果。

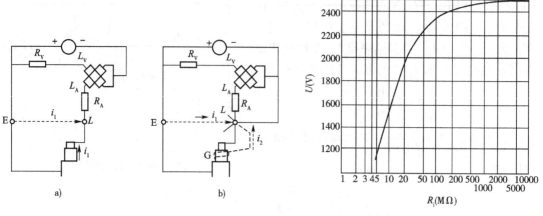

图 2-3　手摇兆欧表的屏蔽
a) 无屏蔽;b) 有屏蔽

图 2-4　兆欧表的负载特性

常用的兆欧表的额定电压有 500V、1000V、2500V、5000V 等几种;通常额定电压为 1kV 及以上的电气设备要选用 2500V 或 5000V 的兆欧表,额定电压为 1kV 以下的电气设备用 500V 或 1000V 的兆欧表。

目前现场已广泛采用数字式兆欧表,其原理图如图 2-5 所示,数字兆欧表是将直流电源变频产生直流高压,通过程序控制使各种绝缘测试可由菜单选择自动进行或设定方式进行。其测试电压 500～5000V 可设定选择;试验电流为 2.5mA 等;测量范围比手动兆欧表大,最大量程可读到 $5 \times 10^6 M\Omega$,显示直观准确。由于目前变压器等大容量设备需作极化指数试验,用手摇式兆欧表测量就比较困难,因此,数字式兆欧表正在逐步取代手摇式兆欧表。

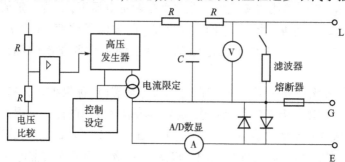

图 2-5　数字式兆欧表的原理图

2.影响测量结果的主要因素

(1)温度、湿度及表面脏污的影响

温度对绝缘电阻的影响很大,一般绝缘电阻是随温度上升而减小的。原因在于当温度升高时,绝缘介质中的极化加剧,电导增加,致使绝缘电阻值降低,并与温度变化的程度、绝缘材料的性质和结构等有关。一般温度每下降 10℃,绝缘电阻增加到 1.5～2 倍。为了比较测量结果,需要将测量结果换算成同一温度下的数值。

湿度主要影响绝缘表面泄漏电流,由于绝缘表面吸附潮气,形成水膜,使绝缘电阻降低。此外,由于某些绝缘材料的毛细管作用,在湿度大的情况下会吸收一些水分,也会导致电导增加,绝缘电阻下降。

电气设备绝缘表面的脏污会使表面的绝缘电阻下降从而造成整体绝缘电阻的明显降低。

（2）放电时间及感应电压的影响

每测完一次绝缘电阻后,应将被试品充分放电,放电时间应大于充电时间,以利将剩余电荷放尽。否则,在重复测量时,由于剩余电荷的影响,其充电电流和吸收电流将比第一次测量时小,因而造成吸收比减小,绝缘电阻值增大的虚假现象。

此外,由于带电设备和停电设备间的电容耦合,使得被试设备上存在感应电压,这在500kV设备试验时表现得尤其突出,会造成指针不稳定、摆动,感应电压强烈时甚至会损坏兆欧表,得不到真实的数值,为此,必要时要采取电场屏蔽等措施。

3.测量方法及注意事项

（1）断开被试品的电源,拆除或断开对外的一切连线,并将其接地放电。对电容量较大的被试品(如发电机、电缆、大中型变压器和电容器等)更应充分放电。此项操作应利用绝缘工具(如绝缘棒、绝缘钳等)进行,不得用手直接接触放电导线。

（2）用干燥清洁柔软的布擦去被试品表面的污垢,必要时可先用汽油或其他适当的去垢剂洗净套管表面的积污。

（3）将兆欧表放置平稳,驱动兆欧表达到额定转速,此时兆欧表的指针应指"∞",再用导线短接兆欧表的"火线"与"地线"端头,其指针应指零(瞬间低速旋转以免损坏兆欧表)。然后将被试品的接地端接于兆欧表的接地端头"E"上,测量端接于兆欧表的火线端头"L"上。如遇被试品表面的泄漏电流较大时,或对重要的被试品,如发电机、变压器等,为避免表面泄漏的影响,必须加以屏蔽。屏蔽线应接在兆欧表的屏蔽端头"G"上。接好线后,火线暂时不接被试品,驱动兆欧表至额定转速,其指针应指"∞",然后使兆欧表停止转动,将火线接至被试品。

（4）驱动兆欧表达额定转速,待指针稳定后,读取绝缘电阻的数值。

（5）测量吸收比或极化指数时,先驱动兆欧表达额定转速,待指针指"∞"时,用绝缘工具将火线立即接至被试品上,同时记录时间,分别读取15s和60s或10min时的绝缘电阻值。

（6）读取绝缘电阻值后,先断开接至被试品的火线,然后再将兆欧表停止运转,以免被试品的电容在测量时所充的电荷经兆欧表放电而损坏兆欧表,这一点在测试大容量设备时更要注意。此外,也可在火线端至被试品之间串入一只二极管,其正端与兆欧表的火线相接,这样就不必先断开火线,也能有效地保护兆欧表。

（7）在湿度较大的条件下进行测量时,可在被试品表面加等电位屏蔽,此时在接线上要注意,被试品上的屏蔽环应接近加压的火线而远离接地部分,减少屏蔽对地的表面泄漏,以免造成兆欧表过载。屏蔽环可用熔断丝或软铜线紧缠几圈而成。

4.测量结果的分析判断

（1）所测的绝缘电阻应等于或大于一般容许的数值(见有关规定)。

（2）将所测的绝缘电阻,换算至同一温度,并与出厂、交接、历年、大修前后和耐压前后的数值进行比较;与同型设备、同一设备相间比较。比较结果均不应有明显的降低或较大的差异。否则应引起注意,对重要的设备必须查明原因。

（3）对电容量比较大的高压电气设备,如电缆、变压器、发电机、电容器等的绝缘状况,主要以吸收比值和极化指数的大小为判断依据。如果吸收比和极化指数有明显下降,说明绝缘受潮或油质严重劣化。

任务实施

一、工作任务

某电厂 A 新近一批电磁式电压互感器等设备,要对其中的 10kV 电磁式电压互感器进行绝缘电阻测试,并判断是否符合要求,电压互感器的型号为 JDZW-10。

二、引用的标准和规程

(1)《电气装置安装工程电气设备交接试验标准》(GB 50150—2006)。

(2)《电业安全工作规程》(发电厂和变电所电气部分)(GB 26860—2011)。

(3)数字兆欧表仪器说明书。

三、试验仪器、仪表及材料(见表 2-1)

试验仪器、仪表及材料

表 2-1

序号	试验所用设备(材料)	数量	序号	试验所用设备(材料)	数量
1	数字兆欧表	1 块	4	小线箱(各种小线夹)	1 个
2	电源盘、刀闸板	2 个	5	常用仪表	1 套
3	常用工具	1 套	6	设备试验原始记录	1 本

四、测试准备及工作危险点分析、防范措施

(1)拟订测试流程图,组织作业人员学习作业指导书,使全体人员熟悉测试内容、测试标准、安全注意事项。

(2)试验前为防止互感器剩余电荷或感应电荷伤人、损坏试验仪器,应将被试互感器进行充分放电。

(3)确认拆除所有与设备连接的引线,并保证有足够的安全距离。

(4)检查仪器状态是否良好,所有试验仪器须校验合格,未超周期。

(5)仪器外壳接地要牢固、可靠。

(6)明确设备状况,分析被试设备出厂和历史试验数据,掌握设备状况。

(7)检查设备表面脏污及潮湿情况表面应清洁干燥,外瓷套无裂纹和明显的烧伤痕迹,无渗漏。

(8)用高压试验警戒带将试验区域围起,围带上"止步,高压危险"字样向外,范围应保证试验电压不会伤害围带区域外人员。

(9)测试前已对参加该项作业的相关人员进行工作技术交底。

五、测试人员配置

此任务可配测试负责人 1 名,测试人员 2 名(1 名接线测试,1 名记录数据)。

六、仪表测试介绍

1. 仪表工作原理

DY5631 数字兆欧表由中大规模集成电路组成。输出功率大,短路电流值高,输出电压

等级多(有4个电压等级)。工作原理为由机内电池作为电源经DC/DC变换产生的直流高压由E极出经被测试品到达L极,从而产生一个从E极到L极的电流,经过I/V变换经除法器完成运算直接将被测的绝缘电阻值由LCD显示出来。

2.功能特点

(1)输出功率大、带载能力强,抗干扰能力强。

本表外壳由高强度铝合金组成,机内设有等电位保护环和4阶有源低通滤波器,对外界工频及强电磁场可起到有效的屏蔽作用。对容性试品测量由于输出短路电流大于1.6mA,很容易使测试电压迅速上升到输出电压的额定值。对于低阻值测量由于采用比例法设计故电压下落并不影响测试精度。

(2)本仪表不需人力作功,由电池供电,量程可自动转换。一目了然的面板操作和LCD显示使得测量十分方便和迅捷。

(3)本表输出短路电流可直接测量,不需带载测量进行估算。

七、测试步骤

(1)测试接线图如图2-6所示。

(2)先测量"AX"绝缘电阻:兆欧表"L"端接互感器一次绕组"AX",互感器其他绕组均短路接地,兆欧表"E"端接地。

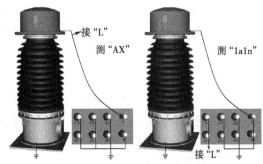

图2-6 绝缘电阻测试接线图

 注意

当被试品外表脏污较严重或环境湿度较大时,可在被试品表面做屏蔽(用裸铜线在"A"下第三瓷裙上围绕一圈),并引入仪表"G"端,可防止表面泄漏电流的影响。

(3)打开绝缘电阻测试仪,开启电源开关"ON/OFF",选择所需电压等级,开机默认为500V挡,选择所需电压挡位2500V,对应指示灯亮,轻按一下高压"启停"键,高压指示灯亮,屏幕有读数显示,待读数稳定,显示的数字值即为被试品的绝缘电阻值,读取数据并记录。当试品的绝缘电阻值超过仪表量程的上限值时,显示屏首位显示"1",后3位熄灭。

 注意

当高压启动开关开启后,"L"端和"E"端之间输出高压,此时严禁触及仪表和被测物体的裸露部分,会有电击危险。

(4)测试完毕后,再按一下"高压开关",红色指示灯熄灭,表示测试高压输出已断开。待仪器内部自放电完毕,放电指示灯熄灭后,关机,用放电棒对互感器加压端进行放电,拆下测试线,以防止残余电荷放电伤人。

(5)测量"1a1n"绝缘电阻:将"AX"接地,打开"1a1n"接地线,使之处于短路状态,接至兆欧表"L"端;重复2~4步骤。

(6)其他绕组测量方法与"1a1n"一样。

(7)所有绕组测量完毕,用放电棒对互感器高压端A进行放电,取下测试线,清理工作现场,准备下一项试验。

八、测试结果的分析判断

（1）测试结果

测试结果记录于表 2-2 所示。

数 据 记 录 表 表 2-2

	一次绕组对二次绕组	一次绕组对外壳	二次绕组间	二次绕组对外壳
绝缘电阻(MΩ)				

（2）判断

《电气装置安装工程电气设备交接试验标准》（GB 50150—2006）要求测量电磁式电压互感器绕组的绝缘电阻,应符合下列规定:测量一次绕组对二次绕组及外壳、各二次绕组间及其对外壳的绝缘电阻值不宜低于 1000MΩ。

任务二　电压互感器介质损耗角正切值的测量

> **任务描述**

电压等级 35kV 及以上油浸式电压互感器在交接试验、预防性试验和例行试验时,应测量一次绕组的介质损耗角正切值 tanδ,在综合分析时作为参考。通过测试介质损耗角正切值 tanδ,可有效地发现互感器局部集中性和整体分布性的缺陷,灵敏地发现绝缘受潮、劣化及套管绝缘损坏等缺陷。

> **理论知识**

一、介质损耗角正切值测量的意义及原理

介质损失角正切值 tanδ 是绝缘品质的重要指标,测量 tanδ 是判断电气设备绝缘状态的一种灵敏有效的方法。通过测量可以发现电气设备绝缘整体受潮、劣化变质以及小体积被试品中的严重局部性缺陷、气隙放电等。

图 2-7 为在交流电压作用下绝缘的等值电路和相量图。由图可见,流过介质的电流由两部分组成,即通过 C_X 的电容电流分量 I_{Cx} 通过 R_X 的有功电流分量 I_{Rx}。通常 $I_{Cx} >> I_{Rx}$,介质损失角 δ 甚小。介质中的功率损耗

$$P = UI_{Rx} = UI_{Cx}\tan\delta = U^2\omega C_X\tan\delta \tag{2-5}$$

tanδ 为介质损耗角的正切(或称介质损耗因数),一般比较小。习惯上也有称 tanδ 为介质损耗角的。通过测量 tanδ,可以反映出绝缘的一系列缺陷,如绝缘受潮,油或浸渍物脏污或劣化变质,绝缘中有气隙发生放电等。这时,流过绝缘的电流中有功电流分量 I_R 增大了,tanδ 也加大。绝缘中存在气隙这种缺陷,最好通过作 tanδ 与外加电压的关系曲线 tanδ = $f(U)$ 来发现。例如对于发电机线棒,如果绝缘老化、气隙较多,则 tanδ = $f(U)$ 将呈现明显的转折,如图 2-8 所示。U_C 代表气隙开始放电时的外加电压,从 tanδ 增加的陡度可反映出老化的程度。但对于变电设备来说,由于电桥电压(2500~10000V)常远低于设备的工作电压,因此,tanδ 测量虽可反映出绝缘受潮、油或浸渍物脏污、劣化变质等缺陷,但难以反映出绝缘内部的工作电压下局部放电性缺陷。

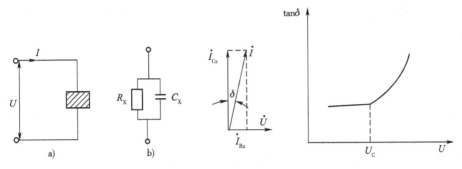

图 2-7　绝缘的等值电路　　　　　　　　图 2-8　$\tan\delta \sim U$ 关系曲线和相量图

由于 $\tan\delta$ 是一项表示绝缘内功率损耗大小的参数,对于均匀介质,它实际上反映着单位体积介质内的介质损耗,与绝缘的体积大小没有关系。在一定的绝缘的工作场强下,可以近似地认为绝缘厚度正比于 U。当绝缘厚度一定,绝缘面积越大,其电容量越大,I_C 也越大,故 I_C 正比于绝缘面积。因此,近似地认为绝缘体积正比于 UI_C。由式(2-5)可知,$\tan\delta$ 反映单位体积中的介质损耗。

如果绝缘内的缺陷不是分布性而是集中性的,则 $\tan\delta$ 有时反映就不灵敏。被试绝缘的体积越大,或集中性缺陷所占的体积越小,那么集中性缺陷处的介质损耗占被试绝缘全部介质损耗中的比重就越小,而 I_C 一般几乎是不变的,故由式(2-5)可知,$\tan\delta$ 增加得也越少,这样,测 $\tan\delta$ 法就不灵敏。对于像电机、电缆这类电气设备,由于运行中故障多为集中性缺陷发展所致,而且被试绝缘的体积较大,$\tan\delta$ 法的效果就差。因此,通常对运行中的电动机电缆等设备进行预防性试验时,便不做这项试验。相反,对于套管或互感器绝缘,$\tan\delta$ 试验就是一项必不可少而且是比较有效的试验。因为套管的体积小,$\tan\delta$ 法不仅可以反映套管绝缘的全面情况,而且有时可以检查出其中的集中性缺陷。

当被试品绝缘由不同的介质组成,例如由两种不同的绝缘部分并联组成时,则根据被试品总的介质损耗为其两个组成部分介质损耗之和,而且被试品所受电压即为各组成部分所受的电压,由式(2-5)可得,

$$U^2\omega_2 C_X \tan\delta = U^2\omega_2 C_1 \tan\delta_1 + U^2\omega_2 C_2 \tan\delta_2$$

因此

$$\tan\delta = \frac{C_1\tan\delta_1 + C_2\tan\delta_2}{C_X} = \frac{C_1\tan\delta_1 + C_2\tan\delta_2}{C_1 + C_2} \qquad (2-6)$$

由式(2-6)可知,C_2/C_X 越小,则 C_2 的缺陷($\tan\delta_2$ 增大)在测整体的 $\tan\delta$ 时越难发现,故对于可以分解为各个绝缘部分的被试品,常用分解进行 $\tan\delta$ 测量的办法更有效地发现缺陷。例如测变压器 $\tan\delta$ 时,对套管的 $\tan\delta$ 单独进行测量,可以有效地发现套管的缺陷,不然,由于套管的电容比绕组的电容小得多,在测量变压器绕组连同套管的 $\tan\delta$ 时,就不易反映套管内的绝缘缺陷。

在通过 $\tan\delta$ 值判断绝缘状况时,同样必须着重于与该设备历年的 $\tan\delta$ 值相比较以及和处于同样运行条件下的同类型设备相比较。即使 $\tan\delta$ 值未超过标准,但和过去比以及和同样运行条件的其他设备比,$\tan\delta$ 突然明显增大时,就必须进行处理,不然常常会在运行中发生事故。

二、高压交流平衡电桥

目前在预防性、交接试验中,测量介损使用较普遍的仪器有西林电桥、数字式自动介损

测量仪,西林电桥现已应用不多,但数字式自动介损测量仪是在西林电桥基础上发展起来的,所以还是先介绍西林电桥。

1. QS1 型西林电桥

(1)基本原理

QS1 型电桥的基本原理和其他西林电桥相同。其原理接线如图 2-9 所示,图中 C_X、R_X 为被试品的电容和电阻;R_3 为无感可调电阻;C_N 为高压标准电容器;C_4 为可调电容器;R_4 为无感固定电阻;P 为交流检流计。

当电桥平衡时,检流计 P 内无电流通过,说明 A、B 两点间无电位差,如图 2-10 所示。因此,电压 $\dot{U}_{CA}$ 与 $\dot{U}_{CB}$ 以及 $\dot{U}_{AD}$ 与 $\dot{U}_{BD}$ 必然大小相等,相位相同。即

$$\frac{\dot{U}_{CA}}{\dot{U}_{AD}} = \frac{\dot{U}_{CB}}{\dot{U}_{BD}} \tag{2-7}$$

所以,在桥臂 CA 和 AD 中流过相同的电流 I_X,在桥臂 CB 和 BD 中流过相同的电流 I_N,各桥臂电压之比应等于相应桥臂阻抗之比,即

$$\frac{Z_X}{Z_3} = \frac{Z_N}{Z_4} \tag{2-8}$$

而由图 2-10 可见,被试品阻抗为

$$Z_X = \frac{1}{1/R_X + j\omega C_X} \qquad\qquad Z_N = \frac{1}{j\omega C_N}$$

$$Z_3 = R_3 \qquad\qquad Z_4 = \frac{1}{1/R_4 + j\omega C_4}$$

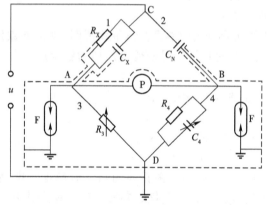

图 2-9　QS1 型电桥的原理接线图　　　　　　图 2-10　电桥平衡时向量图

代入式(2-8),并使等式两边虚部、实部分别相等则可得到

$$\tan\delta = \omega C_4 R_4 \tag{2-9}$$

$$C_X = \frac{1}{1 + \tan^2\delta} \cdot \frac{R_4}{R_3} \cdot C_N \tag{2-10}$$

在 50Hz 时,$\omega = 2\pi f = 100\pi$,为计算方便,在制造电桥时,取 $R_4 = \frac{10^4}{\pi}\Omega$,则 $\tan\delta = 10^6 C_4$,若 C_4 以 μF 为单位,则在数值上 $\tan\delta = C_4$,C_4 的微法数值经刻度转换就是被试品的 $\tan\delta$ 值,直接从电桥面板上的 C_4 数值读得。

如 Z_X 用串联回路代表,则代入式(2-8)后同样可得到 $\tan\delta = \omega C_4 R_4$。因为等值回路不应

68

改变 $\tan\delta$ 本身。通常桥臂阻抗 Z_X 和 Z_N 要比 Z_3 和 Z_4 大得多,所以工作电压主要作用在 Z_X 和 Z_N 上,因此它们被称为高压臂,而 Z_3 和 Z_4 称为低压臂,其作用电压往往只有几伏。但如果被试品或标准电容发生网络或击穿时,在 A、B 点可能出现高电位,为了确保人身和设备安全,在 A、B 两点对地之间各并联一个放电管,其放电电压约为 $100\sim200\mathrm{V}$。

QS1 型电桥的平衡是通过调节 R_3 和 C_4,从而分别改变桥臂电压的大小和相位来实现的。在电桥平衡过程中,流过检流计的电流不为零(检流计支路的阻抗不是无穷大),所以 R_3 和 Z_4 是互相影响的,需要反复调节 R_3、C_4,才能最后达到平衡。

(2)QS1 型电桥的接线方式

①正接线法。所谓正接线就是正常接线,如图 2-9 所示。在正接线时,桥体处于低压,操作安全方便。因不受被试品对地寄生电容的影响,测量准确。但这时要求被试品两极均能对地绝缘(如电容式套管、耦合电容器等),由于现场设备外壳几乎都是固定接地的,故正接线的采用受到了一定限制。

②反接线法。反接线适用于被试品一极接地的情况,故在现场应用较广,如图 2-11 所示。这时的高、低电压端恰与正接线相反,D 点接高压而 C 点接地,因而称为反接线。在反接线时,电桥体内各桥臂及部件处于高电位,所以,在面板上的各种操作都是通过绝缘柱传动的。此时,被试品高压电极连同引线的对地寄生电容将与被试品电容 C_X 并联而造成测量误差,尤其是 C_X 值较小时更为显著。

③对角接线。当被试品一极接地而电桥又没有足够绝缘强度进行反接线测量时,可采用对角接线,如图 2-12 所示。在对角接线时,由于试验变压器高压绕组引出线回路与设备对地(包括对低压绕组)的全部寄生电容均与 C_X 并联,给测量结果带来很大误差。因此要进行两次测量,一次不接被试品,另一次接被试品,然后按式(2-11)计算,以减去寄生电容的影响。

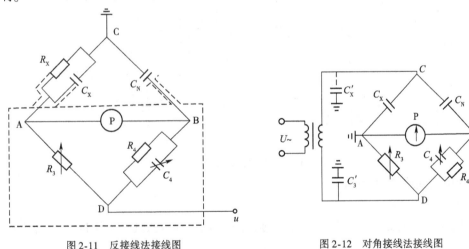

图 2-11　反接线法接线图　　　　　　图 2-12　对角接线法接线图

$$C_X = C_2 - C_1 \tag{2-11}$$

$$\tan\delta = \frac{C_2\tan\delta_2 - C\tan\delta_1}{C_2 - C_1} \tag{2-12}$$

式中:$\tan\delta_1$——未接入被试品时的测得值;

　　　$\tan\delta_2$——接入被试品后的测得值;

　　　C_1——未接入被试品时测得的电容;

C_2——接入被试品后测得的电容。

这种接线只有在被试品电容远大于寄生电容时才宜采用。

2. 数字式自动介损测量仪

数字式自动介损测量仪使用方便,较好的自动介质损耗测试仪测量精度及可靠性都比 QS1 型等电桥高。现以 Tettex2818 电桥和自动介损仪为例说明其原理。

(1)测量原理

数字式介损测量仪的基本测量原理为矢量电压法,即利用两个高精度电流传感器,把流过标准电容器 C_N 和试品 C_X 的电流信号 i_N 和 i_X 转换为适合计算机测量的电压信号 U_N 和 U_X,然后经过模数转换,A/D 采样将电流模拟信号变为数字信号,通过 FFT 数学运算,确定信号主频并进行数字滤波,分别求出两个电压信号的实部和虚部分量,从而得到被测电流信号 i_N 和 i_X 的基波分量及其矢量夹角 δ。由于 C_N 为无损标准电容器,且其电容量 C_N 已知,故可方便地求出试品的电容量 C_X 和介质损耗角 $\tan\delta$ 等参数。

测试仪的工作原理框图如图 2-13 所示。由于测量接地试品时采用侧接试验方式,测量部分全部处于低电位,故使用安全可靠,且易于实现全自动测量功能。

(2)功能特点

数字式介损型测量仪为一体化设计结构,内置高压试验电源和 BR26 型标准电容器,能够自动测量电气设备的电容量及介质损耗等参数,并具备先进的干扰自动抑制功能,即使在强烈电磁干扰环境下也能进行精确测量。通过软件设置,能自动施加 10kV、5kV 或 2kV 测试电压,并具有完善的安全防护措施:能由外接调压器供电,可实现试验电压在 1～10kVA 的任意调节。当现场干扰特别严重时,可配置 45～60Hz 变频调压电源,使其能在强电场干扰下准确测量。

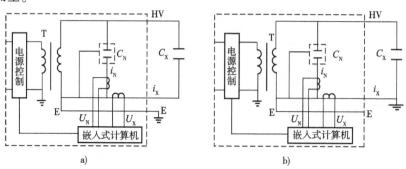

图 2-13　测试仪的工作原理框图

3. 影响测量结果的主要因素

(1)外界电场干扰

外界电场干扰主要是干扰电源(包括试验用高压电源和试验现场高压带电体)通过带电设备与被试设备之间的电容耦合造成的。图 2-14 所示为电场干扰的示意图。干扰电流 $\dot{I}_g$ 通过耦合电容 C_0 流过被试设备电容 C_X,于是在电桥平衡时所测得的被试品支路的电流 $\dot{I}_X$,由于加上 $\dot{I}_g$ 而变成 $\dot{I}'_X$。在干扰电流 $\dot{I}_g$ 大小不变而干扰源的相位连续变化时,$\dot{I}_g$ 的轨迹为以被试品电流 $\dot{I}_X$ 的末端为圆心,以 $\dot{I}_g$ 为半径的一个圆,如图 2-15 所示。在某些情况下,当干扰结果使 $\dot{I}_g$ 的相量端点落在阴影部分的圆弧上时,$\tan\delta$ 值将变为负值,这时电桥在正常接线下已无法达到平衡,只有把 C_4 从桥臂 4 换接到桥臂 3 与 R_3 并联(即将倒向开关打到 $\tan\delta$ 的位置),才能使电桥平衡,并按照新的平衡条件计算出 $\tan\delta = -\omega C_4 R_3$。

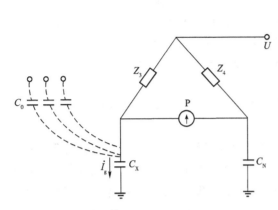

图 2-14 电场干扰示意图

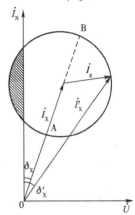

图 2-15 有电场干扰时的向量图

为避免干扰,最根本的办法是尽量离开干扰源,或者加电场屏蔽,即用金属屏蔽罩或将被试品与干扰源隔开,并将屏蔽罩与电桥本体相连,以消除 C_0 的影响。但在现场往往难以实现。对于同频率的干扰,还可以采用移相法或倒相法消除或减小对 $\tan\delta$ 的测量误差。

移相法是现场常用的消除干扰的有效方法,其基本原理是:利用移相器改变试验电源的相位,使被试品中的电流 $\dot{I}_X$ 与 $\dot{I}_g$ 同相或反相,此时 $\delta_X = \delta_X'$,因此,测出的是真实的 $\tan\delta$ 值,即 $\tan\delta = \omega C_4 R_4$,通常在试验电源和干扰电流同相和反相两种情况下分别测两次,然后取其平均值。而正、反相两次所测得的电流分别为 $\dot{I}_{OA}$ 和 $\dot{I}_{OB}$,因此,被试品电容的实际值应为正、反相两次测得的平均值。

倒相法是移相法中的特例,比较简便。测量时将电源正接和反接各测一次,得到两组测量结果 C_1、$\tan\delta_1$ 和 C_2、$\tan\delta_2$,根据这两组数据计算出电容 C_X 和 $\tan\delta$。计算原理可参照图 2-16所示关系。为分析方便,可假定电源的相位不变,而干扰的相位改变 $180°$,这样得到的结果与干扰相位不变电源相位改变 $180°$ 是完全一致的。由图 2-15 可得到

$$\tan\delta = \frac{C_1\tan\delta_1 + C_2\tan\delta_2}{C_1 + C_2} \tag{2-13}$$

当干扰不大,即 $\tan\delta_1$ 与 $\tan\delta_2$ 相差不大、C_1 与 C_2 相差不大时,式(2-13)可简化为

$$\tan\delta = \frac{\tan\delta_1 + \tan\delta_2}{2} \tag{2-14}$$

即可取两次测量结果的平均值,作为被试品的介质损失角正切值。

(2)外界磁场的干扰

外界磁场干扰主要是测试现场附近有漏磁通较大的设备(电抗器、通信的滤波器等)时,其交变磁场作用于电桥检流计内的电流线圈回路造成的。

为了消除磁场干扰,可设法将电桥移到磁场干扰范围以外。若不能做到,则可以改变检流计极性开关进行两次测量,用两次测量的平均值作为测量结果,以减小磁场干扰的影响。

(3)温度的影响

温度对 $\tan\delta$ 有直接影响,影响的程度随材料、结构的不同而异。一般情况下,$\tan\delta$ 是随温度上升而增加的。现场试验时,设备温度是变化的,为便于比较,应将不同温度下测得的

tanδ 值换算至 20℃。

应当指出,由于被试品真实的平均温度是很难准确测定的,换算系数也不是十分符合实际,故换算后往往有很大误差。因此,应尽可能在 10~30℃ 的温度下进行测量。

有些绝缘材料在温度低于某一临界值时,其 tanδ 可能随温度的降低而上升;而潮湿的材料在 0℃ 以下时水分冻结,tanδ 会降低。所以,过低温度下测得的 tanδ 不能反映真实的绝缘状况,容易导致错误的结论,因此,测量 tanδ 应在不低于 5℃ 时进行。

(4)试验电压的影响

良好绝缘的 tanδ 不随电压的升高而明显增加,当绝缘内部有缺陷时,则 tanδ 将随试验电压的升高而明显增加。

图 2-17 给出了几种典型的情况:图中曲线 1 是绝缘良好的情况,其 tanδ 几乎不随电压的升高而增加,仅在电压很高时才略有增加。曲线 2 为绝缘老化时的示例,在气隙起始游离电压之前,tanδ 比良好绝缘的低,过了起始游离点后则迅速升高,而且起始游离电压也比良好绝缘的低。曲线 3 为绝缘中存在气隙的示例,在试验电压未达到气体起始游离电压之前,tanδ 值稳定,但电压增高气隙游离后 tanδ 急剧增大。当逐步降压后测量时,曲线出现转折,由于气体放电可能已随时间和电压的增加而增强,故 tanδ 高于升压时相同电压下的值,直至气体放电终止,曲线才又重合,因而形成闭口环路状。曲线 4 是绝缘受潮的情况,在较低电压下,tanδ 时已较大,随电压的升高 tanδ 继续增大,在逐步降压时,由于介质损失的增大已使介质发热温度升高,所以 tanδ 不能与原数值重合,而以高于升压时的数值下降,形成开口环状曲线。这对于多孔的纤维性材料(如纸等)以及对于极性电介质,效果特别显著。

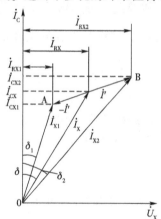

图 2-16 用倒相法消除干扰的向量

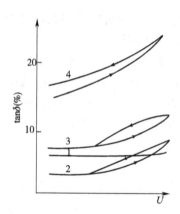

图 2-17 tanδ 与电压的关系曲线
1-绝缘良好的情况;2-绝缘老化的情况;3-绝缘中存在气隙的情况;4-绝缘受潮的情况

(5)被试品电容量的影响

对电容量较小的设备(套管、互感器、耦合电容器等),测量 tanδ 能有效地发现局部集中性的和整体分布性的缺陷。但对电容量较大的设备(如大、中型发电机、变压器,电力电缆,电力电容器等),测量 tanδ 只能发现绝缘的整体分布性缺陷,因为局部集中性的缺陷所引起的损失增加只占总损失的极小部分,这样用测量 tanδ 的方法来判断设备的绝缘状态就很不灵敏了。对于可以分解为几个彼此绝缘的部分的被试品,应分别测量其各个部分的 tanδ 值,这样能更有效地发现缺陷。

（6）表面泄漏电流的影响

被试品表面泄漏可能影响反映被试品内部绝缘状况的 $\tan\delta$ 值。在被试品 C_X 值小时需特别注意。为了消除或减小这种影响，测试前应将被试品表面擦干净，必要可加屏蔽。

综上所述，$\tan\delta$ 与介质的温度、湿度、内部有无气泡、缺陷部分体积大小等有关，通过 $\tan\delta$ 的测量发现的缺陷主要是：设备普遍受潮，绝缘油或固体有机绝缘材料的普遍老化；对小电容量设备，还可发现局部缺陷。必要时，可以作出 $\tan\delta$ 与电压的关系曲线，以便分析绝缘中是否夹杂较多气隙。

4.测量结果的分析判断

根据 $\tan\delta$ 测量结果对绝缘状况进行分析判断时，除与试验规程规定值比较外，还应与以往的测试结果及处于同样运行条件下的同类设备相比较，观察其发展趋势。如果测试值低于规程规定值，但增长迅速，也应认真对待，否则运行中也可能发生绝缘事故。此外，还可与同类设备比较，观察是否有明显差异。在比较时，除 $\tan\delta$ 值外，还应注意 C_X 值的变化情况。如发生明显变化，可配合其他试验方法，如绝缘油的分析、直流泄漏试验或提高测量 $\tan\delta$ 值的试验电压等进行综合判断。

任务实施

一、工作任务

某电厂新进一批设备，要对其中的 220kV 电磁式电压互感器进行介质损失角的正切值测试，并判断是否符合要求。电压互感器的型号为 JDZW-220kV，本次测试在试验室中进行。

二、引用的标准和规程

（1）《电气装置安装工程电气设备交接试验标准》（GB 50150—2006）。

（2）《电业安全工作规程》（发电厂和变电所电气部分）（GB 26860—2011）。

（3）数字兆欧表仪器说明书。

（4）《电压互感器试验导则》（JB/T 5357—2002）。

（5）《电磁式电压互感器》（GB 1207—2006）。

三、试验仪器、仪表及材料（见表 2-3）

试验仪器、仪表及材料　　　　　　　　　　　　　　　表 2-3

序号	试验所用设备（材料）	数量	序号	试验所用设备（材料）	数量
1	数字兆欧表	1 块	5	常用仪表（电压表、微安表、万用表等）	1 套
2	电源盘	2 个	6	小线箱（各种小线夹及短接线）	1 个
3	常用工具	1 套	7	操作杆	1 套
4	刀闸板	2 块	8	设备试验原始记录	1 本

四、测试准备及工作危险点分析、防范措施

（1）拟订测试流程图，组织作业人员学习作业指导书，使全体人员熟悉测试内容、测试标准、安全注意事项。

（2）试验前为防止互感器剩余电荷或感应电荷伤人、损坏试验仪器，应将被试互感器进

行充分放电。

(3)确认拆除所有与设备连接的引线，并保证有足够的安全距离。明确设备状况，分析被试设备出厂和历史试验数据，掌握设备状况。

(4)试验人员进入试验现场，必须按规定戴好安全帽、正确着装。在试验现场应装设遮栏或围栏，字面向外悬挂"止步，高压危险！"标示牌，并派专人看守。

(5)合理、整齐地布置试验场地，试验器具应靠近试品，所有带电部分应互相隔开，面向试验人员并处于视线之内。试验人员的活动范围及与带电部分的最小允许距离220kV为3.0m。

(6)试验器具的金属外壳应可靠接地，高压引线应尽量缩短，必要时用绝缘物支持牢固。为了在试验时确保高压回路的任何部分不对接地体放电，高压回路与接地体(如墙壁等)的距离必须留有足够的裕度。

(7)试验设备应牢靠接地，防止感应电伤人、损坏仪器。

(8)试验电源开关应使用具有明显断开点的双极刀闸，并装有合格的漏电保护装置，防止低压触电。

(9)加压前必须认真检查接线、表计量程，确认调压器在零位及仪表的开始状态均正确无误，并通知所有人员离开被试设备，在征得试验负责人许可后，方可加压，加压过程中应有人监护。

(10)操作人员应站在绝缘垫上。

(11)试验人员在加压过程中，应精力集中，不得与他人闲谈，随时警惕异常现象发生。操作顺序应有条不紊，在操作中除有特殊要求，均不得突然加压或失压。当发生异常现象时，应立即降压、断电、放电、接地，然后再检查分析。

(12)变更接线或试验结束时。应首先降下电压，断开电源、对被试品放电，并将升压装置的高压部分短路接地。

五、测试人员配置

此任务可配测试负责人1名，测试人员3名(1名接线、放电；1名测试；1名记录数据)。

六、仪表测试介绍

AI－6000自动抗干扰精密介质损耗测量仪用于现场抗干扰介损测量，或试验室精密介损测量。仪器为一体化结构，内置介损电桥、变频电源、试验变压器和标准电容器等。采用变频抗干扰和傅立叶变换数字滤波技术，全自动智能化测量，强干扰下测量数据非常稳定。测量结果由大屏幕液晶显示，自带微型打印机可打印输出。

七、测试方案

1. 正接法

正接法接线图如图2-18所示。(图2-18～图2-21的接线均以AI-6000型介质损耗测试仪为例，实际接线应按所使用的仪器说明书进行接线)。测量结果主要反映一次绕组和二次绕组之间和端子板绝缘的电容量和介质损耗因数；结果不包括铁芯支架绝缘的电容量和介质损耗因数(如果PT底坐垫绝缘就可以)；测量结果不受端子板的影响；试验电压不应超过3kV(建议为2kV)。

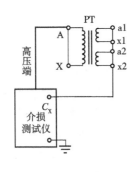

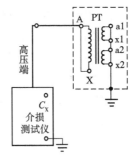

图 2-18 正接法接线图   图 2-19 反接法接线图

2.反接法

反接法接线图如图 2-19 所示,测量结果主要反映一次绕组和二次绕组之间、铁芯支架、端子板绝缘的电容量和介质损耗因数;结果受端子板的影响;试验电压不应超过 3kV(建议为 2kV)。

3.末端屏蔽法

220 电磁式电压互感器二次引出线端子板多用酚醛纸板或环氧板制成,易于受潮,影响一、二次绝缘。常规反接线时"X"端与"a"端之间的电压等于试验电压,如果小套管表面和端子板表面的泄漏电流较大,介损的测量值可能会比正接线的值还要大,造成测量误差,易造成误判断。遇到这种情况可用热风进行干燥或把一次末端 X 螺钉卸掉推出端子板进行测量。也可用末端屏蔽法测量介质损耗因数 tanδ 加以比较判断。末端屏蔽法接线中,由于静电屏与 PT 的一次末端接地,电位强制为零,故对支架、小套管及端子板的表面泄漏影响进行了较好的屏蔽。当小瓷套或所接的端子板受潮、脏污、断裂时,所带来的测量误差都被屏蔽掉。

由于 PT 的一次末端 X(N)接地,实际上,末端屏蔽法所测到的 tanδ 是下铁芯以及下铁芯上一次绕组对二、三次绕组端部的介质损耗因数 tanδ。下铁芯在实际运行中承受的电压较高,处于结构的最低处,是容易受潮的部位,因此测量该处的介质损耗因数十分必要。所以,《电力设备预防性试验规程》建议采用的末端屏蔽的方法进行串级绝缘电磁式电压互感器的介损测量。

对于串激式电压互感器,测量结果主要反映铁芯下部和二次线圈端部的绝缘,当互感器进水时该部位绝缘最容易受潮,所以末端屏蔽法对反映互感器受潮较为灵敏;但被测量部位的电容量很小,容易受到外部干扰;试验电压可以是 10kV;严禁将二次绕组短接。

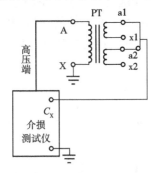

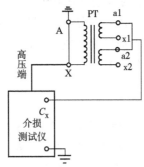

图 2-20 末端屏蔽法接线图   图 2-21 末端加压法接线图

75

4.末端加压法

本次任务对型号为 JDZW‒220kV 的电压互感器采用常规反接线即可。具体实际接线图如图2-22所示。一次绕组 AX 对二次绕组 1a1n、2a2n、dadn 和外壳的电容电流都通过信号端 C_X 构成回路,此接线可反映一次绕组对二次、三次绕组和外壳的整体绝缘。

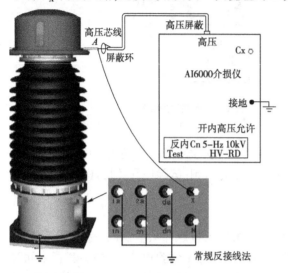

末端加压法接线图如图2-21所示,测试时不用断开互感器的高压端子,试验中将高压端接地,测量结果主要是反映一、二次线圈间的电容量和介质损耗因数,不包括铁芯支架的电容量和介质损耗因数;由于高压端接地,外部感应电压被屏蔽掉,所以这种方法有较强的抗干扰能力;测量结果受二次端子板绝缘的影响;试验电压不宜超过3kV;严禁将二次绕组短接。

图2-22 反接线法具体接线图

八、测试步骤

(1)选择试验接线,选用常规反接线测量接线。测试采用呼唱用语,按照相关规程、标准测试。

 注意

应仔细检查接地导体不能有油漆或锈蚀,否则应将接地导体刮干净。轻微接地不良可能引起误差或数据波动,严重接地不良可能引起危险!

 注意

现场测量使用搭钩连接试品时,搭钩务必与试品接触良好,否则接触点放电会引起数据严重波动。如高压挂在引流线上时,因引流线氧化层太厚,或风吹线摆动,易造成接触不良。

(2)试验人员接线,工作负责人复查接线,确认正确无误后方可接通试验电源。

(3)接通试验电源,开机(进入菜单),选择接线方式,如"反接线",选择内标准电容。

(4)选择试验频率:现场全部停电或试验室内工作,可选用"50Hz";现场部分带电,存在电场干扰时,可选择变频抗干扰功能"45~60Hz"。此次选择"50Hz"即可。

(5)选择试验电压:常规反接线测量,由于"X"的绝缘水平较低,测试电压选3kV。

(6)启动测量前应经工作负责人许可,加压过程中试验人员加强呼应,仪器显示测量高压(kV)和高压电流(mA)。

 注意

加压过程中高压插座和高压线有高电压,绝对禁止碰触高压插座、电缆、夹子和试品带电部位!确认断电后接线,测量时务必远离!

(7)试验结束,断开内高压允许开关或外加压时试验变压器的电源,显示结果后,按↑↓键可查看其他数据,记录或打印试验数据。

> **注意**

根据其结构我们知道,试验时电压互感器下铁芯上承受的试验电压不是我们所加的10kV,所以测量的电容值不是一次静电屏对二、三次绕组以及绝缘支架的真实值,一次静电屏对二、三次绕组以及绝缘支架的介质损耗因数在测量中未被包容,只是下铁芯对二、三次绕组及绝缘支架的电容值。如 JCC – 220 型电压互感器,电压互感器下铁芯上承受 1/4 的试验电压,所以一次静电屏对其他的真实值为测量值的 4 倍。

(8)断开试验电源,拉开双极刀闸,用放电棒对互感器高压端 A 进行放电,取下测试线,清理工作现场。

九、测试结果分析

《电气装置安装工程电气设备交接试验标准》中规定:互感器的绕组 tanδ 测量电压应为10kV,tanδ 不应大于表 2-4 数据。当对绝缘性能有怀疑时,可采用高压法进行试验,在 $(0.5 \sim 1)U_m$ 范围内进行,tanδ 变化量不应大于 0.2%,电容变化量不应大于 0.5%。

tanδ(%)限值 表 2-4

种 类	额 定 电 压			
	20 ~ 35kV	66 ~ 110kV	220kV	330 ~ 500kV
油浸式电流互感器	2.5	0.8	0.6	0.5
充硅脂及其他干式电流互感器	0.5	0.5	0.5	—
油浸式电压互感器绕组	3	2.5		—
串级式电压互感器支架	—	6		—
油浸式电流互感器末屏	—	2		

项目总结

通过对本项目的系统学习和实际操作,能够掌握掌握兆欧表的工作原理、绝缘电阻、吸收比的测量、高压交流平衡电桥的基本原理、介质损耗角正切值的测量等相关理论知识,明确各项测试的目的、器材、危险点及防范措施,掌握电压互感器绝缘电阻、介质损耗角正切值等试验接线、方法和步骤,使其能够在专人监护和配合下独立完成整个测试过程,并根据相关标准、规程对测试结果做出正确的判断和比较全面的分析。

拓展训练

一、理论题

1. 在对电力设备绝缘进行高电压耐压试验时,所采用的电压波形有哪些?
2. 说明绝缘电阻、泄漏电流、表面泄漏的含义。
3. 说明介质电导与金属电导的本质区别。
4. 何为吸收现象?在什么条件下出现吸收现象?说明吸收现象的成因。
5. 说明介质损失角正切值 tanδ 的物理意义,其与电源频率、温度和电压的关系。
6. 正接法和反接法西林电桥各应用在什么条件下?

77

二、实训——电容式电压互感器介损测试

1. 具体任务

对型号为 TYD110/$\sqrt{3}$ – 0.02H 电容式电压互感器进行介质损失角的正切值测试,并判断是否符合要求,本次测试在试验室中进行。

2. 标准和规程

(1)《电气装置安装工程电气设备交接试验标准》(GB 50150—2006)。

(2) 自动介损测试仪仪器说明书。

(3)《电压互感器试验导则》(JB/T 5357—2002)。

(4)《电容式电压互感器》(GB/T 4703—2007)。

3. 电容式电压互感器构造原理图

电容式电压互感器主要是由电容分压器、中压变压器、补偿电抗器、阻尼器等部分组成,后 3 部分总称为电磁单元。

4. 测试电路图

一体式 CVT 的电容分压器及中间变压器在邮箱内部连接,一般无中压抽头,测量 C_1 或 C_2 的介损和电容值必须采用"自激法",即利用中间变压器作为升压电源,低压励磁,将标准电容器 C_n 分别和 C_1 或 C_2 串联,组成标准电容臂,分别测量电容 C_2 或 C_1 的介损及电容值,用自激法测试电路(母线不接地)如图 2-23 所示。

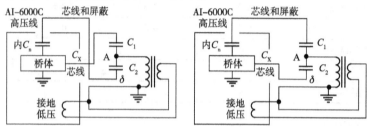

图 2-23　电容式电压互感器自激法测试电路图

项目三　电流互感器的测试

1. 掌握局部放电的工作原理。
2. 了解局部放电的检测方法。
3. 掌握电流互感器的励磁特性测试原理。
4. 了解电流互感器的电流比差、变比测试的方法。

能力目标

1. 能用局部放电测试系统进行电流互感器局部放电的测量。
2. 能根据相关标准规程进行电流互感器特性、变比的测量。
3. 能够在专人监护和配合下独立完成整个测试过程。
4. 能根据相关标准、规程对测试结果做出正确的判断和比较全面的分析。

任务一　电流互感器局部放电测试

任务描述

　　近些年来,电流互感器事故较为频繁,对电力系统安全运行带来威胁,事故统计表明,约有50%的事故是由于电流互感器内部绝缘存在局部放电引起的,常规的预防性试验如绝缘电阻测试和介质损耗角正切值的测试等都不能发现局部放电。为及时有效的发现电流互感器中存在的放电性缺陷,防止其扩大并导致整体绝缘击穿,电流互感器在投入使用后,每隔1~3年或在大修后都要进行局部放电测量,当怀疑局部有绝缘击穿时也要进行局部放电测量。试验按最新《电力设备预防性试验规程》(DL/T 596—2005)局部放电测量标准进行,测量电流互感器在规定电压下的放电水平,进行诊断。

理论知识

一、局部放电的基本原理

　　1. 局部放电的定义

　　高压电气设备内常用的固体绝缘物不可能做得十分纯净致密,难免会不同程度地包含一些分散性的异物,如各种杂质、气泡、空隙、水分和污秽等,有些是原材料不纯所致,有些是运行中绝缘物的老化、分解等过程中产生的,而且在运行中这些缺陷还会逐渐发展。由于这些异物的电导和介电系数不同于绝缘物,故在外施电压作用下,电气设备的电场强度往往是不相等的,当异物局部区域的电场强度达到该区域介质的击穿场强时,该区域就会出现放电,但这种放电并没有贯穿施加电压的两导体之间,即整个绝缘系统并没有击穿,仍然保持绝缘性能,这种现象称为局部放电。发生在绝缘体内的称为内部局部放电;发生在绝缘体表面的称为表面局部放电;发生在导体边缘而周围都是气体的,可称之为电晕。

2. 产生局部放电的原因

造成电场不均匀的因素很多,例如:

(1)电气设备的电极系统不对称,如针对板、圆柱体等。在电机线棒离开铁芯的部位、变压器的高压出线端、电缆的末端等部位电场比较集中,不采取特殊的措施就容易在这些部位首先产生放电。

(2)介质不均匀,如各种复合介质,气体-固体组合、不同固体组合等。在交变电场下,介质中的电场强度是反比于介电常数的,因此,介电常数小的介质中,电场强度就高于介电常数大的。

(3)绝缘体中含有气泡或其他杂质。气体的相对介电常数接近于1,各种固体、液体介质的相对介电常数都要比它大1倍以上,而固体、液体介质的击穿场强一般要比气体介质的大几倍到几十倍,因此绝缘体中有气泡存在是产生局部放电的最普遍原因。绝缘体内的气泡可能是产品制造过程残留下的,也可能是在产品运行中,由于热胀冷缩在不同材料的界面上出现了裂缝,或者因绝缘材料老化而分解出气体。此外,在高场强中若有电位悬浮的金属存在,也会在其边缘感应出很高的场强。在电气设备的各连接处,如果接触不好,也会在距离很微小的两个接点间产生高场强,这些都可能造成局部放电。

局部放电会逐渐腐蚀、损坏绝缘材料,使放电区域不断扩大,最终导致整个绝缘体击穿。因此,必须把局部放电限制在一定水平之下。高电压电工设备都把局部放电的测量列为检查产品质量的重要指标,要求产品不但出厂时要做局部放电试验,而且在投入运行之后还要经常进行测量。

3. 局部放电的原理

设在固体或液体电介质内部 g 处存在一个气隙或气泡,如图 3-1a)所示,C_g 为该气隙的电容,C_b 为与该气隙串联的绝缘部分的电容,C_a 为其余完好绝缘部分的电容,由此可得其等值电路如图 3-1b)所示。其中 g 为放电间隙,它的击穿等值于 g 处气隙发生的火花放电,Z 为相应于气隙放电脉冲频率的电源阻抗。

在电源电压 $u = U_m \sin\omega t$ 的作用下,C_g 上分到的电压为如图 3-2a)中虚线所示。当 u_g 达到该气隙的放电电压 U_s 时,气隙内发生火花放电,放电产生的空间电荷建立反电场,使 C_g 的电压急剧下降到剩余电压 U_r 时火花熄灭,完成一次局部放电。随着外加电压的继续上升,C_g 重新获得充电,当 u_g 又达到 U_s 时,气隙发生第二次放电,依此类推。气隙每放电一次,其电压瞬间下降 $\Delta U_g = U_s - U_r$,同时产生一个对应的局部放电电流脉冲。由于发生一次局部放电过程的时间很短,约为 10^{-8}s 数量级,可以认为是瞬时完成的,故放电脉冲电流表现为与时间轴垂直的一条直线,如图 3-2b)所示。

气体放电时,其放电电荷量为

$$q_r = \left(C_g + \frac{C_a C_b}{C_a + C_b} \right) \Delta U_g \tag{3-1}$$

因为 $C_a >> C_b$,所以

$$q_r \approx (C_g + C_b) \Delta U_g = (C_g + C_b)(U_s - U_r) \tag{3-2}$$

式中,q_r 为实际放电量。因 C_g、C_b 等在实际中无法测定,因此 q_r 很难测得。

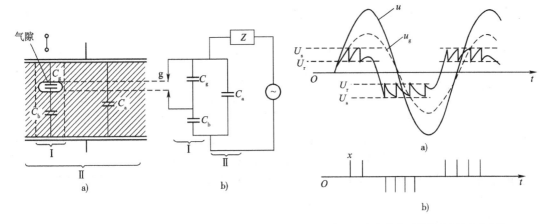

图 3-1　局部放电等值电路
a)示意图;b)等值电路

图 3-2　局部放电时的电压电流变化曲线

由于气隙放电引起的电压变动 ΔU_g 将按反比分配在 C_a 和 C_b 上(因从气隙两端看,C_a 和 C_b 串联连接),因而 C_a 上的电压变动 ΔU_a 为

$$\Delta U_a = \left(\frac{C_b}{C_a + C_b}\right)\Delta U_g \tag{3-3}$$

也就是说,当气隙放电时,被试品两端的电压会下降 ΔU_a,相当于被试品放掉电荷 q,而

$$q = (C_a + C_b)\Delta U_a = C_b\Delta U_g = C_b(U_s - U_r) \tag{3-4}$$

式中,q 为视在放电量,通常以它作为衡量局部放电强度的一个重要参数。比较式(3-2)和式(3-4)可得

$$q = \frac{C_b}{C_g + C_b}q_r \tag{3-5}$$

由于 $C_g \gg C_b$,所以视在放电量 q 要比实际放电量 q_r 小得多。因它们之间存在比例关系,因而 q 值可以相对地反映 q_r 的大小。

在交流电压作用下,当外加电压足够高时,局部放电在每半个周期内可以重复出现多次;而在直流电压作用下,情况就不同了,这时电压的大小和极性都不变,一旦气隙被击穿,空间电荷会在气隙内建立起反电场,放电熄灭,直到空间电荷通过介质内部电导相互中和从而使反电场削减到一定程度后,才开始第二次放电。可见,在其他条件相同时,直流电压下单位时间的放电次数要比交流电压时少很多,从而使直流下局部放电引起的破坏作用比交流下要小。这也是绝缘在直流下的工作电场强度可以大于交流工作电场强度的原因之一。

4.局部放电的类型

局部放电是一种复杂的物理过程,有电、声、光、热等效应,还会产生各种生成物。从电学特性方面分析,产生放电时,在放电处有电荷交换、电磁波辐射和能量损耗。最明显的是反映到试品施加电压的两端,有微弱的脉冲电压出现。

(1)内部局部放电

如图 3-1 所示,固体或液体电介质内部 g 处存在一个气隙或气泡为内部局部放电,当工频高压施加于这个绝缘体的两端时,如果气泡上承受的电压没有达到气泡的击穿电压,则气泡上的电压就随外加电压的变化而变化。若外加电压足够高,则当上升到气泡的击穿电压时,气泡发生放电,放电过程使大量中性气体分子电离,变成正离子和电子或负离子,形成了大量的空间电荷。

从实际测得的放电图,如图3-3所示,可以看出,放电没有出现在试验电压的过峰值的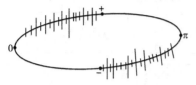一段相位上,这与上述放电过程的解释是相符的,但每次放电的大小(即脉冲的高度)并不相等,而且放电多是出现在试验电压幅值绝对值的上升部分的相位上,只有在放电很剧烈时,才会扩展到电压绝对值下降部分的相位上,这

图3-3 介质内部气泡的放电图形   可能是由于实际试品中往往存在多个气泡同时放电,或者是只有一个大气泡,但每次放电不是整个气泡表面上都放电,而只有其中的一部分,显然每次放电的电荷不一定相同,何况还可能在反向放电时,不一定会中和掉原来累积的电荷,而是正负电荷都累积在气泡壁的附近,由此产生沿气泡壁的表面放电。这些实际情况使得实际的放电图形与理论上分析的不完全一样。

(2)表面局部放电

绝缘体表面的局部放电过程与内部放电过程是基本相似的,如图3-4所示。只要把电极与介质表面之间发生放电的区域所构成的电容记为C_c,把与此放电区域串联部分介质的电容记为C_b,其他部分介质的电容记为C_a,则上述的等效电路及放电过程同样适用于表面局部放电。不同的是,现在的气隙只有一边是介质,而另一边是导体,放电产生的电荷只能累积在介质的一边,因此累积的电荷少了,更不容易在外加电压绝对值的下降相位上出现放电。另外,如果电极系统是不对称的,放电只发生在其中的一个电极的边缘,则出现的放电图形是不对称的。当放电的电极接高压侧,不放电的电极是接地时,在施加电压的负半周时放电量少,放电次数多;而正半周时放电量大,而次数少,如图3-4b)所示。这是因为导体在负极性时容易发射电子,同时正离子撞击阴极产生二次电子发射,使得电极周围气体的起始放电电压低,因而放电次数多而放电量小。如果将放电的电极接地,不放电的电极接高压,则放电的图形也反过来,即正半周放电脉冲是小而多,负半周放电脉冲是大而少。若电极是对称的,即两个电极边缘场强是一样的,那么放电的图形也是对称的,即正负两半周的放电基本上相同。

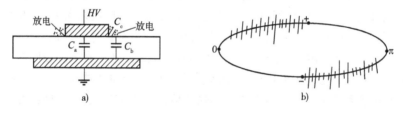

图3-4 表面局部放电图形

a)放电模型;b)放电图形

(3)电晕放电

电晕放电发生在导体周围全是气体的情况下,气体中的分子是自由移动的,放电产生的带电质点也不会固定在空间的某一位置上,因此,放电过程与上述固体或液体绝缘中含有气泡的放电过程不同。以针对板的电极系统为例,如图3-5a)所示,在针尖附近就发生放电,由于在负极性时容易发射电子,同时正离子撞击阴极发射二次电子,使得放电总是在针尖为负极性时先出现,这时正离子很快地移向针尖电极而复合,电子在移向正板电极过程中附着于中性分子而成为负离子,负离子迁移的速度较慢,众多的负离子移向正板电极,随外加电压

上升,针尖附近的电场又升高达到气体的击穿场强,于是又出现第二次放电。这样,电晕的放电脉冲就出现在外加电压负半周的90°相位的附近,几乎是对称于90°,出现的放电脉冲近似是等幅值、等间隔的,如图3-5b)所示。随着电压的提高,放电的大小几乎不变,而次数增加。当电压足够高时,在正半周也会出现少量幅值大的放电。正负半周波形是极不对称的,如图3-5c)所示。

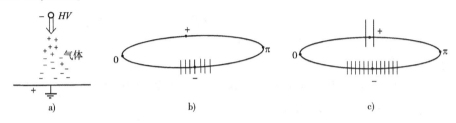

图3-5　电晕放电图形

a)放电模型;b)起始放电时;c)电压很高时

(4)放电树

放电树也是由于绝缘介质中的缺陷而产生的。当放电树产生了一段时间后,它的"树干"和大的"树枝"就会变成中空,在这些中空的区域里会产生大量的局部放电,进而形成内部放电,并会在相当短的时间里造成绝缘击穿。

以上几种是电工和电子设备中最基本的放电现象。实际的局部放电过程要复杂得多,往往是上述几种典型放电的综合表现。

二、局部放电的参数及其受影响因素

1. 表征局部放电的参数

(1)视在放电电荷(q)

在绝缘体中发生局部放电时,绝缘体上施加电压的两端出现的脉动电荷称为视在放电电荷。

视在放电电荷的大小测定如下:将模拟实际放电的已知瞬变电荷注入试品的两端(施加电压的两端),在此两端出现的脉冲电压与局部放电时产生的脉冲电压相同,则注入的电荷量即为视在放电电荷量。单位用皮库(pC)表示,在一个试品中可能出现大小不同的视在放电电荷,通常以稳定出现的最大的视在放电电荷作为该试品的放电量。

视在放电电荷总比实际放电电荷小。在实际产品测量中,有时放电电荷只有实际放电电荷的几分之一甚至几十分之一。

(2)放电重复率(放电次数)

在测量时间内,每秒钟出现放电次数的平均值称为放电重复率,单位为次/s,实际上受到测试系统灵敏度和分辨能力的限制,测得的放电脉冲只能是视在放电电荷大于一定值、放电间隔足够大时的放电脉冲。

(3)放电能量(W)

气泡中每一次放电产生的电荷交换过程中所消耗的能量称为放电能量,通常以微焦耳(μJ)为单位。

(4)放电相位(φ)

各次放电都发生在外加电压的作用之下,每次放电所在的外加电压的相位即为该次放电的相位。在工频正弦电压下,放电相位与放电时刻的电压瞬时值密切相关。前后连续放电的相位之差,可代表前后两次放电的时间间隔。

（5）放电平均电流

设在测量时间 T 内出现放电 m 次,各次相应的视在放电电荷为 q_1、q_2、$\cdots$、q_m,则平均放电电流

$$I = \sum_{i-1}^{m} |q_i| / T \tag{3-6}$$

这个参数综合反映了放电量及放电次数。

（6）放电功率

设在测量时间 T 内,出现 m 次放电,每次放电对应的视在放电电荷和外加电压瞬时值的乘积分别为 $q_1 u_{t1}$、$q_2 u_{t2}$、$\cdots$、$q_m u_{tm}$,则放电功率

$$P = \sum_{i-1}^{m} u_{ti} q_i / T$$

这个参数综合表征了放电量、放电次数以及放电时外加电压瞬时值,与其他表征参数相比,它包含有更多的局部放电信息。

（7）起始放电电压

当外加电压逐渐上升,达到能观察到出现局部放电时的最低电压即为起始放电电压,并以有效值 u_r 表示。为了避免测试系统灵敏度的差异造成测试结果的不可对比,实际上,各种产品都规定了一个放电量的水平,当出现的放电达到或一出现就超过这个水平时,外加电压的有效值就作为放电起始电压值。

（8）放电熄灭电压

当外加电压逐渐降低到观察不到局部放电现象时,外加电压的最高值就是放电熄灭电压,以有效值 U_e 表示。在实际测量时,为了避免因测试系统的灵敏度不同而造成不可对比,一般规定一个放电量水平,当放电不大于这一水平时,外加电压的最高值为熄灭电压 U_e。

上述各种局部放电的表征参数,都要用专门的测试仪器并采用特定的分度方法进行测定,只有在仪器特性和测量方法都一样的条件下,测得的结果才具有可比性。

2. 影响局部放电特性的因素

局部放电的各表征参数与很多因素有关,除了介质特性和气泡状态之外,还与施加电压的幅值、波形、作用的时间以及环境条件等有关。

（1）电压的幅值

随着电压升高,放电量和放电次数一般都趋向于增加,这是由于:

①在电工产品中,往往存在多个气泡,随着电压升高,更多更大的气泡开始放电。在有液体的组合绝缘中,电压越高,放电越剧烈,产生的气泡越多,放电量和放电次数都增大。

②即使是单个气泡,在较低电压下,只是气泡中很小的部分面积出现放电。随着电压升高,放电的面积增大,而且有更多的部位出现放电,于是放电量和放电次数增加。

③在表面放电中,随着电压的升高,放电沿表面扩展,即放电的面积增大,放电的部位增多。

（2）电压的波形和频率

当工频交流电压中含有高次谐波时,会使正弦波的顶部变为尖顶或平顶,这取决于谐波与基波的相位差。当正弦波畸变为尖顶波时,其幅值增大,于是放电起始电压降低,放电量和放电次数都有明显增加。只有当高次谐波分量较大时畸变为平顶波。如对于 3 次谐波而

言要大于20%时,由于峰值被拉宽,放电次数有较明显增加,放电量略有增加,起始电压略有升高。

(3)电压作用时间

气体放电有一定的随机性,电压作用的时间长,若升压的速度慢或用逐级升压法升高,测得的起始放电电压要偏低。在电压长期作用下,局部放电会使绝缘材料发生各种物理和化学变化,如试品中气泡的含量、气泡中气体的压力、气体的成分、气泡壁上的电导率、介电常数等都可能发生变化,这些变化都将导致局部放电状态的变化。

在一般情况下,随着电压作用时间的增加,局部放电会变得更加剧烈。如在液体和固体的组合绝缘中,如果液体的吸气性不是很好,气泡会越来越多。在固体材料中会产生新的裂纹,产生低分子分解物和增塑剂挥发物,这些都会形成新的气泡。在放电部位出现树状的放电,也会加剧局部放电。在绝缘体表面放电中,由于放电的范围扩大也会使放电加剧。

在有些情况下,随着电压作用时间的增加,在一定时间内放电反而衰减甚至观察不到,即出现"自衰"现象。

(4)环境条件

环境的温度、湿度、气压都会对局部放电产生影响。具体分析如下:

①温度升高,气泡中的压力增大,液体的吸气性能改善,这将有利于减弱局部放电。另一方面,温度升高会加速高聚物的分解,挥发低分子物质,又可能加剧局部放电的发展。

②湿度对表面放电有很大影响。在极不均匀的电场中,由于湿度大,增大了电导和介电常数,改善了电场分布,从而减弱了局部放电。但对于某些憎水性材料,在湿度较大时,表面会形成水珠,在水珠附近的电场集中而形成新的放电点。

③大气压力会明显影响外部的局部放电,在高原地区气压低,起始放电电压降低,因此,局部放电问题就显得更严重。许多充氮气或 SF_6 等气体为绝缘的电工设备,如果气压降低,就容易发生局部放电而导致击穿。

从上述各种因素的影响中,可以看出两种本质上的区别:一种只是在不同的条件下,测量的结果发生了变化;另一种却是使试品本身放电特性发生了变化。前者在试验方法上应给予规定,使试验结果的可比性提高;后者还应考虑通过试验后产品性能可能发生变化,在设计试验时应注意试品可能承受的能力。由于影响因素很多,再加上气体放电本身是有随机性的,因此,测量结果的分散性往往比较大。

三、局部放电的测量

1.测量局部放电的目的

局部放电分散发生在极微小的空间内,所以它几乎不影响当时整体绝缘物的抗电强度。但是局部放电时产生的电子、离子反复冲击绝缘物,会使绝缘逐渐分解、破坏,分解出化学活动的物质(例如臭氧、氧化氮等),使绝缘物氧化、腐蚀。同时,使该处的局部电场畸变更大,进一步加剧局部放电的强度。局部放电处也可能产生局部的高温,使绝缘物老化破坏,继而降低绝缘物的绝缘寿命或影响设备的安全运行。局部放电的危害程度一方面取决于放电的强度和放电次数的多少,另一方面也取决于绝缘材料的耐放电性能和放电作用下绝缘的破坏机理。

2.局部放电的检测方法

电气设备绝缘内部发生局部放电时将伴随着出现许多外部现象,有些外部现象属于电现象,如产生电流脉冲、引起介质损耗增大、产生电磁波辐射等;有些属于非电现象,如产生光、热、噪声、气压变化和分解物等。利用这些现象可以对局部放电进行检测。根据被检测量的性质不同,局部放电的检测方法可分为电气检测法和非电检测法两大类。在大多数情况下,非电检测法的灵敏度较低,多用于定性检测,即只能判断是否存在局部放电,而不能作定量的分析。目前应用比较广泛和成功的是电气检测法,特别是测量绝缘内部气隙发生局部放电时的电脉冲,它不仅可以灵敏地检出是否存在局部放电,还可判定放电强弱程度。

(1)非电检测法

①超声波法。利用超声波检测技术测定局部放电产生的超声波,从而分析放电的位置和放电的程度。这种方法较简单,抗干扰性能好,但灵敏度较低。若配合电气检测法,使两种方法的优点互补,则可得到很好的测量效果。

②光检测法。利用光电倍增技术测定局部放电产生的光,由此确定放电的位置及其发展过程。这种方法灵敏度较低,局限性大,对于绝缘内部的局部放电,只有在透明介质中才能检测。实践证明,光检测法较适于暴露在外表面的电晕放电和沿面放电的检测。

③热检测法。由于局部放电在放电点会发热,当故障较严重时,局部热效应明显,这时可用预先埋入的热电偶来测量各点温升,从而确定局部放电部位。这种方法既不灵敏又不能定量,因而很少在现场测量使用。

④测分解物法。在局部放电作用下,可能有各种分解物或生成物出现,可以用各种色谱分析及光谱分析来确定各种分解物或生成物的成分和含量,从而判断设备内部隐藏的缺陷类型和强度。

(2)电气检测法

①无线电干扰测量法(RIV 法)。由于局部放电会产生频谱很宽的脉冲信号(从几千赫到几十兆赫),所以,可以利用无线电干扰仪测量局部放电的脉冲信号。该方法已列入 IEC 标准中,其灵敏度也很高。

②介质损耗法。由于局部放电伴随着能量投耗,所以可以用电桥来测量被试品的 $\tan\delta$ 值随外施电压的变化,由局部放电损耗变化来分析被试品的状况。

③脉冲电流法。由于局部放电产生的电荷交换使被试品两端出现电压脉动,并在检测回路中引起高频脉冲电流,因此,在回路中的检测阻抗上就可取得代表局部放电的脉冲信号,从而进行测量。这种方法测量的是视在放电量,灵敏度高,是目前国际电工委员会推荐的局部放电测试的通用方法之一,下面进行详细介绍。

图 3-6 所示为目前国际上推荐的 3 种测量局部放电的基本回路,它们都是将一定电压作用下的被试品 C_X 中产生的局部放电电流脉冲传递到检测阻抗 Z_m 的两端,然后把 Z_m 上的电压[图 3-6a)、b)]或 Z_m 及 Z_m 上的电压差[图 3-6c)]加以放大后至仪器 M 进行测量。图中 C_X 为被试品。C_K 为耦合电容,它为被试品 C_X 与检测阻抗 Z_m 之间提供一条低阻抗通路,当 C_X 发生局部放电时,脉冲信号立即顺利耦合到 Z_m 上去;同时对电源的工频电压起隔离作用,从而大大降低作用于 Z_m 上的工频电压分量;为真正检测到 C_X 产生的局部放电,要求 C_K 内部不能有局部放电。Z 为低通滤波器,它可以让工频高电压作用到被试品上去,但又阻止高压电源中的高频分量对测试回路产生干扰,也防止局部放电脉冲分流到电源中去。一般希望 C_K 不小于 C_X 以增大检测阻抗上的信号;同时 Z 应比 Z_m 大,使得 C_X 中发生局部放电时,C_X 与 C_K 之间能较快地转换电荷,而从电源重新补充电荷的过程减慢,以提高测量的准确度。

86

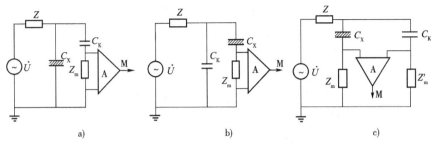

图 3-6　测量局部放电的基本回路
a)并联法;b)直接法;c)平衡法

图 3-6a)中被试品与检测阻抗并联,称为并联法,这种接线适合于被试品一端接地的情况,它的优点是流过 C_X 的工频电流不流过 Z_m,在 C_X 较大的场合,这一优点尤为重要。图 3-6b)中被试品与检测阻抗串联,称为串联法,适合于被试品两端都不接地的情况,不适用于现场试验。并联法和串联法均属于直接法,其缺点是抗干扰能力较差。为了提高抗干扰能力,可以采用图 3-6c)所示的桥式测量回路(又称平衡测量回路),属于平衡法。此时被试品 C_X 和耦合电容 C_K 的低压端均对地绝缘,检测阻抗 Z_m 及 Z'_m 分别接在 C_X 和 C_K 的低压端与地之间。此时测量仪器 M 测得的是 Z_m 及 Z_m 上的电压差。与直接法相比,平衡法抗干扰能力好,因为外部干扰源在 Z_m 和 Z'_m 上产生的干扰信号基本上相互抵消,而在 C_X 发生局部放电时,放电脉冲在 Z_m 和 Z'_m 上产生的信号却是相互叠加的。

3.局部放电的抗干扰

由于局部放电的信号非常弱,频谱又很宽,往往在测量时外来的干扰比被测的信号还要大。特别是在工厂或变电站中做局部放电试验时,抗干扰成为一个很难解决的问题。因此,识别各种干扰的来源,采用相应的措施来抑制干扰,提高信噪比,就成为局部放电测试技术中很重要的组成部分。

(1)识别干扰源

除了测试装置的背景噪声之外,干扰的来源可以归纳为以下 3 个方面。

①来自空间的干扰。空间传播的无线电信号,试验场地附近出现的各种火花放电如汽车的火花塞放电、电焊以及高压设备的放电等,都可以通过测试回路中的分布电容和电感耦合到检测阻抗上来。

②来自电源的干扰。电网中的各种高次谐波、过电压脉冲、晶闸管动作、高压设备放电、高压冲击和击穿试验等,都会在测试回路的 50Hz 电源上叠加各种干扰脉冲。

③在试验回路中试样之外的放电。在测试回路中,除了试样中的放电之外,其他所有的放电都归为干扰,如高压引线的电晕,接触不良引起的放电,高压试验变压器、耦合电容器以及高压滤波器等高压设备的放电等;还有在试验回路的高强区内,不接地的金属物可能出现的浮动电位的感应放电等。

若要判断是哪一部件的放电,可接上一个不放电的试样,取掉高压滤波器,如果这时放电现象消失,说明是滤波器的放电;若放电变大了,说明是变压器放电;若变化不大,说明是耦合电容器放电。

此外,还可以通过示波器上观察到的放电图形来识别不同的干扰,例如:导线或高压端头上出现的电晕,如图 3-7 所示,通常放电脉冲首先出现在外加电压的负半周峰值附近,等高度、等距离,相当整齐,当电压很高时,也会在正半周峰值附近出现幅值更大,但次数较少的脉冲。接触不良的放电图形如图 3-7a)所示,放电脉冲出现在零相位附近,随电压升高出现放电的相位加宽;有时在电压足够高而且放电时间较长时,放电会自行消失,这可能是接触不良的触电,被放电火花熔接起来了。感应放电如图3-7b)所示,放电脉冲首先出现在正负半周峰值附近,几乎是等间隔,但高度不等。随外加电压升高,放电的相位向零电位扩展。图中虚线所示试验说明:若浮动电位物体有尖端,它所处的电场又不均匀,则放电的图形与尖端所处的电场有关,放电的图形是不对称的,并不完全和3-7b)相同。

无线电干扰的图形如图3-7c)所示,在整个周期内出现高频振荡脉冲,有时还出现音频的包络线,它与外加电压的大小无关。

晶闸管元件工作时会发出固定相位的周期性的脉冲,在示波器上可以看到如图3-7b)所示的图形。单个脉冲幅值较大,可能只有一个(单相),也可能有2个、3个(3相)等,它们之间出现的相位间隔是均等的。找出干扰的来源类型,便可采用相应措施来抑制干扰。

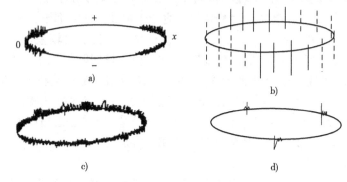

图3-7 几种干扰图形
a)接触不良;b)感应;c)无线电;d)晶闸管

(2)屏蔽和接地

用导电、导磁性能良好的金属体把试验区的空间屏蔽起来,使静电场、电磁场进入空间时会发生很大的衰减,衰减的程度 A(单位为 dB)与屏蔽层的厚度 t(mm)、屏蔽材料的电导率、磁导率以及被屏蔽的电磁场频率有关,即

$$A = 3.33t\sqrt{f\gamma\mu}\times10^{-3} \qquad (3-7)$$

式中:γ——屏蔽材料与铜的电导率之比;

μ——屏蔽材料与空气磁导率之比。

一般采用一层约2mm厚的钢板做成六面体围成一个屏蔽室,若采用双层屏蔽,即一层铜网一层钢板,效果更好。屏蔽室的门、窗、通风口以及引线端等都要设计好才能保证屏蔽效果。良好的屏蔽室可以使100kHz左右的电磁干扰衰减60dB以上。

用隔离变压器把电源的地线与测试回路的地线分开。为了消除变压器中一次绕组与二次绕组之间的分布电容对于干扰电压的耦合作用,在低压绕组边加一个屏蔽层,把它与电源的地线连接,高压绕组边加一屏蔽层,把它与测试回路的接地点连接,这样可以减少电源端引入的干扰。

当屏蔽层不能接地时,可用驱动屏蔽,如图3-8所示。图中,运算放大器组成1:1的电压跟随器,使屏蔽层 B 的电位始终与导体 A 的电位保持相等,这样即使 A、B 间有电容层 C_2 存在,但也不起作用,于是外来的干扰 E_n 就不会进入屏蔽层内。

屏蔽必须良好接地,接地电阻小(通常要求小于1Ω),而且要和测试回路的接地点连接在一起构成单点接地。由于大地的各点电位不同,若是多点接地,则接地点之间的电位差就

88

会形成干扰源。如图 3-9 所示，A 点为检测回路的接地点，B 点为放大器的接地点，C 点为引线屏蔽层的接地点，则 A、B、C 3 点的电位就会通过检测阻抗接线的分布电容，直接耦合到放大器输入端。将 A、B、C 3 点连接在一起，一点接地，就可以消除 V_1、V_2 和 V_3，所以单点接地是很重要的。

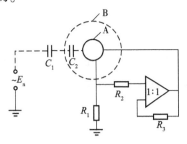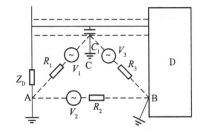

图 3-8　驱动屏蔽示意图　　　　　　图 3-9　多点电位差示意图

（3）滤波

根据放电信号的频率与干扰的频率不同，用不同的滤波器将干扰分量滤掉，保留放电的信号。

①低通滤波。在试验变压器的低压端接入电感 L 与电容 C 组成的 π 型低通滤波器，如图 3-10a) 所示，截止频率可选 5kHz，L、C 参数值可按式（3-8）估算，对于低压低通滤波器，C 可选大些，如 16μF，电感就可做得小些。低通滤波器可以有效地把从电源进来的高频干扰滤掉，净化 50Hz 的工频电源。

$$f_c = \frac{1}{\pi \sqrt{LC}} \tag{3-8}$$

在试验变压器的高压端接入 T 型 LC 低通滤波器，如图 3-10b) 所示。因为电压高，试验变压器的容量小，电容 C 不能过大，一般取 nF 或更小。高压滤波器还可以阻塞试品局部放电的信号，使之不会通过变压器的入口电容旁路而全部通过检测阻抗，可提高测试的灵敏度。

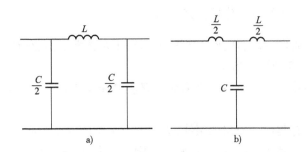

图 3-10　低通滤波器

a) 低通 Π 型滤波器；b) 高压 T 型滤波器

②带通滤波。一般绝缘系统中气隙放电的频谱，含量最丰富的频率分量为几十千赫兹到几兆赫兹。为了不受无线电广播的干扰，一般测量仪器都采用 20～400kHz 带通滤波，整个测试的频率响应都要与此频带一致。

③数字滤波。局部放电现场试验前，记录所有测量电路上的背景噪声水平，其值应低于规定的视在放电量的 50%。

对于相对相位固定的背景干扰,可以采用开窗或消隐的办法来处理,相对于频率固定的干扰,可以采用频谱分析来处理。

任务实施

一、工作任务

某公司有 3 个 35kV 固体绝缘电流互感器使用 14 个月了,怀疑局部有绝缘击穿,绝缘电阻测试和介质损耗角测试都没有发现缺陷,需要进行局部放电测试,并判断是否符合要求。电流互感器的型号为 LZZBJ71-35。

二、引用的标准和规程

(1)《电力设备预防性试验规程》(DL/T 596—2005)。
(2)《电业安全工作规程》(发电厂和变电所电气部分)(GB 26860—2011)。
(3)《输变电设备状态检修试验规程》(DL/T 393—2010)。
(4)《电力设备局部放电现场测量导则》(DL 417—2006)。
(5)局部放电测试系统说明书。

三、试验仪器、仪表及材料(见表 3-1)

试验仪器、仪表及材料 表 3-1

序号	试验所用设备(材料)	数量	序号	试验所用设备(材料)	数量
1	局部放电测试系统	1 块	4	小线箱(各种小线夹及短接线)	2 块
2	电源盘、刀闸板	2 个	5	操作杆、放电棒、验电器	1 套
3	常用工具、仪表(电压表、微安表、万用表等)	1 套	6	设备试验原始记录	1 本

四、测试准备及工作危险点分析、防范措施

(1)拟订测试流程图、编写作业指导书,组织作业人员学习作业指导书,使全体人员熟悉测试内容、测试标准、安全注意事项。

(2)试验前为防止电流互感器剩余电荷或感应电荷伤人、损坏试验仪器,应将被试变压器进行充分放电。

(3)确认拆除所有与设备连接的引线,并保证有足够的安全距离。

(4)检查仪器状态是否良好,所有试验仪器须校验合格,未超周期。

(5)仪器外壳接地要牢固、可靠。

(6)用高压试验警戒带将试验区域围起,围带上"止步,高压危险"字样向外,范围应保证试验电压不会伤害围带区域外人员。

(7)测试前已对参加该项作业的相关人员进行工作技术交底。

五、测试人员配置

此任务可配测试负责人 1 名,测试人员 3 名(1 名接线、1 名测试,1 名记录数据)。

六、测试系统介绍

1. 工作原理

XDJF 系列数字式局部放电检测系统采用的检测方法是世界上最广泛采用的电流脉冲法,其基本原理:试品 C_X 两端产生瞬时的电压变化 U,经过一耦合电容 C_K 耦合到检测阻抗 Z_m,回路中会产生一脉冲电流 I,将此脉冲电流 I 经过检测阻抗 Z_m 产生的脉冲电压进行采样、放大和显示处理,就可以测定局部放电的视在放电量等参数。脉冲电流法主要利用局部放电信号频谱中的较低频部分,可避免无线电干扰。

2. 特点

此系统采用 Windows 系列操作平台,可自由选择椭圆、直线、正弦波显示,二维、三维图形分析方式以及频谱视窗,静态地对一周波试验电压的局部放电脉冲详细测量、观察、分析。可进行数字开窗操作,任意相位开窗,单窗、双窗任选,椭圆 360° 旋转,以避免干扰对测量的影响。多通道测量及数字差分技术灵活组成脉冲极性鉴别或平衡测量回路,有效地抑制干扰脉冲信号。先进的频谱分析处理可以有效地降低背景干扰。多路输入通道能一次升压测量试品的 6 个局放信号(可扩充),可方便地分析局放信号的来源。在全汉字操作平台下,能方便地进行频带选择、增益变换、频谱分析以及二维、三维图形显示。另外,系统还可以打印或保存单幅图形,保存连续时间的图形数据,以供分析。

本系统由便携式抗干扰笔记本电脑、主机、检测阻抗、校准脉冲发生器、数字程控式局部放电测量仪和信号处理系统软件组成。各种控制参数设定数字化,具有体积小、质量小、抗干扰能力强、使用方便、性能稳定、测量准确等优点。是电力行业及电力设备企业测量和分析局部放电的理想设备,特别适合在野外现场使用。主要设备如图 3-11 所示。

图 3-11　XDJF 系列数字式局部放电检测系统主要设备

3. 系统连接

整个局部放电试验一般需要交流电压控制箱、无源滤波器,无局部放电升压变压器、无局部放电耦合电容、检测阻抗、校准脉冲发生器、局部放电主机及显示器(如笔记本电脑)等设备,选择合适的检测阻抗和测量回路,连接正确以后进入测量操作。交流电压控制箱、升压变压器、局部放电测试仪等必须可靠接地,如图 3-12 所示。

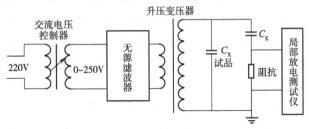

图 3-12　系统连接示意图

4.局部放电的测量

整个系统连接正确以后,首先不加电压在校准界面用标准脉冲对系统进行校准,然后再进行测量。打开局部放电主机及笔记本电脑,双击"数字式局部放电检测系统"图标启动程序,进入测量系统。

(1)试验电源频率的选择

局部放电试验时,试验电源一般采用 50Hz 的倍频或其他合适的频率,常见的有:50Hz、100Hz、150Hz、200Hz、250Hz、300Hz 等,当试验电源频率确定时,选择局部放电测量的扫描频率,使椭圆一周或 360°区域正好显示一个周期的放电信息。

(2)系统零标的确定

试品的局部放电一般发生在试验电压的 0～90°、180°～270°的相位区域内,与试验电压相位有着密切联系。测试人员在局部放电测量时,应知晓试验电压的零相位即零标,这对识别局部放电和干扰大有益处。在进行脉冲鉴别和使用平衡阻抗测量时,零标的准确与否,十分关键,因此,确定试验电压的零标在局部放电测量中是一个重要环节,每次进行局部放电测量时,都应确定零标。下面就如何确定试验电源零标的方法、步骤叙述如下。

①进入测量界面,在试品的高电位端,悬挂一稍粗的硬金属导线,导线尖端距离地面 10cm 左右。给试品施加试验电压(一般在 10kV 以下),适当调节放大、增益,直至显示屏上观察到电晕放电图形为止。选择合适角度校正,使电晕放电图形移动。

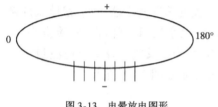

图 3-13　电晕放电图形

②当电晕放电图形出现在椭圆 270°相位时,如图 3-13 所示,表明检测系统电源电压与试验电压同相同极性。当电晕放电图形出现在椭圆 90°相位时,表明检测系统电源电压与试验电压是同一相位、反极性的(即相差 180°),此时选择角度校正使椭圆旋转 180°,电晕放电图形显示在 270°,使检测系统电源电压与试验电压同相、同极性。

当电晕放电图形出现在椭圆其他相位时,表明检测系统电源电压与试验电压不是同一相位电源。此时选择角度校正,使椭圆旋转,电晕放电图形显示在 270°相位,也使检测系统电源电压移相,与试验电压同相、同极性。

(3)检测系统的校准

在测量回路确定后,调整并最终确定检测系统放大器增益和测量频带的过程。校准完成后检测系统的放大器增益和测量频带即被固定,即检测回路的信号传输比被确定,并在试品局部放电测量中保持不变。这是进行视在放电电荷定量测量的原理基础。

(4)视在放电量的测量

进入局部放电测量主界面,在屏幕的左边有表示局部放电量的色柱和数值,即为视在放电量。当开窗操作时,视在放电量即为窗内最高脉冲值;当有标尺显示时,视在放电量即为标尺所在的信号幅值;当不开窗、也无标尺显示,此时视在放电量即为整个图形最高脉冲值。不同的试品、不同的电压等级其加压时间、施加电压、加压方法、预加电压及试验电压标准都不同,请参照《电力设备局部放电现场测量导则》(DL 417—2006)。

在施加电压前,应做好以下准备工作并清楚以下情况:

①从试品上撤走校正脉冲发生器。用万用表(放在 AC700V 挡)监测升压变压器的输入电压,根据升压比计算试验电压。

②对试验设备进行安全情况的最后检查,并合上安全围栏。

③此时校正好的局放系统可用于测量,可以直接读出背景噪声值,由于噪声水平包括了试验装置中的干扰信号和仪器的机内噪声,对整个测量来说这个值是一个"品质的量度",应该记录下来或作为一个文件保存下来。

④逐步试加电压,观测局部放电测试仪上的局部放电信号或记录。同时监测万用表上的升压变压器的输入电压,如有异常情况,电压应为零并切断一切电源。稍等片刻,再作进一步处理。随着试验电压的提高,所产生的任何局部放电将在屏幕上显示出来。

⑤具有试验经验的操作者,能很容易地在屏幕上识别各种脉冲的形式,并把其与试验线路中的典型放电源联系起来,对于干扰和放电的识别方法,请参考其他的局部放电图谱集。

⑥在屏幕上,如果除了局部放电脉冲外,还有很强的影响测量精度的干扰脉冲,可使用开窗的办法正确地确定局部放电脉冲值,在开窗的相位间隔外,所有的局部放电信号也会受到抑制,因此,开窗应通过对屏幕的波形仔细观察完成。当开窗无法区分真正的局部放电信号或干扰信号时,选择显示标尺,可以在图形中标注真正局部放电信号的幅值。此时,屏幕的右边显示的数值为标尺所在的信号幅值。

⑦当屏幕上出现的局部放电脉冲比较大或比较小时,如果想要确定其值的大小,应该调入比较合适的校正参数,当然,也可使用改变增益或增大挡位的方法调节局部放电脉冲的色柱高度,但此时的数值仅供参考,如果需要确认,必须调入合适的校正参数或重新校准。

⑧输入合适的外部分压器变比,仪器可以正确地计算出试验电压的有效值。

⑨系统进行连续局部放电的测量,局部放电波形将连续不断地显示在屏幕上,按停止按钮可暂停测量,此时可以对静止画面的局部放电波形细节进行观察和测量。

⑩局部放电现象的产生机理相当复杂,其视在放电量的值具有统计性,表现为一定程度的摆动性,此现象很常见。

(5)干扰的排除

局部放电试验时往往会遇到外来干扰脉冲的影响,操作者务必要把干扰与局部放电脉冲区分开,应在实践中摸索积累经验。因为,良好的设备试验电源,屏蔽措施及良好的接地可以使干扰降低到最低程度。在这里介绍一些常用的操作方法。

当干扰和局部放电脉冲处于不同相位时,可采用开时间窗的办法排除干扰:调整时间窗的大小位置,将局部放电脉冲显示在窗内,将干扰排除在外。此时在屏幕左边的局部放电数值表的读数,仅指示窗内局部放电脉冲的值。

当干扰和局部放电脉冲处于相同位置时,可显示标尺来标记局部放电脉冲的幅值。

可变换放大器滤波挡位,改变测量频带,将一些干扰排除。此时应注意,此测量频带是否已校准,以免带来测量误差。

应充分发挥局部放电图形分析的功能。利用其反映的信息量大的特点,进行二维、三维、频谱图形分析,观察局部放电脉冲以及干扰脉冲的各自特点,找出规律,排除干扰。

5.脉冲鉴别

本局部放电检测系统还特别设计了数字脉冲鉴别系统,进一步提高了系统噪声抑制、抗干扰能力。使用两个阻抗、两个测量通道进行数字脉冲鉴别,可以多种选择。

6.频谱分析

局部放电现场试验前,记录所有测量电路上的背景噪声水平,其值应低于规定的视在放电量的50%。而在严重干扰的场合,有时从接地网或其他途径传递过来的背景噪声水平很高,往往无法满足这一要求,怎样降低背景噪声就成为局部放电现场测量的难点。

对于相对相位固定的背景干扰,可以采用开窗或消隐的办法处理,相对于频率固定的干扰,可以采用频谱分析处理。

本系统采用最先进的频域开窗、数字滤波等频谱分析处理方法进行局部放电的测量,有助于大幅度降低背景噪声水平。

七、测试电路及步骤

测试电路选用检测阻抗和耦合电容器串接,其试验接线如图 3-14 所示。

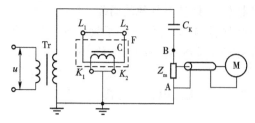

图 3-14 电流互感器局部放电测试接线图

局部放电试验通常是以工频耐压作为预励磁电压持续数秒,然后降到局部放电试验电压(一般为 $U_m/\sqrt{3}$ 的倍数,变压器为 1.5 倍,互感器为 1.1~1.2 倍),持续时间几分钟,测局部放电量。

预励磁电压是模拟运行中的过电压,预励磁电压激发的局部放电量不应由局部放电试验电压所延续,概念是系统上有过电压时所激发的局部放电量不会由长期工作电压所延续。这一方法使互感器在 $U_m/\sqrt{3}$ 长期工作电压下无局部放电量,以保证安全运行,使局部放电起始电压与局部放电熄灭电压都高于 $U_m/\sqrt{3}$。

具体步骤如下:

(1)选择试验线路确定试验电源

为防止励磁电流过大,电压互感器试验的预加电压,推荐采用 150Hz 或其他合适的频率作为试验电源。一般可采用电动机—发电机组产生的中频电源,三相电源变压器开口三角接线产生的 150Hz 电源,或其他形式产生的中频电源。

当采用磁饱和式 3 倍频发生器作电源时,因容易造成波形严重畸变,使峰值与其有效值电压之间的幅值关系不是倍的 $\sqrt{2}$ 倍数关系,可能造成一次绕组实际电压峰值过高甚至试品损坏,故必须在被试品的高压侧接峰值电压表监测电压。电压波形应接近正弦形,当波形畸变时,应将峰值除以 $\sqrt{2}$ 作为试验电压值。

(2)确定局放允许水平选择标准脉冲进行校准

依据《电力设备预防性试验规程》(DL/T 596—2005)和有关反事故技术措施的规定,结合新颁布的国家标准和行业标准,确定试品的局部放电允许水平(试验判据)。确定试验判据以后,可选择标准脉冲进行试验回路的校准。如局放允许水平为 100pC,也可选择 100pC 标准脉冲进行校准。

(3)加压测量

试验电压应在不大于 1/3 规定测量电压下接通电源,再开始缓慢均匀上升到预加电压保持 10s 后,降到规定测量电压,保持 1min 以上,再读取放电量;最后降至 1/3 测量电压以下,方能切除电源。

(4)局部放电的观测

读取视在放电量值时应以重复出现的、稳定的最高脉冲信号计算视在放电量,偶尔出现的较高的脉冲可以忽略。

测量回路的背景噪声水平应低于允许放电水平的 50%。当试品允许放电水平为 10pC 或以下时,背景噪声水平可达到允许放电水平的 100%。测量中明显的干扰可不予考虑。

八、测量时的注意事项

(1)试验时应记录环境湿度,相对湿度超过 80% 时不应进行本试验。

(2)升压设备的容量应足够,试验前应确认高压升压等设备功能正常。

(3)所用测量仪器、仪表在检定有效期内,局部放电测试仪及校准方波发生器应定期进行性能校核。

(4)试验时电流互感器一次绕组短接并接至试验变压器高压(采取适当的均压、屏蔽措施及扩大导线),二次绕组全部短接并接地或通过局部放电测量阻抗接地,末屏应通过局部放电测量阻抗可靠接地。

九、测量结果的分析判断

局部放电测试能检测出绝缘中存在的局部缺陷。当局部放电的强度比较小时,说明绝缘中的缺陷不太严重,局部放电的强度比较大时,则说明缺陷已扩大到一定程度,而且局部放电对绝缘的破坏作用加剧。

试验规程规定了某些设备在规定电压下的允许视在放电量,可将测量结果与规定值进行比较。1998 年 5 月以后出厂的电流互感器的试验电压及要求见表 3-2。

局部放电允许水平(1998 年 5 月后)　　　　　　　　　　表 3-2

电流互感器绝缘类型	预加电压(kV)	局部放电测量电压(kV)	局部放电允许水平(pC)	
			交接时/大修后	运行中
35kV 固体绝缘	工频交流耐压	$1.2U_m$	50	100
		$1.2U_m/\sqrt{3}$	20	50
110kV 及以上油浸式		U_m	10	20
		$1.2U_m/\sqrt{3}$	5	10

如规程中没有给出规定值,则应在实践中积累数据,以获取判断标准。

任务二　电流互感器特性测试

任务描述

根据《电力设备预防性试验规程》和《电气装置安装工程电气设备交接试验标准》,电流互感器绝缘试验应做的试验项目有:二次绕组的直流电阻测量、绕组及末屏的绝缘电阻测量、极性检查、变比检查、励磁特性曲线、主绝缘及电容型套管末屏对地绝缘及电容量测量、交流耐压试验、局部放电测试等。

在试验开始之前应检查试品的状态并进行记录,有影响试验进行的异常状态时要研究,并向有关人员请示调整试验项目。根据交接或预试等不同的情况依据相关规程规定确定本次试验所需进行的试验项目和程序。一般情况下,应先进行低电压试验再进行高电压试验,应在绝缘电阻测量之后再进行介损及空载电流测量,这两项试验数据正常的情况下方可进行试验电压较高的交流耐压试验和局部放电测试,交流耐压试验后进行局部放电测试,还应重复介质损耗、空载电流测量,以判断耐压试验前后试品的绝缘有无变化。所以,对于电流互感器除进行局部放电测试外,还要进行励磁特性、极性检查和变流比等试验。

测量电流互感器的励磁特性其目的是校核用于继电保护的电流互感器的特性是否符合要求,并从励磁特性发现绕组有无匝间短路和检查电流互感器的铁芯质量;极性检查目的是因为极性判断错误会导致接线错误,进而使计量仪表指示错误,更为严重的是使带有方向性的继电保护误动作;测量电流互感器的变流比可以检查互感器一次电流与二次电流的变流比关系,为继电保护正确动作、保护定值计算、电量计算提供依据。

理论知识 ▶

一、电流互感器极性检查

为了测量高电压和大电流交流电路内的电量,通常用电压互感器和电流互感器将高电压变换成低电压,将大电流变成小电流,并利用互感器的变比关系配备适当的表计来进行测量。如高压电力系统中的电流、电压、功率、频率和电能计量等都是借助互感器测得的。此外,互感器也是电力系统的继电保护、自动控制、信号指示等方面不可缺少的设备。

我国生产的20kV及以下电压等级的电流互感器多采用干式固体夹层绝缘结构,在进行定期试验时,以测绝缘电阻和交流耐压为主。对于35kV及以上电压等级的互感器,多采用油浸式夹层绝缘结构,除了应进行绝缘电阻和交流耐压的试验外,尚需做介质损耗角正切值的试验。电流互感器的极性检查一般都做成减极性的,即 L_1 和 K_1 在铁芯上起始是按同一方向绕制的,极性检查采用直流感应法。电流互感器极性检查试验接线如图3-15所示,当开关S瞬间合上时,毫伏表的指示为正,指针右摆,然后回零,则 L_1 和 K_1 同极性。

套管型电流互感器的一次绕组就是油断路器或电力变压器的一次出线。油断路器套管型电流互感器二次侧的始端a与油断路器套管的一次侧接线端同极性。由图3-16可以看出,当油断路器两侧各电流互感器流过同方向一次电流时,两侧的a端极性恰恰相反,在做极性试验时,要将断路器合上,在两侧套管出线处加电压。

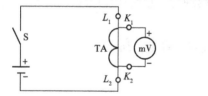

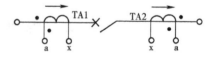

图3-15 电流互感器极性检查试验接线   图3-16 安装在油断路器上套管型电流互感器极性检查示意图

装在电力变压器套管上的套管型电流互感器的极性关系,也要遵循现场习惯的标法,即"套管型电流互感器二次侧的始端a与套管上端同极性"的原则。因为套管型电流互感器是在现场安装的,因此,应注意检查极性,并做好实测记录。

二、电流互感器的励磁特性测试

1. 励磁特性原理

电流互感器一次侧开路,二次侧励磁电流与所加电压的关系曲线,称为CT伏安特性,实际上就是铁芯的磁化曲线,因此也叫电流互感器的励磁特性。电流互感器的励磁特性试验接线如图 3-17 所示。

试验时电压从零向上递升,以电流为基准,读取电压值,直至额定电流。若对特性曲线有特殊要求而需要继续增加电流时,应迅速读数,以免绕组过热。

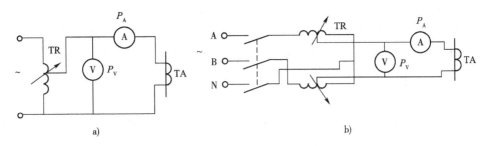

图 3-17 电流互感器的励磁特性试验接线

测量电流互感器的励磁特性,可检查互感器的铁芯质量,通过鉴别磁化曲线的饱和程度,计算 10%误差曲线,可以校核用于继电保护的电流互感器的特性是否符合要求,并从励磁特性发现二次绕组有无匝间短路。

当电流互感器二次绕组有匝间短路时,其励磁特性在开始部分电流较正常的略低,如图 3-18 中曲线 2 或 3 所示,因此,在录制励磁特性时,在开始部分多测几点。当电流互感器一次电流较大,励磁电压也高时,可用 3-17b)的试验接线,输出电压可增至 500V 左右。但所读取的励磁电流值仍只为毫安级,在试验时对仪表的选用要加以注意。可再接一个升压变压器,因为一般的电流互感器电流加到额定值时,电压已达 400V 以上,单相

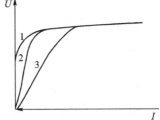

图 3-18 电流互感器二次绕组匝间短路时
励磁特性
1-正常曲线;2-短路 1 匝;3-短路 2 匝

调压器无法升到试验电压,所以,必须再接一个升压变压器(其高压侧输出电流需大于或等于电流互感器二次测额定电流)升压和一个 PT 读取电压。

试验前应将电流互感器二次绕组引线和接地线均拆除。试验时,一次侧开路,从电流互感器本体二次侧施加电压,可预先选取几个电流点,逐点读取相应电压值。通入的电流或电压以不超过制造厂技术条件的规定为准。当电压稍微增加一点而电流增大很多时,说明铁芯已接近饱和,应极其缓慢地升压或停止试验。试验后,根据试验数据绘出伏安特性曲线。

根据规程规定,电流互感器只对继电保护有特性要求时才进行该项试验,但在调试工作中,当对测量用的电流互感器发生怀疑时,也可测量该电流互感器的励磁。

2.实验注意事项

(1)电流互感器的伏安特性试验,只对继电保护有要求的二次绕组进行。

(2)测得的伏安特性曲线与过去或出厂的伏安特性曲线比较,电压不应有显著降低。若有显著降低,应检查二次绕组是否存在匝间短路。

(3)电流表宜采用内接法。为使测量准确,可先对电流互感器进行退磁,即先升至额定电流值,再降到 0,然后逐点升压典型的 $U-I$ 特性曲线。

(4)恢复电流互感器二次绕组引线和 CT 接地线以及其他临时安全措施。

3.铁芯退磁

在大电流下切断电源或在运行中发生二次开路时,通过短路电流以及在采用直流电源

的各种试验后,都有可能在电流互感器的铁芯中留下剩磁,剩磁将使电流互感器的比差尤其是角差增大,故在录制励磁特性前以及全部试验结束后,应对电流互感器铁芯进行退磁。其方法是使一次绕组开路,二次绕组通入电流 $1 \sim 2.5A$(当二次绕组额定电流为 5A 时)或 $0.2 \sim 0.5A$(当二次绕组额定电流为 1A 时)的 50Hz 交流电流,然后使电流从最大值均匀降到零(时间不少于 10s),并在切断电流电源之前将二次绕组短路。在增减电流过程中,电流不应中断或发生突变。如此重复二、三次,即可退去电流互感器铁芯中的剩磁。

三、电流互感器的电流比差测试

电流互感器正常工作时,与普通变压器不同,其一次电流 $\dot{I}_1$ 不随二次电流 $\dot{I}_2$ 的变动而变化,$\dot{I}_1$ 只取决于一次回路的电压和阻抗。二次回路所消耗的功率随其回路的阻抗增加而增大,一般二次负载都是内阻很小的仪表,其工作状态相当于短路。

电流互感器正常工作时,一次绕组的磁势 $\dot{I}_1N_1$ 大都用以补偿二次绕组的磁势 $\dot{I}_2N_2$,只一小部分作为空载磁势 $\dot{I}_0N_1$,在铁芯中的磁通 φ 较小,所以在二次绕组中感生的电动势 $\dot{E}_2$ 不大。如果二次回路开路($Z_2 = \infty$,$\dot{I}_2 = 0$),二次回路的磁势 $\dot{I}_2N_2$ 便等于零,因而在铁芯中建立的磁通将大大超过正常工作时的磁通,使铁芯损耗增大,引起过度发热。同时在二次绕组中感生较高的电动势,可达到危险的程度,所以电流互感器二次绕组不能开路运行。

理想的电流互感器的电流比应与匝数比成反比,即

$$\frac{I_1}{I_2} = \frac{N_2}{N_1} \tag{3-9}$$

式中:I_1——一次电流,A;

$\quad I_2$——二次电流,A;

$\quad N_1$——一次绕组匝数;

$\quad N_2$——二次绕组匝数。

由于励磁电流和铁损的存在,会出现电流比差和角差。比差就是按电流比折算到一次的二次电流与实际的二次电流之间的差值。

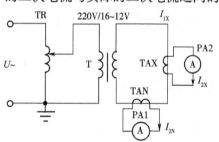

图 3-19　电流比测量接线

电流比测量接线如图 3-19 所示,其中,T 为升流器,TAX 为被试电流互感器,TAN 为标准电流互感器,如被测互感器 TAX 实际的电流比为

$$K_X = \frac{I_{1X}}{I_{2X}} \tag{3-10}$$

标准电流互感器的变流比为

$$K_N = \frac{I_{1N}}{I_{2N}} \tag{3-11}$$

已知被试电流互感器的铭牌标定电流比为 K_{1X},因为测量时 I_{1N} 与 I_{1X} 在同一回路,所以 $I_{1N} = I_{1X}$,因此,实测被试互感器的变流比又为

$$K_X = \frac{I_{1X}}{I_{2X}} = \frac{I_{1N}}{I_{2X}} \tag{3-12}$$

因此,电流比误差为

$$\gamma_k = \frac{K_{1X} - K_X}{K_X} \times 100\% = \frac{K_{1X} - \dfrac{K_N I_{2N}}{I_{2X}}}{\dfrac{K_N I_{2N}}{I_{2X}}} \times 100\%$$

$$= \frac{K_{1X} I_{2X} - K_N I_{2N}}{K_N \cdot I_{2N}} \times 100\% \tag{3-13}$$

当试验时,如标准电流互感器选用与被试互感器相同的变比时,则有 $K_{1X} = K_N$,电流比误差就为

$$\gamma_k = \frac{I_{2X} - I_{2N}}{I_{2N}} \tag{3-14}$$

从式(3-14)可见,电流比误差也就是电流比差。电流比一般的测量接线如图 3-19 所示,被试电流互感器 TAX 和标准电流互感器 TAN 的一次串联在 T 的二次回路内,图中标准电流互感器的准确度等级都必须较所接的被试电流互感器的准确级高,如被试电流互感器为 0.5 级,则电流表 PA2 应为 0.2 级以上。

【例题】 当图 3-19 中 TAX 的额定变比 $K_{1X} = \dfrac{200}{5}$,准确度为 0.5 级;TAN 的变比 $K_N = \dfrac{200}{5}$,准确度为 0.2 级;当试验升流器升流到 200A,以标准电流互感器达到 5A 为准,$I_{2N} = 5A$,$I_{2X} = 4.9A$ 时,求 TAX 的电流比与电流比差。

解 按式(3-9)~式(3-14)可算出被试电流互感器 TAX 的电流比和电流比差为

$$K_X = \frac{200}{4.9} = 40.82$$

$$K_N = K_{1X} = \frac{200}{5} = 40$$

由式(3-13),得
$$\gamma_k = \frac{40 - 40.82}{40.82} \times 100\% = -2\%$$

由式(3-14),得
$$\gamma_k = \frac{4.9 - 5.0}{5.0} \times 100\% = -2\%$$

当然,这种测量方法包括标准 TAN 和电流表 PA1 的误差在内,但这对电力系统内装设的电流互感器的校验已足够准确。因为一般测量用的互感器为 0.5 级或 1 级。

任务实施▶

一、工作任务

型号为 LZZBJ9 - 10A3G 的电流互感器在大修后需要进行极性和变比检查,并且对继电保护有特性要求,需要校核励磁特性曲线,进行励磁特性测试。

二、引用的标准和规程

(1)《输变电设备状态检修试验规程》(DL/T 393—2010)。

(2)《电业安全工作规程》(发电厂和变电所电气部分)(GB 26860—2011)。

(3)《电力设备预防性试验规程》(DL/T 596—2005)。

(4)《电气装置安装工程电气设备交接试验标准》(GB 50150—2006)。

(5) CT 分析仪说明书。

三、试验仪器、仪表及材料(见表3-3)

试验仪器、仪表及材料　　　　　　　　　　表3-3

序号	试验所用设备(材料)	数量	序号	试验所用设备(材料)	数量
1	CT 分析仪	1 块	4	小线箱(各种小线夹及短接线)	2 块
2	电源盘	2 个	5	常用仪表(电压表、微安表、万用表等)	1 套
3	常用工具	1 套	6	设备试验原始记录	1 本

四、测试准备及工作危险点分析、防范措施

(1) 拟订测试流程图、编写作业指导书,组织作业人员学习作业指导书,使全体人员熟悉测试内容、测试标准、安全注意事项。

(2) 试验前为防止互感器剩余或感应电荷伤人,应将被试互感器进行充分放电。

(3) 确认拆除所有与设备连接的引线,并保证有足够的安全距离。

(4) 检查仪器状态是否良好,所有试验仪器须校验合格,未超周期。

(5) 仪器外壳接地要牢固、可靠。

(6) 用高压试验警戒带将试验区域围起,围带上"止步,高压危险"字样向外,范围应保证试验电压不会伤害围带区域外人员。

五、测试仪表介绍

1. 仪表功能

CT 参数分析仪用于对电流互感器(带气隙、或不带气隙铁芯的 CT)进行自动测试和校验,适用于实验室和现场使用。可以完成 CT 磁化曲线、CT 线圈直流电阻测量、CT 匝比误差、极性、比差、角差等测量;可得到的测试参数:测试及换算温度下的直流电阻、二次时间常数、拐点电压和电流、不饱和电感、比差和角差、10%(5%)误差曲线、准确限值系数、对称短路电流倍数、复合误差、峰值瞬时误差等。

2. 面板说明

仪器的面板构成图如图 3-20 所示。

六、测试电路步骤

(1) 测试接线图如图 3-21 所示。

(2) 合上 CT 两端接地刀闸。连接 CT 参数分析仪的等电位地端子到保护地。连接 CT 一次侧的一端 P_2 和二次侧的一端 S_2 到保护地。确保 CT 其他所有端子 P_1 和 S_1 与电力线断开。

(3) 连接 CT 的二次侧 S_1 和 S_2 到 CT 分析仪的"S_1、S_2"端口和"U_1、U_2"测量输入 I 端口。

(4) 连接 CT 的一次侧 P_1 和 P_2 到 CT 分析仪的"P_1、P_2"测量输入 II 端口。

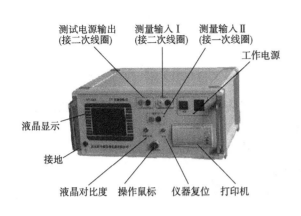

图 3-20　仪器的面板构成图　　　　　　　　　图 3-21　CT 测试接线图

（5）旋转鼠标到"磁化曲线"菜单，按压鼠标后，先进入测试前的设置，然后就进入磁化曲线的测试流程，图 3-22 为开始测试的界面，图 3-23 为测试完成的界面。

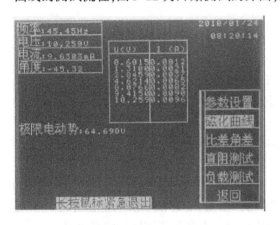

图 3-22　CT 磁化曲线开始测试的界面

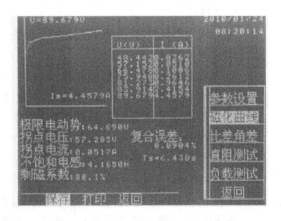

图 3-23　CT 磁化曲线测试完成的界面

（6）其他参数的测试可到相应的菜单，进行测试即可。

七、测试结果的分析判断

测得的伏安特性曲线与出厂的伏安特性曲线或最近的测量伏安特性曲线比较，拐点电压不应有显著降低。若有显著降低，应检查二次绕组是否存在匝间短路。

项目总结

通过对本项目的系统学习和实际操作，能够掌握局部放电的工作原理、局部放电的检测方法、电流互感器的励磁特性测试原理、电流比差、变比测试的方法等相关理论知识，明确各项测试的目的、器材、危险点及防范措施，掌握电流互感器局部放电、励磁特性测试等试验接线、方法和步骤，使其能够在专人监护和配合下独立完成整个测试过程，并根据相关标准、规程对测试结果做出正确的判断和比较全面的分析。

101

拓展训练

一、理论题

1. 说明电流互感器的分类及型号。

2. 根据《电力设备预防性试验规程》和《电气装置安装工程电气设备交接试验标准》,电流互感器绝缘试验应做的试验项目有哪些?

3. 画出电流互感器进行绝缘测试时的流程图。

4. 什么是局部放电?局部放电的目的是什么?

5. 局部放电的测量原理是什么?在局部放电测量中,q 称为_____,是指_____。

6. 局部放电的类型有哪些?

7. 局部放电的电气测量方法有哪些?

8. 电流互感器进行极性检查、变流比测试、励磁特性测试的目的是什么?

9. 什么是电流互感器的励磁特性?其测试方法有哪些?

二、实训——电流互感器角误差和匝比误差的测试

1. 具体任务

对电流互感进行角误差和匝比误差的测试,并判断是否符合要求。

2. 标准和规程

(1)《输变电设备状态检修试验规程》(DL/T 393—2010)。

(2)《电业安全工作规程》(发电厂和变电所电气部分)(GB 26860—2011)。

(3)《电力设备预防性试验规程》(DL/T 596—2005)。

(4)《电气装置安装工程电气设备交接试验标准》(GB 50150—2006)。

(5)CT 分析仪说明书。

3. 测试电路

电流互感器除了电流的误差外,还有角误差(也称角差)。它是一次电流和旋转180°后的二次电流的相量之间的差角 δ。测试电路及方法可参考电流互感器励磁特性测试。

项目四 电力电缆的测试

知识目标

1.掌握高压测试的工作原理。
2.熟悉直流泄漏电流及直流耐压测试方法。
3.熟悉交流高压测试的方法。

能力目标

1.能用直流耐压测试仪进行电力电缆的直流泄漏电流及直流耐压测试。
2.能用交流耐压测试仪进行电力电缆的交流耐压测试。
3.能够在专人监护和配合下完成整个测试过程。
4.能根据相关标准、规程对测试结果做出正确的判断和比较全面的分析。

任务一 电力电缆的直流泄漏电流及直流耐压测试

任务描述

电力电缆在运行中,主绝缘要承受长期的额定电压,还要承受大气过电压、操作过电压、谐振过电压、工频过电压。因此,电力电缆安装竣工后,投入运行前必须考核耐受电压水平,只有在规定的试验电压和持续时间下,绝缘不放电、不击穿,才能保证投入后的安全运行。

电缆线路的薄弱环节是终端和中间接头,这往往由于设计不良或制作工艺、材料不当而带来缺陷。有的缺陷在施工过程和验收试验中检出,更多的是在运行电压下受电场、热、化学的长期作用而逐渐发展,劣化直至暴露。除电缆头外,电缆本身也会发生一些故障,如机械损伤、铅包腐蚀、过热老化及偶尔有制造缺陷等。所以新敷设电缆时,要在敷设过程中配合试验;在制作终端头或中间头之前应进行试验,电缆竣工时应做交接试验。

由于电缆线路的电容很大,若采用工频电压试验,必须有大容量的工频试验变压器,现场很难实现,所以传统的耐压试验方法是采用直流耐压试验。因为电缆的绝缘电阻很大(一般在 $10G\Omega$ 以上),所以在做直流耐压时充电电流极小。

新敷设的电缆线路投入运行 $3 \sim 12$ 个月,一般应做 1 次直流耐压试验,以后再按正常周期试验。若试验结果异常,但根据综合判断允许在监视条件下继续运行的电缆线路,其试验周期应缩短,如在不少于 6 个月时间内,经连续 3 次以上试验,试验结果不变坏,则以后可以按正常周期试验。凡停电超过 1 周但不满 1 个月的电缆线路,应用兆欧表测量该电缆导体对地绝缘电阻,如有疑问时,必须用低于常规直流耐压试验电压的直流电压进行试验,加压时间 1min;停电超过 1 个月但不满 1 年的电缆线路,必须做 50% 规定试验电压值的直流耐压试验,加压时间 1min;停电超过 1 年的电缆线路必须做常规的直流耐压试验。

一、直流泄漏电流及直流耐压测试

泄漏电流试验是测量电缆在直流电压作用下,流过被试电缆绝缘的持续电流,从而有效地发现油纸绝缘电缆线路的绝缘缺陷。测量绝缘体的直流泄漏电流与测量绝缘电阻的原理基本相同。不同之处是:直流泄漏试验的电压一般比兆欧表电压高,并可任意调节,兆欧表则不然,因而它比兆欧表发现缺陷的有效性高,能灵敏地反映瓷质绝缘的裂纹、夹层绝缘的内部受潮及局部松散断裂、绝缘油劣化、绝缘的沿面炭化等。

直流耐压试验与泄漏电流的测量虽然方法一致,但其作用不同,前者是考验绝缘的耐电强度,其试验电压较高;后者是用于检查绝缘状况,试验电压相对较低。因此,直流耐压对于发现某些局部缺陷更有特殊意义,目前,在高压电机、电缆、电容器的预防性试验中被广泛采用。通常,泄漏电流的测量是与电缆直流耐压试验同时进行的,有时也在降低试验电压的情况下单独测量。

电缆在直流电压作用下流过绝缘内部的泄漏电流实际上是由电容电流、吸收电流和传导电流叠加作用的过程。

①电容电流:电缆相当于一个电容器,在电缆导体加压瞬间,电缆绝缘介质在电场作用下发生电子式极化和离子式极化等无损极化引起的电流,即电容电流。它的值同电缆截面积、长度、绝缘厚度等几何尺寸有关,因此,也称几何电流。这部分电流在开始时很大,而在 $10^{-13} \sim 10^{-15}$ s 极短的时间内迅速减少到可以忽略不计的程度。

②吸收电流:电缆绝缘在直流电压作用下介质内的极性分子发生偶极子极化,多层介质交界面发生的夹层极化,极化时间在 $10^{-2} \sim 10^{-4}$ s,并且要消耗能量伴有一定的介质损耗,是一种有损极化。它的值也随时间增加而减少,同电缆绝缘的材料结构、性质及绝缘介质的不均匀程度有关。绝缘完好的油纸电缆,吸收现象十分明显,一旦受潮或存在缺陷,吸收电流变化就不明显,交联聚乙烯电缆夹层极化较弱,吸收电流变化也不明显。

③传导电流:理想的电介质是不含带电质点的,但实际工程上使用的绝缘内总含有极少量束缚很弱的杂质离子,在直流电压作用下,正负离子向两极移动产生的电流就是传导电流,它是由绝缘表面的泄漏电流和通过绝缘内部的离子电流组成。对于绝缘完好的电缆,传导电流是一个常量,它与直流耐压试验电压、电缆绝缘电阻之间的关系符合欧姆定律。

直流电压和交流耐压试验相比主要有以下特点。

(1)试验设备轻小

直流耐压试验设备比较轻便,便于在现场进行预防性试验,例如,对于电缆线路,如果做交流耐压试验,每公里的电容电流将达数安培,需要较大容量的试验设备,而做直流耐压试验时,稳定后只需供给绝缘泄漏电流(最高只达毫安级)。

(2)可同时测量泄漏电流

直流耐压试验可以在逐步升压的同时,通过测量泄漏电流,更有效地反映绝缘内部的集中性缺陷。图 4-1 所示发电机绝缘在做直流耐压试验过程中泄漏电流变化的一些典型曲线。对于良好的绝缘,泄漏电流随电压而直线上升,而且电流值较小,如曲线 1 所示;如果绝缘受潮,那么电流数值加大,如曲线 2 所示;如果绝缘中有集中性缺陷存在如曲线 3 所示。当泄漏电流超过一定标准,应尽可能找出原因加以消除。如果 0.5 倍 U_t 附近泄漏电流已经迅速上升,如曲线 4 所示,那么这台发电机在运行时有击穿的危险。在电力电缆进行直流耐压试验时,通常也利用泄漏电流的读数来寻找缺陷,例如当测到三相泄漏电流相差过大或者泄漏电流增长较快时,就可以根据具体情况酌量提高试验电压或者延长耐压的持续时间发现缺陷。

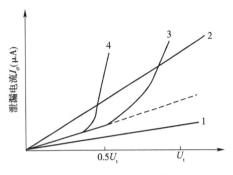

图 4-1 发电机的泄漏电流曲线

（3）对绝缘损伤较小

直流高压对被试品绝缘的损伤较小,当直流作用电压较高以至于在气隙中发生局部放电后,放电产生的电荷所感应的反电场将使在气隙里的场强减弱,从而抑制了气隙内的局部放电过程。如果是交流耐压试验,由于电压不断改变方向,因而如气隙发生放电后,每个半波里都要发生局部放电,这种放电往往会促使有机绝缘材料的分解、老化变质,从而降低其绝缘性能,使局部缺陷逐渐扩大。因此,直流耐压试验在一定程度上还带有非破坏性试验的性质。

与交流耐压试验相比,直流耐压试验的缺点是:由于交、直流下绝缘内部的电压分布不同,直流耐压试验对绝缘的考验不如交流下接近实际。因此,对于交联聚乙烯电缆,一般不主张用直流耐压试验。

直流耐压试验电压值的选择也是一个重要的问题,它是参考绝缘的工频交流耐压试验电压和交、直流下击穿强度之比,并主要根据运行经验来制定的。例如对发电机定子绕组,取 2 ~ 2.5 倍额定电压;对于 3.6kV、10kV 的电缆,取 5 ~ 6 倍额定电压,20kV、35kV 的电缆,取 4 ~ 5 倍额定电压;35kV 以上的电缆,取 3 倍额定电压。直流耐压试验的时间可以比交流耐压试验长一些,所以,发电机试验时是以每级 0.5 倍额定电压分阶段地升高,每阶段停留 1min,以观察并读取泄漏电流值。电缆试验时,在试验电压下持续 5min,以观察并读取泄漏电流值。

二、试验方法

1. 半波整流试验接线

试验回路一般是由自耦调压器、试验变压器、高压二极管和测量表计组成半波整流试验接线,根据微安表在试验回路中所处位置的不同,可分为以下两种基本接线方式。

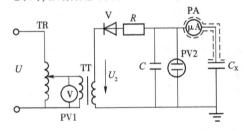

图 4-2 微安表接在高压侧试验接线

（1）微安表接在高压侧

微安表接在高压侧的试验原理接线,如图 4-2 所示。由图可知,试验变压器 TT 的高压端接至高压二极管 V(硅堆)的负极,由于空气中负极性电压下击穿场强较高,为防止外绝缘闪络,因此直流试验常用负极性输出。由于二极管的单向导电性,在其正极就有负极性的直流高压输出。选择硅堆的反峰电压时应有 20% 的裕度,如用多个硅堆串联时,应并联均压电阻,电阻值可选约 1000MΩ。为减小直流电压的脉动,在被试品 C_X 上并联滤波电容器 C,电容值一般不小于 0.1μF。对于电容量较大的被试品,如发电机、电缆等可以不加稳压电容。R 为保护电阻,用来限制被试品击穿时的短路电流以保护变压器和高压硅堆,其值可按 10Ω/V 选取。半波整流时,试验回路产生的直流电压为

$$U_d = \sqrt{2}U_2 - \frac{I_d}{2Cf} \tag{4-1}$$

式中: U_d——直流电压,平均值,V;

　　C——滤波电容,F;

　　f——电源频率,Hz;

　　I_d——整流回路输出直流电流,A。

当回路不接负载时,直流输出电压即为变压器二次输出电压的峰值。因此,现场试验选择试验变压器的电压时,应考虑到负载压降,并给高压试验变压器输出电压留一定裕度。

这种接线适合被试绝缘一极接地的情况。此时微安表处于高压端,不受高压对地杂散电流的影响,测量的泄漏电流较准确。但为了避免由微安表到被试品的连线上产生的电晕及沿微安表绝缘支柱表面的泄漏电流流过微安表,需将微安表及从微安表至被试品的引线屏蔽起来。由于微安表处于高压端,故给读数及切换量程带来不便。

(2)微安表接在低压侧

微安表接在低压侧的接线图如图 4-3 所示。这种接线微安表处于低电位,具有读数安全、切换量程方便的优点。

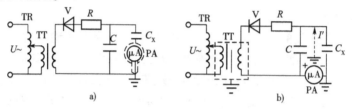

图 4-3　微安表接在低压侧时接线图
a)被试品对地绝缘;b)被试品直接接地

当被试品的接地端能与地分开时,宜采用图 4-3a)的接线,若不能分开,则采用图 4-3b)的接线,由于这种接线的高压引线对地的杂散电流将流经微安表,从而使测量结果偏大,其误差随周围环境、气候和试验变压器的绝缘状况而异。所以,一般情况下,应尽可能采用图 4-3a)的接线。

2. 直流高压电源的获得

(1)倍压整流直流电源

前述的简单整流电路中,最大直流输出只能接近试验变压器的峰值电压 U_{max},欲获得更高的直流电压,常用倍压整流来实现。

图 4-4a)是一种全波倍压整流线路,输出电压接近试验变压器高压侧峰值电压的两倍,适合于一端接地的被试品。这种线路要求高压试验变压器 TT 高压绕组的两个引出端对地绝缘,一个端头对地能承受试验变压器的最大峰值电压 U_{max}(端头 2),另一个端头对地承受 $2U_{max}$(端头 1)。

图 4-4b)为另一种更为常用的倍压整流线路,这种线路不仅可输出对地为 $2U_{max}$ 的直流电压,而且可采用一端接地的变压器,其工作原理如下:当图 4-4b)的电源电压为负半波时(试验变压器绕组接地端为正),电源变压器经二极管 V_1 对 C_1 充电到 U_{max},正半波时(变压器绕组接地端为负),变压器电压与电容器 C_1 上的电压叠加,经二极管 V_2 对电容器 C_2 充电,若 $C_1 \gg C_2$,则 C_2 很快充到 $2U_{max}$;若 $C_1 = C_2$,则 C_2 要经若干周之后才能充到 $2U_{max}$。因为 C_1 和变压器串联对 C_2 充电,电荷从 C_1 流向 C_2,使 C_1 上的电压降低,所以点 1 对地的电位

达不到 $2U_{max}$，C_2 也充不到 $2U_{max}$，但在下一个半周时电流又经 V_1 对 C_1 补充电至 U_{max} 以补充它放出的电荷，因而在若干周后，总可以将 C_2 充电到 $2U_{max}$。如不计泄漏，C_2 将保持 $2U_{max}$ 不变，C_1 始终为 U_{max}，点 1 对地的电位在 $0 \sim 2U_{max}$ 脉动。

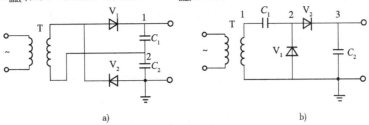

图 4-4   倍压整流线路图

当接入负载时，由于 C_2 对负载放电而失去电荷 Q_2，使 C_2 上的电压下降 $\dfrac{Q_2}{C_2}$。又由于 C_1 要放出电荷 Q_1，以补充 C_2 失去的电荷 Q_2，所以 C_1 上的电压达不到 U_{max}，而等于 $U_{max} - \dfrac{Q_1}{C_1}$。

C_2 上的电压也达不到 $2U_{max}$，只能达到 $2U_{max} - \dfrac{Q_1}{C_1}$。若被试品绝缘很好，其他泄漏电流可忽略不计，经若干周后，C_2 上的电压便可达到试验变压器峰值电压的 2 倍，即 $2U_{max}$。Q_1 为流过负载的总电荷，在一个周期内 C_1 上的压降为

$$\Delta U = \frac{Q_1}{C_1} = I_{av}\frac{1}{fC_1} \qquad (4\text{-}2)$$

式中：I_{av}——流过负载的平均电流，A；

　　　f——电源频率，Hz；

　　　Q_1——流入负载的电荷，C。

（2）多级串接直流电源

当需要较高的直流电压，而倍压线路又不能满足要求时，可用多级串接线路，如图 4-5 所示。其工作原理与图 4-4 的倍压整流电路类似，电源为负半波时依次给左柱电容器充电，而电源为正半波时依次给右柱电容器充电。空载时，n 级串接的整流电路可输出 $2nU_{max}$ 的直流电压。但随着串接级数的增多，接入负载时的电压脉动和电压降落迅速增大。

当被试品击穿时，除右柱电容器串联起来向被试品放电外，左柱电容器串联后也经 V_1、V'_n 向被试品放电。为避免缺陷扩大，同时也为了保护高压硅堆 V_1、V'_n，应在被试品前串联足够大的电阻 R_f。

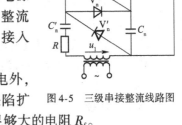

图 4-5   三级串接整流线路图

（3）中频串接直流发生器

由于串接整流接线太多，因而现场一般采用成套的中频电源直流发生器。成套直流发生器采用脉冲宽度调制（PWM）方式调节直流高压，它的优点有：节能；电压调节线性度好，调节方便、稳定；输出直流电压纹波非常小。由于采用了高频率开关脉冲宽度调制，可选用较小数值的电感、电容进行滤波，滤波回路时间常数减小，这有利于自动调节回路的品质和输出波形的改善以及减小体积。成套直流高压发生器能直接显示直流高压的电压值及泄漏电流值，常有多节构成 $60 \sim 600$kV 等多种电压等级，适合于现场进行各种高压设备的直流试验。

三、直流高压的测量

国际电工委员会(International Electro technical Commission,简称 IEC)标准和我国的国家标准(GB)规定,直流电压平均值的测量误差应不大于±3%,且测量直流高压必须用不低于1.5级的表计和2.5级的分压器。

1.用高电阻串联微安表测量

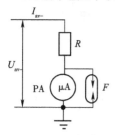

图4-6 高电阻串联微安表测量直流高压

图4-6 是用高电阻串联微安表测量直流高压的示意图,U_{av-} 为被测直流电压的平均值,F 为保护微安表的放电管,这种测量方法应用很广,能测量数千伏至数万伏的电压。市售的各种高压直流数字显示表都是用这种测量原理。

被测直流电压加在高电阻 R 上,则 R 中便有电流产生,与 R 串联的微安表的指示即为在该电压下流过 R 的平均值电流。因此,可根据微安表指示的电流值来表示被测直流电压的数值。这种测量电压的方法,是将微安表的电流刻度直接换成相应的电压刻度;或事先校验出直流电压与微安数的关系曲线,使用时根据微安表的数值在这条曲线上查出相应的电压值,也可以用另一电阻构成低压臂,用低压直流电压表测量。

电阻 R 可用金属膜电阻、碳膜电阻(或与阀型避雷器的火花间隙并联的非线性电阻)串联组成,其数值要求稳定,误差不大于3%。每单个电阻的容量不小于1W。常将该电阻装在绝缘筒内,并充油密封,以提高稳定性和减少电阻体及电阻支持架表面的泄漏电流。为了防止电晕,电阻上端需装防晕罩,连接微安表的导线应用屏蔽线。

2.静电电压表

静电电压表由两个平行平板电极构成,其中一个为固定电极,另一个为可动电极。当施加稳态电压时,两电极分别带上异性电荷,由于静电力的作用,可动电极发生转动,用某种方式加外力于可动电极,使之与静电力平衡。由于静电力的大小与电极上的电荷多少有关,因而也就与电极间的电压大小有关,因此,测定了平衡力也就能知道电压的大小。

静电电压表可直接用来测量交流和直流高电压。由于电极上所受的力和电压的平方成正比,所以,静电电压表指示的是电压的方均根值。故用静电电压表测量交流电压时,指示的是被测电压的有效值,测直流电压时,当脉动系数不超过20%时,测得的数值与平均值的误差不超过1%,故可认为在直流下静电电压表的测量值为平均值。静电电压表的测量误差一般为1%~1.5%。

3.高压分压器

当被测电压很高时,直接用指示仪表测量高电压比较困难,采用分压器分出小部分电压,然后用测量仪器进行测量,将测量值乘以分压比便可得到待求高电压。根据分压器所用分压元件的不同,分为电阻分压器、电容分压器和阻容分压器等3种类型。每一分压器都由高压臂和低压臂组成,在低压臂上得到的就是分给测量仪器的低电压 u_2,总电压 u_1 与 u_2 之比称为分压器的分压比(N)。

(1)电阻分压器

如图4-7 所示为电阻分压器,它由高压臂电阻 R_1 和低压臂电阻 R_2 串联而成,理想情况下的分压比为

$$N = \frac{u_1}{u_2} = \frac{R_1 + R_2}{R_2} \qquad (4\text{-}3)$$

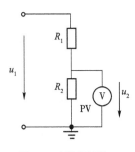

图 4-7　电阻分压器

测量稳态高电压时,电阻分压器的阻值不能选得太小,否则会使直流高压装置和工频高压装置供给它的电流太大,电阻本身的热损耗也太大,以致阻值因温升而变化,使测量误差增大。但阻值也不能选得太大,否则由于工作电流过小而使电晕电流、绝缘支架的泄漏电流所引起的误差变大。一般选择其工作电流在 0.5 ~ 2.0mA,实际上常选 1mA。

需要注意的是,测量交流高压时,由于对地杂散电容的不利影响,不但会引起幅值误差,还会引起相位误差。被测电压越高,分压器本身的阻值越大,对地杂散电容越大,出现的误差也越大。因此通常在被测交流电压大于 100kV 时,大多采用电容分压器,而不用电阻分压器。

高电阻串联微安表测量方法与电阻分压器法相比,主要的不足之处在于,当外界条件改变而导致高电阻阻值变化时,测量结果也会随之变化。

(2)电容分压器

测量交流高压时常采用电容分压器,它由高压臂电容 C_1 和低压臂电容 C_2 串联而成。为了防止外电场对测量电路的影响,通常用高频同轴电缆传输被测量的电,当然该电缆的电容应计入低压臂的电容量 C_2 中。

为了保证测量的准确度,测量仪表在被测电压频率下的阻抗应足够大,至少要比分压器低压臂的阻抗大几百倍,为此,最好用高阻抗的静电式仪表或电子式仪表。若略去杂散电容的影响,电容分压器的分压比为

$$N = \frac{u_1}{u_2} = \frac{C_1 + C_2}{C_2} \qquad (4\text{-}4)$$

分压器高压臂对地杂散电容 C'_e 和对高压端杂散电容 C_e 的存在,会在一定程度上影响其分压比。只要周围环境不变,这种影响就是固定的,不随被测电压的幅值、频率、波形或大气条件等因素而变。所以,对一定的环境,只要一次准确地测出电容分压器的分压比,则此分压比可适用于各种工频高压的测量。虽然如此,人们仍然希望尽可能使各种杂散电容的影响相对减小,为此对无屏蔽的电容分压器应适当增大高压臂的电容值。

电容分压器的另一个优点是它几乎不吸收有功功率,不存在温升和随温升而引起的各部分参数的变化,因而可以用来测量很高的电压。当然应该注意高压部分的电晕放电,为此,应在分压器的顶部加装均压罩,各电容相连接的法兰处加装均压环。

(3)阻容分压器

按阻尼电阻的接法不同,阻容分压器又分为串联阻容分压器和并联阻容分压器两类。前者的测量回路与电容分压器相同,后者的测量回路与电阻分压器相同。

4. 泄漏电流的测量

用直流微安表测量被试品的泄漏电流时,要使测量安全可靠,除需要对微安表进行保护外,还应消除杂散电流的影响。

(1)微安表的保护

如前所述,严格说来试验电压总是脉动的。脉动成分加在被试品上,就有交流分量通过微安表,因而使微安表指针摆动,难于读数,甚至使微安表过热烧坏(因它只反映直流数值,实际上交流数值也流经线圈)。试验过程中,被试品放电或击穿都有不能容许的脉冲电流流

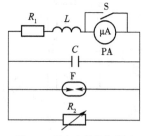

图 4-8　微安表保护接线图

经微安表,因此需对微安表加以保护。常用的保护电路如图4-8所示,图中电容 C 用以旁路交流分量,特别是高频冲击电流;S 是短路微安表的开关,读数时断开;放电管 F 用以保证在回路中出现不容许的大电流时,迅速放电而保护微安表,当大电流流经与微安表串联的增压电阻 R_1 时,其压降足以使放电管动作,电阻 R_1 的数值可按式(4-5)计算

$$R_1 = \frac{U_F}{I_{\mu A}} \tag{4-5}$$

式中: U_F ——放电管实际的放电电压,V;

$I_{\mu A}$ ——微安表的满刻度电流值,μA 。

限流电感线圈 L 的作用是当被试品击穿时,限制冲击电流并加速放电管的动作,通常取 L 值为几十毫亨至 1H。图 4-8 中的滤波电容 C 可用油浸纸电容(CZY),其电容量为 0.5 ~ 5μF。R_2 用以扩大量程,可用碳膜或金属膜电阻,微安表在高压侧时,短路开关也可用尼龙拉线开关。

(2)消除杂散电流对测量的影响

在试验中除被试品的体积泄漏电流之外,还有其他电流流过微安表而造成测量误差,这些电流统称为杂散电流,消除杂散电流是提高试验准确度的关键。

根据被试品的情况,应尽量选择能反映被试品本身泄漏电流的试验接线。最好采用图4-2 的接线,这种接线由于对处于高压的微安表及引线加了屏蔽,基本上能消除杂散电流的影响。当采用图 4-3b) 的接线时,试验回路中其他设备的接地线应接至试验变压器的低压端,使这些设备的泄漏电流不经过微安表,从而提高了测量的准确度。

5. 影响因素和试验结果的分析

(1)高压连接导线对地泄漏电流的影响

由于与被试品连接的导线通常暴露在空气中(不加屏蔽时),被试品的加压端也暴露在外,所以周围空气有可能发生游离,产生对地的泄漏电流,尤其在海拔高、空气稀薄的地方更容易发生游离,这种对地泄漏电流将影响测量的准确度。用增加导线直径,减少尖端或加防晕罩,缩短导线,增加对地距离等措施,可减少对测量结果的影响。

(2)空气湿度对表面泄漏电流的影响

当空气湿度大时,表面泄漏电流远大于体积泄漏电流,被试品表面脏污易于吸潮,使表面泄漏电流增加,所以必须擦净表面,并应用屏蔽电极。

(3)温度的影响

温度对高压直流试验结果的影响是极为显著的,因此,对所测得的电流值均需换算至相同温度,才能进行分析比较。最好在被试品温度为 30 ~ 80℃ 时做试验,因为在这样的温度范围内泄漏电流变化较明显,而低温时变化较小。如电动机刚停运后,在热状态下试验,还可在冷却过程中对几种不同温度下测量的数值进行比较。

(4)残余电荷的影响

被试品绝缘中的残余电荷是否放尽,将直接影响泄漏电流的数值,因此,试验前必须对被试品进行充分放电。

(5)测量结果的判断

将测量的泄漏电流值换算到同一温度,与历次试验进行比较,以及同一设备的相互比较、同类设备的互相比较。对于重要设备(如主变压器、发电机等),可作出电流随时间变化的关系曲线 $I=f(t)$ 和电流随电压变化的关系曲线 $I=f(u)$ 并进行分析。

现行标准中对泄漏电流有规定的设备,应按是否符合规定值来判断。对标准中无明确规定的设备,可以进行同一设备各相互相比较,并与历年试验结果比较。

任务实施

一、工作任务

一额定电压 8.7/10kV 的油纸绝缘电缆大修新做终端或接头后,需做直流耐压试验和泄漏电流试验。通过直流耐压试验可以检查出电缆绝缘中的气泡、机械损伤等局部缺陷,通过直流泄漏电流测量可以反映绝缘老化、受潮等缺陷,从而判断绝缘状况的好坏。此任务应在现场测试。

二、引用的标准和规程

(1)《电线电缆电性能试验方法 第 14 部分:直流电压试验》(GB/T 3048.14—2007)。

(2)《电业安全工作规程》(发电厂和变电所电气部分)(GB 26860—2011)。

(3)《输变电设备状态检修试验规程》(DL/T 393—2010)。

(4)YTZG 型直流高压发生器说明书。

三、试验仪器、仪表及材料(见表 4-1)

试验仪器、仪表及材料   表 4-1

序号	试验所用设备(材料)	数量	序号	试验所用设备(材料)	数量
1	YTZG 型直流高压发生器	1 块	5	常用仪表(电压表、微安表、万用表等)	1 套
2	电源盘	2 个	6	小线箱(各种小线夹及短接线)	1 个
3	常用工具	1 套	7	操作杆、放电棒、验电器	1 套
4	刀闸板	2 块	8	设备试验原始记录	1 本

四、测试准备及工作危险点分析、防范措施

(1)现场工作必须执行工作票制度、工作许可制度、工作监护制度、工作间断和转移及终结制度。

(2)试验前为防止电力电缆剩余电荷或感应电荷伤人、损坏试验仪器,应将被试电力电缆进行充分放电。

(3)确认拆除所有与设备连接的引线,并保证有足够的安全距离。

(4)试验人员进入试验现场时,必须按规定戴好安全帽、正确着装。高压试验工作不得少于 2 人,开始试验前,试验负责人应对全体试验人员详细说明试验中的安全事项。

(5)在试验现场应装设遮栏或围栏,字面向外悬挂"止步,高压危险!"标示牌,并派专人看守。

(6)合理、整齐地布置试验场地,试验器具应靠近试品,所有带电部分应互相隔开,面向试验人员并处于视线之内。

(7)试验器具的金属外壳应可靠接地,高压引线应尽量缩短,必要时用绝缘物支持牢固。

为了在试验时确保高压回路的任何部分不对接地体放电,高压回路与接地体(如墙壁等)的距离必须留有足够的裕度。

(8)试验电源开关应使用具有明显断开点的双极刀闸,并装有合格的漏电保护装置,防止低压触电。

(9)加压前必须认真检查接线、表计量程,确认调压器在零位及仪表的开始状态均正确无误,在征得试验负责人许可后,方可加压,加压过程中应有人监护。

(10)操作人员应站在绝缘垫上。在加压过程中,应精力集中,不得与他人闲谈,随时警惕异常现象的发生。

(11)变更接线或试验结束时,首先应降下电压,断开电源、对被试品放电,并将升压装置的高压部分短路接地。放电棒使用时把伸缩部分全部拉出,并把配制地线插头插入棒的插孔内,地线另一端与大地连接,等待一段时间后使试品上电荷通过倍压筒及试品本身对地自放电,观察电压表的电压值逐步跌落到较低电压后(一般在10~20kV)才可用放电棒去逐步移向试品附近,先通过间隙空气游离放电,此时,可听到吱吱声,然后将放电棒尖端(释放电能是经过一放电电阻)去触碰试品,最后将试品直接接地。对几公里以上的高压电缆试验结束后,放电时间一般都很长且需多次反复放电。

(12)试验现场有特殊情况时,应特殊对待,并应针对现场实际情况制定符合现场要求的安全措施。

五、测试人员配置

此任务可配测试负责人1名,测试人员4名(1名接线、放电;1名测试;1名记录数据;1名负责电缆另一端)。

六、测试仪表介绍

1. 主要功能特点

YTZG型直流高压发生器是适用于电力部门、企业动力部门对氧化锌避雷器、磁吹避雷器、电力电缆、发电机、变压器、开关等设备进行直流高压试验。它采用中频倍压电路,应用最新的PWM脉宽调制技术和大功率IGBT器件。并根据电磁兼容性理论,采用特殊屏蔽、隔离和接地等措施。由于采用了高频率开关脉冲宽度调制,可以选用较小的电感、电容进行滤波,使滤波回路的时间常数减小,有利于自动调节回路的品质和输出电压波形的改善。多倍压串联式直流高压试验装置原理框图如图4-9所示。

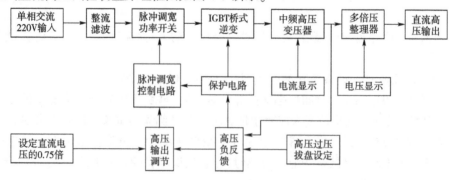

图4-9 多倍压串联式直流高压试验装置原理框图

逆变器电路采用了 IGBT 大功率晶体管,中频变压器的输出功率可达到几百甚至数千瓦。应用电子技术制成的成套直流高压试验仪器,具有体积小、质量轻、携带和使用方便等优点。图 4-10 是 1000kV/10mA 直流高压发生器控制箱的外观图。

2. 面板说明

直流高压发生器面板如图 4-11 所示。

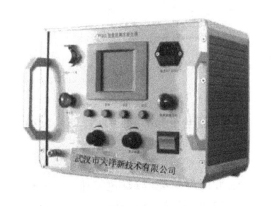

图 4-10 直流高压发生器控制箱外观图

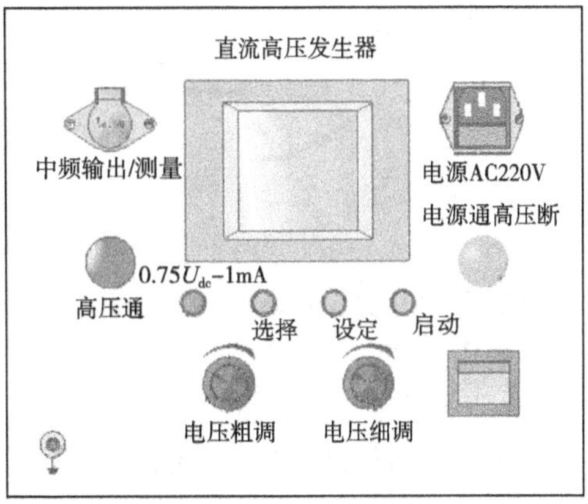

图 4-11 直流高压发生器面板

(1)绿色带灯按钮:按钮绿灯亮表示电源已接通及高压断开。在红灯亮状态下按下绿色按钮,红灯灭绿灯亮,高压回路切断。

(2)红色带灯按钮:高压接通按钮、高压指示灯。在绿灯亮的状态下,按下红按钮后,红灯亮绿灯灭。表示高压回路接通,此时可升压。此按钮须在电压调节电位器回零状态下才有效。

(3)选择键:用于选择过压保护、倍压节数和计时。设定键:用于修改数据。

(4)电压调节电位器:该电位器用粗调、细调两只多圈电位器顺时针旋转为升压,反之为降压。此电位器具备控制电子零位保护功能,因此升压前必须先回零。

3. 高压筒

单节倍压筒和双节倍压筒分别如图 4-12a)、b)所示。

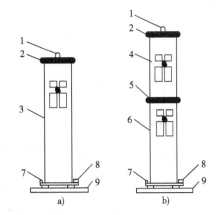

图 4-12 倍压筒外观图
a)单节倍压筒;b)双节倍压筒

1-高压引出接线柱;2-均压罩;3-倍压筒体;4-上节倍压筒;5-上下节连接法兰;6-下节倍压筒;7-接地端子;8-与控制箱连接电缆插座;9-Δ-Y 形缩伸式撑脚

七、测试步骤

(1)测试准备

试验器在使用前应检查其完好性,连接电缆不应有断路和短路,设备无破裂等损坏。将机箱、倍压筒放置到合适位置分别连接好电源线、电缆线和接地线。保护接地线与工作接地线以及放电棒的接地线均应单独接到试品的地线上(即一点接地)。严禁各接地线相互串联。为此,应使用专用接地线如图 4-13 所示。

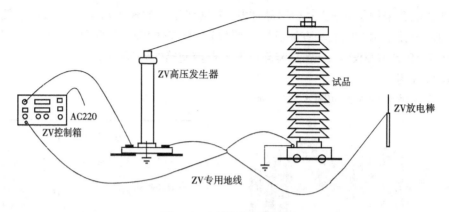

图4-13 专用接地线接线图

此时电源开关应在断开位置,调压电位器应在零位,过电压保护整定为 1.15~1.20 倍的试验电压。

(2)空载验证过电压整定

先将连接线被试电缆的引线悬空,接通电源开关,此时绿灯亮;按红色按钮,红灯亮,表示高压接通;顺时针调节调压器能升至所需电压,记录电流表读数,检查试验装置无异常后将调压器电位器回到零位,按绿色按钮,切断高压关闭电源。

图4-14 直流耐压和泄漏电流试验原理接线图
1-微安表屏蔽;2-导线屏蔽;3-线端屏蔽;4-缆芯绝缘的屏蔽环

(3)直流耐压和泄漏测试

试验原理接线图如图4-14所示,将试验装置的高压引线连接到与被试电缆导体,接通电源进行升压,按试验标准进行直流耐压试验并读取泄漏试验。升压时要密切监视电流表的充电电流不能超过试验装置的最大工作电流,升压速度一般控制在 3~5kV/s。加到规定试验电压后,按规定在第一分钟和最后一分钟记录电流表读数。测量完毕后,调压电位器逆时针回到零位,按下绿色按钮。需再次升压时按红色按钮。

八、测量结果的分析判断

(1)试验电压标准。纸绝缘电缆主绝缘的直流耐压试验值(加压时间 5min)可参考表4-2所示。

纸绝缘电缆主绝缘的直流耐压试验值 表4-2

电缆额定电压(U_0/U)	1.0/3	3.6/3.6	3.6/6	6/6	6/10	8.7/10	21/35	26/35
直流试验电压(kV)	12	17	24	30	40	47	105	130

注:U_0 为导体与绝缘屏蔽之间的电压,即对地电压;U 为各相导体间的电压,即线电压。

(2)要求耐压 5min 时的泄漏电流值不得大于耐压 1min 时的泄漏电流值。

(3)对纸绝缘电缆而言,三相间的泄漏电流不平衡系数应不大于 3.6/6kV 及以下电缆的泄漏电流小于 10μA,8.7/10kV 电缆的泄漏电流小于 20μA 时,对不平衡系数不作规定。

(4)在加压过程中,泄漏电流突然变化,或者随时间的增长而增大,或者随测试电压的上升而不成比例地急剧增大，说明电缆绝缘存在缺陷，应进一步查明原因，必要时可延长耐压时间或提高耐压值来找绝缘缺陷。

(5)相与相间的泄漏电流相差很大，说明电缆某芯线绝缘可能存在局部缺陷。

(6)若测试电压一定，而泄漏电流作周期性摆动，说明电缆存在局部孔隙性缺陷。当遇到上述现象，应在排除其他因素(如电源电压波动、电缆头瓷套管脏污等)后，再适当提高试验电压或延长持续时间，以进一步确定电缆绝缘的优劣。

任务二　电力电缆的交流耐压测试

任务描述

交流耐压试验是鉴定电力设备绝缘强度最直接、最有效的方法。交联聚乙烯(XLPE)电缆进行直流耐压试验，无论从理论还是实践上都存在很多缺点，所以，需要对交联聚乙烯(XLPE)电缆进行交流耐压试验。

交联聚乙烯电缆在交接时、新安装投运后1年内、新做终端或接头后、运行中110kV及以上6年、35kV及以下3年或必要时应进行交流耐压试验。橡塑电缆的交流耐压试验用来验证被试电缆的耐电强度，对发现电缆绝缘的局部缺陷，如绝缘受潮、开裂等缺陷十分有效，是检验电缆绝缘性能、安装工艺、施工质量的重要手段。

理论知识

一、耐压试验

1.耐压试验类型

耐压试验是一种确认电气设备绝缘可靠性的试验，所施加的电压比工作电压高得多，在试验过程中有可能引起设备绝缘的损坏，所以，又称破坏性试验。耐压试验一般都放在非破坏性试验项目合格之后进行，以避免或减少不必要的损失。根据所施加电压类型的不同，耐压试验可分为交流(含工频及倍频)耐压、直流耐压、雷电冲击耐压和操作冲击耐压4种。

工频交流耐压试验是检验电气设备绝缘强度最有效和最直接的方法，能有效地发现绝缘中危险的集中性缺陷，同时也有可能促使有机绝缘中的一些弱点进一步发展而造成残留性损伤。在许多场合工频交流耐压试验还可用来等效地检验绝缘对操作过电压和雷电过电压的耐受能力。

我国有关国家标准以及《电力设备预防性试验规程》(DL/T 596—2005)中对各类电气设备的耐压值都作了具体的规定。按国家标准规定，进行工频交流耐压试验时，在绝缘上施加工频试验电压后，要求持续1min，这个时间规定一是为了保证全面观察被试品的情况，使绝缘中危险的缺陷暴露出来，同时也是为了不至于因时间太长而引起不应有的绝缘损伤，甚至使本来合格的绝缘产生热击穿。运行经验表明，凡经受得住1min工频耐压试验的电气设备，一般都能保证安全运行。

倍频感应耐压试验主要是针对变压器类绝缘，是指在被试品低压绕组上施加倍频电压(电压值为额定电压的2倍)，在高压绕组上由于感应而产生同样倍数的高压进行试验。感应耐压试验时，各绕组上的电压分布与运行中的分布接近，不仅考验了绕组的主绝缘，也考验了绕组的纵绝缘。这项试验弥补了工频条件下试验电压为额定电压 2 倍时,被试品铁芯严重饱和,励磁电流急剧增大的问题。当试验频率超过 100Hz 时,为了避免频率的提高加重对绝缘的负担,应缩短试验的时间,耐压时间可由式(4-6)计算

$$t = 60 \times \frac{100}{f}(\text{s}) \tag{4-6}$$

式中:f——电压的频率,Hz。

2. 交联聚乙烯(XLPE)电缆试验

交联聚乙烯(XLPE)电缆不能进行直流耐压试验,主要体现在以下几个方面:

(1)试验等效性差

高压试验技术的一个通用原则是试品上施加的试验电压场强应模拟高压电器的运行工况。高压试验得出的结论要代表高压电器中薄弱点是否对今后的运行带来危害。这就意味着试验中的故障机理应与电缆运行中的机理具有相同的物理过程。电缆击穿试验电压与工频电压等效性分析见表4-3。

击穿电压试验等效性比较结果 表4-3

试验电压类型	等效性 K=击穿试验电压/工频电压			
缺陷类型	直流	工频	0.1Hz	振荡波
针尖缺陷	4.3	1	1.5	1.5
切痕缺陷	2.8	1	2.6	1.1
金具尖端缺陷	3.9	1	2.2	1.6
进潮和水树枝缺陷	2.6	1	1.2	1.4

从表4-3可以看出,针对不同缺陷做测试,直流耐压的击穿电压的分散性非常大,从2.6~4.3倍不等,因此,无法作为判断电缆绝缘好坏的依据。

(2)直流和交流下的电场分布不同

直流电压下,电缆绝缘的电场分布取决于材料的体积电阻率,而交流电压下的电场分布取决于各介质的介电常数,特别是在电缆终端头、接头盒等电缆附件中的直流电场强度的分布和交流电场强度的分布完全不同,而且直流电压下绝缘老化的机理和交流电压下的老化机理不相同。因此,直流耐压试验不能模拟交联聚乙烯(XLPE)电缆的运行工况。

(3)放电难以完全

交联聚乙烯(XLPE)电缆在直流电压下会产生"记忆"效应,存储积累性残余电荷。一旦有了由于直流耐压试验引起的"记忆性",需要很长时间才能将这种直流偏压释放。电缆如果在直流残余电荷未完全释放之前投入运行,直流偏压便会叠加在工频电压峰值上,使得电缆上电压值远远超过其额定电压,从而有可能导致电缆绝缘击穿。

(4)会造成击穿的连锁反应

直流耐压时,会有电子注入到聚合物质内部,形成空间电荷,使该处的电场强度降低,从而易于发生击穿,交联聚乙烯(XLPE)电缆的半导体凸出处和污秽点等处容易产生空间电荷。但如果在试验时电缆终端头发生表面闪络或电缆附件击穿,会造成电缆芯线上产生波振荡,在已积聚空间电荷的地点,由于振荡电压极性迅速改变为异极性,使该处电场强度显著增大,可能损坏绝缘,造成多点击穿。

(5)对水树枝的发展影响巨大

交联聚乙烯(XLPE)电缆致命的一个弱点是绝缘易产生水树枝,一旦产生水树枝,在直

流电压下会迅速转变为电树枝,并形成放电,加速了绝缘老化,以致运行后在工频电压下形成击穿。而单纯的水树枝在交流工作电压下还能保持相当的耐压值,并能保持一段时间。

实践证明,直流耐压试验不能有效发现交流电压作用下的某些缺陷,如电缆附件内,绝缘若有机械损伤或应力锥放错等缺陷。在交流电压下绝缘最易发生击穿的地点,在直流电压下往往不能击穿,直流电压下绝缘击穿处往往发生在交流工作条件下绝缘平时不发生击穿的地点。

二、稳态交流高压试验设备及测量

高压试验设备是指产生交流、直流以及冲击等各种高电压的试验设备,它们产生的各种波形的高电压可用来模拟电气设备在运行中可能受到的各种作用电压,进行绝缘的耐压试验以考验绝缘耐受这些高电压作用的能力。高电压的测量难度较大,对于不同的测试对象有不同的测试方法。

稳态高压试验主要是指交流耐压试验和直流耐压试验,与之相应的试验设备称为稳态高压试验设备。

1. 交流高压试验设备

交流高压试验设备主要指用于高压试验的特制变压器,即高压试验变压器。

(1)高压试验变压器

高压试验变压器进行试验时的接线如图 4-15 所示。图中 T 为试验变压器,用来升高电压,TA 为调压器,用来调节试验变压器的输入电压;F 为保护球隙,用来限制试验时可能产生的过电压,以保护被试品;R_1 为保护电阻,用来限制被试品突然击穿时,在试验变压器上产生的过电压及限制流过试验变压器的短路电流,一般取 $0.1 \sim 1\Omega/V$;R_2 为球隙保护电阻,用来限制球隙击穿时流过球隙的短路电流,以保护球隙不被灼伤,一般取 $0.1 \sim 0.5\Omega/V$;C_X 为被试品。

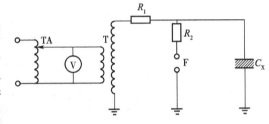

图 4-15 高压试验变压器试验接线

高压试验变压器一般都是单相的,在原理上与电力变压器并无区别,但由于使用中的特殊要求,所以在结构和性能上有如下特点。

①电压高,其高压绕组的额定电压不应小于被试品的试验电压值。

②绝缘裕度小,只在试验条件下工作,不会遭受雷电过电压及电力系统内部过电压的作用。

③连续运行时间短,发热较轻,不需要复杂的冷却系统,但由于其绝缘裕度小,散热条件又差,所以,一般不允许在额定电压下长时间连续使用。

④漏抗较大,试验变压器变比大,高压绕组电压高,所以需用较厚的绝缘层和较宽的间隙距离,漏抗较大。

⑤容量小,被试品的绝缘一般为电容性的,在试验中,被试品放电或击穿前,试验变压器只需要为被试品提供电容电流和泄漏电流;如果被试品被击穿,开关立即切断电源,不会出现长时间的短路电流。所以试验变压器的容量一般不大,可按被试品的电容来确定,即

$$S = 2\pi f C_X U^2 \times 10^{-3} \qquad (4-7)$$

式中:U——被试品的试验电压,kV;

C_X——被试品的电容,μF;

f——电源的频率,Hz;

S——试验变压器的容量,kVA。

对于大多数被试品,通常试验变压器高压测额定电流在 $0.1 \sim 1A$ 就可满足试验要求。

由于试验变压器的体积和质量随其额定电压值的增加而急剧增加,故单个变压器的电压都限制在 1000kV 以下,目前国产变压器的电压限制在 750kV。当需要更高的输出电压时,可将 $2 \sim 3$ 台试验变压器串接起来使用。

图4-16所示为常用的3台试验变压器串接的原理接线图。3台试验变压器高低压绕组的匝数分别对应相等,高压绕组串联起来输出高电压。为给下一级试验变压器提供电源,前一级变压器里增设了累接绕组,该绕组与所属试验变压器的高压绕组串联,匝数与低压绕组相同,故各台试验变压器高压绕组的电压相等。在串接式试验装置中,各台试验变压器高压绕组的容量是相同的,但各低压绕组和累接绕组的容量并不相同,如略去各变压器的励磁电流,则三级串接时各绕组的电压、电流关系如图4-16所示,由图可知:

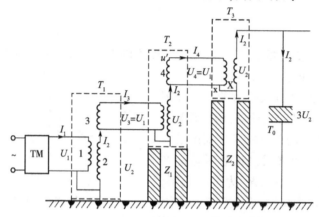

图4-16 3台试验变压器串接的原理接线图

T_3 的容量 $S_3 = U_4 I_4 = U_2 I_2$

T_2 的容量 $S_2 = U_3 I_3 = U_2 I_2 + U_4 I_4 = 2 U_2 I_2 = 2 S_3$

T_1 的容量 $S_1 = U_1 I_1 = U_2 I_2 + U_3 I_3 = U_2 I_2 + 2 U_2 I_2 = 3 U_2 I_2 = 3 S_3$

即第一、二、三级变压器的容量分别为 $3S_3$、$2S_3$ 和 S_3,而输出容量为 $3S_3$,整套串接试验变压器的总容量为 $6S_3$,这套装置的利用系数为

$$\eta = \frac{S_{输出}}{S_{总}} = \frac{3S_3}{6S_3} = 50\%$$

若串接的台数为 n,则总的输出容量为 nS_n,总的装置容量为

$$S_{总} = S_n + 2S_n + \cdots + nS_n = \frac{n(n+1)}{2} S_n$$

则 n 级串接装置容量的利用系数为

$$\eta = \frac{S_{输出}}{S_{总}} = \frac{nS_n}{\dfrac{n(n+1)}{2} S_n} = \frac{2}{n+1}$$

可见,随着试验变压器串接台数的增加,导致利用率降低。实际中,串接的试验变压器台数一般不超过3台。

118

由图 4-16 还可看出，T_2、T_3 的外壳对地电位分别为 U_2、$2U_2$，因此，二者应分别用具有相应绝缘水平的绝缘支架或支柱绝缘子支撑起来，以保持对地绝缘。

高压试验变压器的调压装置应能从零值平滑地改变电压，最大输出电压（容量）应等于或稍大于试验变压器初级额定电压（额定容量），输出波形应尽可能接近正弦波，漏抗应尽可能小，使调压器输出电压波形畸变小。常用的调压装置有自耦调压器、移圈式调压器、感应调压器和电动发电机组。

自耦调压器调压范围广、漏抗小、波形畸变小、体积小、价格低，但由于滑动触头调压易发热，所以容量小，一般适用于 10kVA 以下的试验变压器的调压。

移圈式调压器一般有 3 个绕组套在闭合 E 字铁芯上，其中 3 个为匝数相等、绕向相反、互相串联的固定绕组，另一个为套在这 2 个绕组之外的短路绕组，移动短路绕组改变它与 2 个固定线圈间的相互位置，便可达到调压的目的。由于调压器不存在滑动触头，故容量大；但由于 2 个固定绕组各自形成的主磁通不能完全通过铁芯形成闭合磁路，所以漏抗较大，且随短路绕组位置的不同，从而使输出波形产生不同程度的畸变。因此这种调压方式被广泛应用在对于容量要求较大、对波形要求不十分严格的场合。

感应调压器的调压性能与移圈式调压器相似，但输出波形畸变较大，漏抗也较大，且价格较贵，故一般很少采用。

电动发电机组调压方式不受电网电压质量的影响，能得到很好的正弦电压波形和均匀电压调节，但这种调压设备价格昂贵，运行费用高，只适合于对试验要求很高的场合。

（2）串联谐振试验装置

在现场耐压试验中，当被试品的试验电压较高或电容值较大，试验变压器的额定电压或容量不能满足要求时，可采用串联谐振试验装置进行试验。试验的原理接线图和等值电路如图 4-17 所示，等值电路中 R 为代表整个试验回路损耗的等值电阻，L 为可调电感和电源设备漏感之和，C 为被试品电容，U 为试验变压器空载时高压端对地电压。

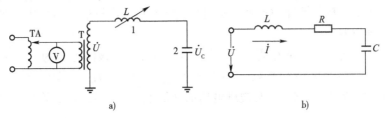

图 4-17　串联谐振试验的原理接线图和等值电路

当调节电感使回路发生谐振时，$X_L = X_C$，被试品上的电压 U_C 为

$$U_C = IX_C = \frac{U}{R} \cdot \frac{1}{\omega C} = QU \tag{4-8}$$

式中，Q 为谐振回路的品质因数，为谐振时感抗（容抗）与回路中电阻 R 的比，所以也有 $Q = \frac{\omega L}{R}$。

谐振时 ωL 远大于 R，即 Q 值较大，故用较低的电压 U 便可在被试品两端获得较高的试验电压。谐振时高压回路流过相同的电流 I，而 $U = \frac{U_C}{Q}$，所以试验变压器的容量在理论上仅需被试品容量的 $1/Q$。

利用串联谐振电路进行工频耐压试验，不仅试验变压器的容量和额定电压可以降低，而且被试品击穿时,由于 L 的限流作用使回路中的电流很小,可避免被试品被烧坏。此外,由于回路处于工频谐振状态,电源中的谐波成分在被试品两端大为减小,故被试品两端的电压波形较好。

2. 交流高压的测量

国际电工委员会(简称IEC)和国家标准规定,交流高电压峰值或有效值的测量误差应不大于 ±3%;直流电压平均值的测量误差应不大于 ±3%,脉动幅值的测量误差应不大于 10%。

目前,常用的测量设备除了直流电压测量方法中的静电电压表和分压器外,还有以下方法。

(1)球隙

测量球隙是由一对直径相同的金属球构成的,加电压时,球隙间形成稍不均匀电场,当保持各种外界条件不变时,球间隙在大气中的击穿电压取决于球隙距离。球隙就是利用这个原理来直接测量各种类型的高电压,而且是唯一能直接测量高达数兆伏的各类高电压峰值的测量装置。

IEC 和国家标准严格规定了在标准大气条件下测量所用球隙的结构、布置和连接,并制定了标准球径的球隙放电电压与球间隙距离的关系表,其误差不超过 3%,使用时可查阅相关资料。

用球隙测量工频电压时,应取连续 3 次放电电压的平均值,相邻 2 次放电的间隔时间不得小于 1min,以便在每次放电后让气隙充分地去游离,各次击穿电压与平均值之间的偏差不得大于 3%。如测量时的大气条件不同于标准大气条件,则应予以校正,这样可保证工频高电压峰值的准确度在要求的范围内。

(2)交流峰值电压表

由于交流电压下,绝缘的击穿取决于电压的峰值,所以有时需要测量高电压的峰值。峰值电压表就是用来测量周期性波形及一次过程波形峰值的电压表。目前常用的交流峰值电压表有以下两种类型。

①利用电容电流整流测量峰值电压。如图 4-18a)所示,被测电压为 u,流过高压电容的交流电流 i_c 负半波时通过整流管 V_2,正半波时经过整流管 V_1 及检流计 P 流回电源。如果流过 P 的电流平均值为 I_{av},那么,它与被测电压的峰值 U_m 之间存在如下关系

$$U_m = \frac{I_{av}}{2Cf} \tag{4-9}$$

式中:C——电容器的电容量,F;

f——被测电压的频率,Hz。

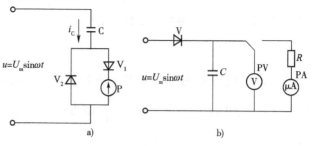

图 4-18 电容电流整流测量峰值电压电路图

②利用电容器上的整流充电电压测量峰值电压。如图 4-18b)所示,幅值为 U_m 的被测交流电压经整流器 V 使电容 C 充电到某一电压 U_d,U_d 可用静电电压表或用高电阻串联微安表测得,如用后一种测量方法,则被测电压的峰值为

$$U_m = \frac{U_d}{1 - \frac{T}{2RC}} \tag{4-10}$$

式中:T——交流电压的周期,s;

$\quad C$——电容器的电容量,F;

$\quad R$——串联电阻的阻值,Ω。

当 $RC \geqslant 20T$ 时,式(4-10)的误差 $\leqslant 2.5\%$。

三、冲击高压试验设备及测量

冲击高压试验设备主要指冲击电压发生器,它是一种产生脉冲波的高电压发生装置,能模拟产生电气设备在运行中遭受的雷电冲击电压波和操作冲击电压波。

由于冲击电压是一种非周期性快速或较快速变化的脉冲电压,因此,测量冲击高电压的仪器和测量系统必须具有良好的瞬态响应特性,冲击电压的测量包括峰值测量和波形记录两个方面。

1. 冲击电压发生器

雷电冲击电压是利用冲击电压发生器产生的,操作冲击电压既可以利用冲击电压发生器产生,也可以利用冲击电压发生器与变压器联合产生。

(1)雷电冲击电压的产生

冲击电压发生器是利用高压电容器通过球隙对电阻电容回路放电来产生雷电冲击电压的。冲击电压发生器的两种基本回路如图 4-19a)、b)所示。主电容 C_1 在被球间隙 F 隔离的状态下由整流电压充电到稳态电压 U_0。间隙 F 被点火击穿后,电容 C_1 上的电荷一方面经 R_2 放电,同时 C_1 通过 R_1 对电容 C_2 充电,在被试品(与 C_2 并联)上形成上升的电压波前。当 C_2 上的电压被充到最大值后,反过来又与 C_1 一起对 R_2 放电,在被试品上形成下降的电压波尾。被试品的电容可以等值地并入电容 C_2 中。一般选择 R_2 比 R_1 大得多,C_1 比 C_2 大得多,这样就可以在 C_2 上得到所要求的波前较短(波前时间常数 $\tau_1 = R_1 C_2$ 较小)而半峰值时间较长(波尾时间常数 $\tau_2 = R_2 C_1$ 较大)的冲击电压波形。R_1 和 C_2 影响冲击电压的波前时间,分别称为波前电阻和波前电容;R_2 和 C_1 影响波尾时间,分别称为波尾电阻和主电容。

在 C_1 向 C_2 充电过程中,如果忽略 C_1 经 R_2 放掉的电荷,则在图 4-19b)的电路中,C_2 上的电压最大可达

$$U_{2m} \approx \frac{C_1}{C + C_{21}} U_0 \tag{4-11}$$

而在图 4-19a)的电路中,除了电容上的电荷分布外,还有 R_1 和 R_2 的分压作用,C_2 上的最大电压为

$$U_{2m} \approx \frac{R_2}{R_1 + R_2} \times \frac{C_1}{C_1 + C_2} U_0 \tag{4-12}$$

输出电压峰值 U_m 与 U_{2m} 之比称为冲击电压发生器的利用系数 η。由上可知,图 4-19b)的利用系数要比图 4-19a)高,所以称为高效率回路,图 4-18a)称为低效率回路。为了提高

冲击电压发生器的利用系数,应该选择 C_1 比 C_2 大得多。

为了满足结构布局等方面的要求,实际冲击电压发生器通常采用图 4-20 所示的回路,这里 R_1 被拆为 R_{11} 和 R_{12} 两部分,分置在 R_2 前后,其中 R_{11} 为阻尼电阻,主要用来阻尼回路中的寄生振荡;R_{12} 用来调节波前时间,因而称之为波前电阻。这种回路的利用系数显然介于上面两种回路之间,可近似用下式求得

$$\eta \approx \frac{R_2}{R_{11}+R_{12}} \times \frac{C_1}{C_1+C_2} \tag{4-13}$$

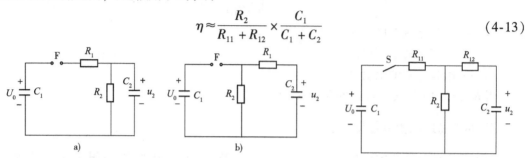

图 4-19　冲击电压发生器的基本回路　　　　4-20　冲击电压发生器的常用回路

以上介绍的是单级冲击电压发生器的工作原理。由于受到整流设备和电容器额定电压的限制,单级冲击电压发生器的最高电压一般不超过 $200 \sim 300 kV$。如需更高的冲击电压,可采用多级冲击电压发生器。

图 4-21 所示为一种常用的高效率多级冲击电压发生器。其工作原理概括说来就是利用多级电容器并联充电,然后通过球隙串联放电,从而产生高幅值的冲击电压。具体过程为:先由工频试验变压器 T 经整流元件 V、保护电阻 R_0 和充电电阻 R 给并联的各级主电容 C'_1 充电到 U'_0。事先调整各球隙的距离,使他们的击穿电压稍大于 U'_0(冲击电压发生器的第一级球隙一般是一个点火球隙,在其中一个球内安放有一个针极,当需要发生器动作时,可向点火球隙的针极送去一个合适的脉冲电压,使球间隙点火击穿)。启动点火装置使点火球隙 F_1 击穿,a 点电位由零迅速升高到 U'_0,b 点电位则由原来 U'_0 迅速升高到 $2U'_0$。当 a 点的电位突然变化时,经过 R'_2 也会对 d 点的对地杂散电容 C_e 充电,因 R'_2 较大,对 C_e 的充电需要一定的时间,故在 b 点的电位达到 $2U'_0$ 时,d 点基本上仍保持零电位。这样,在球隙 F_2 上就出现了接近等于 $2U'_0$ 的电压,从而导致 F_2 击穿。同理,其他球隙也相继很快击穿,结果使原来并联充电到 U'_0 的各个主电容串联起来向 C_2 放电。放电时的等值电路与图 4-20b)一样,其中

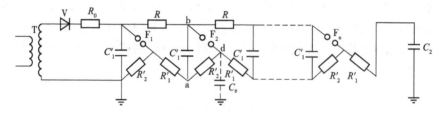

图 4-21　高效率多级冲击电压发生器电路图

$$U_0 = nU'_0; \quad C_1 = \frac{C'_1}{n}; \quad R_1 = nR'_2; \quad R_2 = nR'_2$$

上式中 n 为冲击电压发生器的级数。电阻 R 在充电时起电路的连接作用,在放电时起隔离作用,C'_1 经 R 的放电不应显著影响输出电压波形,为此要求 R 要比 R'_2 大得多。

(2)操作冲击电压的产生

122

利用冲击电压发生器产生操作冲击电压的原理与产生雷电冲击电压的原理是一样的，只不过操作冲击电压的波前和半峰值时间比雷电冲击电压的长得多，所以要求发生器的放电时间常数比产生雷电冲击电压时长得多。增大发生器放电回路中的各种电容(主电容、波前电容)和各种电阻(波前电阻、波尾电阻和隔离电阻)，即可获得满足要求的操作冲击电压波形。

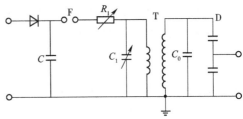

图 4-22　IEC 推荐的一种操作波发生装置的接线图

操作冲击电压还可以利用冲击电压发生器和变压器联合产生，即用一个小型的冲击电压发生器向变压器低压绕组放电，在变压器高压绕组感应出幅值很高的操作冲击电压波。图 4-22 所示为 IEC 推荐的一种操作波发生装置的接线图。具体波形通过调节 R_1 和 C_1，并根据所需试验电压提高充电电压 U_0 获得高压操作波。

2. 冲击高电压的测量

目前常用的测量冲击高电压的装置有球隙、分压器-峰值电压表和分压器-示波器。球隙和分压器-峰值电压表只能测量冲击电压的峰值，而分压器-示波器不仅能指示峰值，还能显示冲击电压的波形。

(1)用球隙测量

用球隙测量冲击电压时，除了球隙的有关结构、布置、连接和使用等要符合规定外，还应注意以下特点。

①由于在冲击电压作用下球隙的放电具有分散性，球隙测量时所确定的电压应为球隙的 50% 放电电压。调节球隙距离至加上 10 次被测的冲击电压，能有 4~6 次使球隙击穿，此时根据球隙距离查表并进行大气条件校正后所得的电压值就是被测冲击电压的峰值。

②球隙放电电压表中的冲击放电电压值是标准雷电冲击全波或长波尾冲击电压下球隙的 50% 放电电压。由于规定测量球隙为稍不均匀电场，所以操作冲击电压下球隙的放电电压与雷电冲击电压下的相同。又由于球隙的伏秒特性在放电时间大于 $1\mu s$ 时几乎是一条直线，故用球隙实际上可测量波前时间不小于 $1\mu s$，半峰值时间不小于 $5\mu s$ 的任意冲击全波或波尾截断的截波的峰值。

③在小间隙中为加速有效电子的出现，使放电电压稳定，凡所用球径小于 $12.5cm$，不论测量何种电压或使用任何球径测量峰值小于 $50kV$ 的任何电压时，都必须用短波光源照射球隙。

④测量冲击电压时，与球隙串联的保护电阻的作用是减小球隙击穿时加在被试品上的截波电压陡度，同时减小阻尼回路内可能发生的振荡。由于球隙击穿前通过它的电容电流较大，所以其阻值不能太大，否则会引起不允许的测量误差。一般要求不超过 500Ω，且其本身的电感不超过 $30\mu H$。

(2)用分压器测量系统测量

分压器测量系统包括：从被试品到分压器高压端的高压引线、分压器、连接分压器输出端与示波器的同轴电缆以及示波器。如果只要求测量冲击电压的峰值，则可用峰值电压表代替示波器。

①测量系统的方波响应。冲击测量系统性能的优劣通常用方波响应来衡量。在测量系统的输入端施加一个单位方波电压时，在理想的情况下，输出电压也应该是方波，只是幅值按分压器的分压比缩小而已。但由于系统的测量误差，实际的输出并非方波，而是一个按指

123

数规律平缓上升或衰减振荡的波形。为便于比较,将输出的电压按分压器稳态时的分压比归算到输入端,则此时输出端的稳态电压也为1。归算后的输出电压称为单位方波响应,指数型和衰减振荡型单位方波响应如图4-23所示。

方波响应的重要参数之一是它的响应时间T。单位方波和单位方波响应$g(t)$之间包围的面积称为方波响应时间,即

$$T = \int_0^\infty \left[1 - g(t)\right] \mathrm{d}t \tag{4-14}$$

响应时间T的大小、反映了测量系统误差的大小。

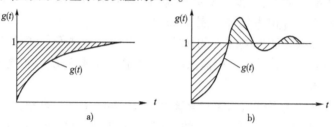

图4-23 冲击测量系统的方波响应

a)指数型;b)衰减振荡型

②冲击分压器。冲击分压器按其结构可分为电阻分压器、电容分压器、串联阻容分压器和并联阻容分压器。各种分压器的原理电路如图4-24所示。

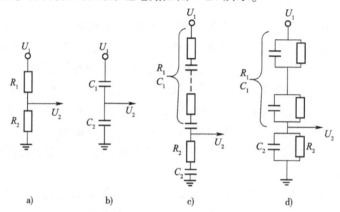

图4-24 各种分压器的原理电路图

电阻分压器高低压臂均为电阻,为使阻值稳定,电阻通常用康铜电阻丝等以无感绕法绕制。和测量稳态电压的同分压器相比,其阻值要小得多。电阻分压器的误差主要是由于分压器各部分的对地杂散电容引起的,这些杂散电容对变化速度很快的冲击电压来说,会形成不可忽略的电纳分支,而且电纳值与被测电压中各谐波频率有关,这将使输出波形失真,并产生幅值误差。电阻分压器在测量1MV及1MV以下的冲击电压时,采取一定的措施可以达到较高的准确度,故使用很普遍。

电容分压器高低压臂均为电容,各部分对地也存在杂散电容,会在一定程度上影响分压比,但因分压器本体也是电容,故只要周围环境不变,这种影响将是恒定的,不随被测电压的波形、幅值而变,因此电容分压器不会使输出波形发生畸变。对分压器进行准确校验,则幅值误差也可消除。用电容分压器可测量数兆伏的冲击电压。

并联阻容分压器和串联阻容分压器是作为上述两种分压器的改进型而发展起来的。并联阻容分压器在测量快速变化过程时,沿分压器各点的电压按电容分布,它像电容分压器,

124

大大减小了对地杂散电容对电阻分压波形的畸变,避免了电阻分压器的主要缺点。测慢速变化过程时,沿分压器各点的电压主要按电阻分布,它又像电阻分压器,避免了电容器的泄漏电阻对分压比的影响。如果使高压臂和低压臂的时间常数相等,则可实现分压比不随频率而变。但这种分压器结构比较复杂,而且和电容分压器一样,在电容量较大时会妨碍获得陡波前的波形,高压引线中需串接阻尼电阻。串联阻容分压器是在各级电容器中串接电阻,它可以抑制电容分压器本体电容与整个测量回路的电感配合而产生的主回路振荡及分压器本体各级电容器中的寄生电感与对地杂散电容配合形成的寄生振荡,但串接电阻后将使分压器的响应时间增大,如果在低压臂中也按比例地串入电阻,则可保持响应时间不变。串联阻容分压器可以测量雷电冲击、操作冲击和交流高电压,电压可达数兆伏。在串联阻容分压器的基础上,再加上高值并联电阻,还可测量直流高电压,构成所谓的通用分压器,故串联阻容分压器的应用较为广泛。

③测量冲击电压用的示波器和峰值电压表。冲击电压是变化速度很快的脉冲电压,要把这样的信号在示波管的荧光屏上清楚地显示出来,用普通的示波器是做不到的,因为普通示波器的加速电压一般只有 2~3kV,其电子射线的能量不够。高压示波器的加速电压可达 20~40kV(热阴极管)及 20~100kV(冷阴极管),适合于记录这种快速变化的一次过程。由于高压示波器电子射线的能量很高,长时间射到荧光屏上会损坏屏上的荧光层,故电子射线平时是闭锁的,只有在被测信号到达前的瞬间,通过启动示波器的释放装置才能射到荧光屏上。被测信号消失后,电子射线将被自动闭锁。

要显示被测信号的波形,电子射线除了要按被测信号作垂直偏转外,还应按时间基轴作水平偏转,所以示波器的水平偏转板上必须有扫描电压。普通示波器中采用重复的锯齿形扫描,而高压示波器则采用与被测信号同步触发的可调单次扫描。

为了显示一个完整的冲击电压波形,首先应启动示波器的释放装置使电子射线到达荧光屏,其次启动示波器的扫描装置使射线作水平偏转,然后使被测电压作用到示波器的垂直偏转板上。上述 3 步动作必须在极短的时间内按所需时间差顺序完成,这称为示波器的同步。为了确定被测电压的幅值和波形,一个完整的示波图上,除应有被测电压的波形外,还应有零线、校幅电压线和时标,这些都可由示波器本身的电路产生。由于荧光屏上显示的被测电压瞬间即逝,所以普通的高压示波器上都带有照相装置。

如果只需要测量冲击电压的峰值,可以使用冲击峰值电压表代替示波器,这种电压表的原理是:被测电压上升时,通过整流元件将电容器充电到电压峰值;被测电压下降时,整流元件闭锁,电容上的电压保持不变,由指示仪表稳定指示出来。使用时应注意其输入阻抗和最小波前时间。

任务实施

一、工作任务

某电业局有 YJV (YJLV) 8.7/10kV 型电缆、截面240mm^2、长度为5km,选择能满足这条电缆的 30~300Hz 谐振耐压试验,需多大容量的变频试验电源? 在交接投运之前,需确认电缆的绝缘状况良好,如有疑问时,必须进行耐压试验以考核主绝缘,并判断是否符合要求。

二、引用的标准和规程

(1)《电线电缆电性能试验方法 第8部分:交流电压试验》(GB/T 3048.8—2007)。

(2)《电业安全工作规程》(发电厂和变电所电气部分)(GB 26860—2011)。

(3)《输变电设备状态检修试验规程》(DL/T 393—2010)。

(4)《高压谐振试验装置》(DL/T 849.6—2004)。

(5)变频串联谐振试验电源说明书。

三、试验仪器、仪表及材料(见表4-4)

试验仪器、仪表及材料 表4-4

序号	试验所用设备(材料)	数量	序号	试验所用设备(材料)	数量
1	变频串联谐振试验电源	1块	5	常用仪表(电压表、微安表、万用表等)	1套
2	电源盘、刀闸板	2个	6	小线箱(各种小线夹及短接线)	1个
3	常用工具、温湿度计	1套	7	操作杆、放电棒、验电器	1套
4	合适的试验线、接地线	若干	8	设备试验原始记录	1本

四、测试准备及工作危险点分析、防范措施

(1)现场工作必须执行工作票制度、工作许可制度、工作监护制度、工作间断和转移及终结制度。

(2)试验前为防止电力电缆剩余电荷或感应电荷伤人、损坏试验仪器,应将被试电力电缆进行充分放电。

(3)确认拆除所有与设备连接的引线,并保证有足够的安全距离。

(4)试验人员进入试验现场,必须按规定戴好安全帽、正确着装。开始试验前,负责人应对全体试验人员详细布置试验中的安全事项。

(5)在试验现场应装设遮栏或围栏,字面向外悬挂"止步,高压危险!"标示牌,并派专人看守,电缆另一端也须专人看守,并保持通信畅通。

(6)合理、整齐地布置试验场地,试验器具应靠近试品,所有带电部分应互相隔开,与高压部分应保持足够的安全距离。

(7)试验器具的金属外壳应可靠接地,高压引线应尽量缩短,必要时用绝缘物支持牢固。

(8)试验电源开关应使用具有明显断开点的双极刀闸,并装有合格的漏电保护装置,防止低压触电。

(9)加压前必须认真检查接线、表计量程,确认调压器在零位及仪表的开始状态均正确无误,并通知所有人员离开被试设备,在征得试验负责人许可后,方可加压,加压过程中应有人监护并呼唱。

(10)操作人员应站在绝缘垫上。试验人员在加压过程中,应精力集中,不得与他人闲谈,随时警惕异常现象发生。操作顺序应有条不紊,在操作中除有特殊要求,均不得突然加压或失压。当发生异常现象时,应立即降压、断电、放电、接地,而后再检查分析。

(11)变更接线或试验结束时。应首先降下电压,断开电源、对被试品放电。

(12)试验现场有特殊情况时,应特殊对待,并应针对现场实际情况制定符合现场要求的安全措施。

126

五、测试人员配置

此任务可配测试负责人1名,测试人员4名(1名接线、放电;1名测试;1名记录数据、1名负责电缆另一端)。

六、测试仪表介绍

1. 主要功能特点

变频串联谐振交流耐压试验装置采用最新嵌入式微电子技术和数字信号处理技术,具有功能强大、性能优良、简单易用、安全方便等优点。用于大容量高电压电容性试品的交流耐压试验,包括6kV、10kV、35kV、110kV、220kV、500kV交联聚乙烯电缆交流耐压试验;66kV、110kV、220kV、500kV GIS及其他开关的交流耐压试验;大型发电机组和电力变压器工频耐压试验;电力变压器感应耐压试验等。

2. 测量原理

电缆交流耐压试验装置通常有3种形式:工频串联谐振电源、变频串联谐振电源、0.1Hz电源。交联聚乙烯电缆属于固体绝缘电缆,是经过特殊的物理、化学方法交联而成,具有良好的电气及物理性能,在世界范围内得到了广泛的应用。我国自20世纪70年代以来,交联聚乙烯电缆也得到了迅速的发展,并逐步取代了常规中低压油纸绝缘电缆,而且110kV、220kV等高压电缆也在逐步推广。

交联聚乙烯电缆它最大的特点就是容量大,若是采用工频或接近工频的交流电压试验作为挤包绝缘电缆线路竣工试验存在的最大困难是长线路需要很大容量的试验设备。例如630mm²、220kV电缆线路,电容量为0.188μF/km,若电缆长3km,则每相电缆试验需要50Hz试验设备的容量至少为2.9MVA(试验电压178kV试验电流30A),因此,采用传统的试验变压器的试验方法已经远远不能满足现场系统试验容量的要求,变频谐振试验装置利用变频谐振的原理,使电源容量减少为试品容量的$1/Q$,设备的质量大大降低,使得高电压、长距离电缆的现场试验成为可能;同时利用试验频率允许在一定范围内(30~300Hz)可调和试验电抗器固定可调(单一电抗器电感是不可调的,但通过串并联,总电感可调)的原理,使得系统的柔性大大增加。

变频串联谐振交流耐压试验装置由变频电源、励磁变压器、避雷器、串联电抗器、调谐电容或电缆自身电容和用于高压测量的电容分压器组成,如图4-25所示。

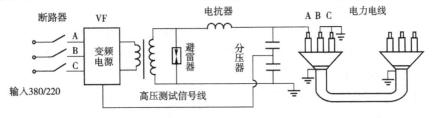

图4-25 变频串联谐振交流耐压试验框图

(1)变频电源

变频电源通常是交直交电路,即交流电源经过半导体整流后变换成直流,然后通过半导体逆变电路变换成交流,通过控制逆变电路可以改变逆变输出的频率和电压。

在交流电源变换成直流时,通常采用全桥(可控)整流,通过电容组滤波。直流变换交流有多种控制方式,但逆变电路相同,通常采用正弦脉宽(SPWM)控制输出电路。

(2)励磁变压器

励磁变压器的作用是将变频电源的输出电压升到合适的试验电压,满足电抗器、负载在一定品质因数下的电压要求(励磁变压器的容量一般与变频电源相同)。

高低压绕组之间设静电屏蔽层,频率满足30~300Hz要求,有2~6个绕组抽头,满足不同电压等级、不同容量的试验要求,通常励磁变绕组个数与电抗器个数相同,在使用时则根据电抗器使用情况而定,电抗器串联则励磁绕组也串联,电抗器并联则励磁变绕组也并联。

当串联回路在谐振状态时,$Z = \sqrt{R^2 + (X_L - X_C)^2} = R$,回路成阻性,电感上的电流 I_L 和电容上电流 I_C 方向相反,大小相等,相互抵消。回路中

视在功率为:$S = UI$;

有功功率为:$P = I^2 R$;

无功功率为:$Q = I^2 (X_L - X_C)$。

谐振回路的有功损耗还有电晕损耗、频率损耗等,故有功率损耗将会大于 $I^2 R$。谐振回路中的电阻是等效出来的,其实是电抗器的内阻 r_L 和电容器的等效损耗电阻 r_C 之和,所以工程中所测电压和电流之积为电抗器或电容器上的视在功率。谐振回路中电源提供的容量(有功功率等于视在功率),为电抗器上所产生容量的 $1/Q$。

七、变频高压交流电源容量的选择

变频高压交流电源容量的选择,要根据系统最长电缆的型号、试验电压、长度和截面,估算试验电压下的电容电流,计算出变频高压交流电源容量。

1. 电缆的电容参数

电缆不同型号、不同截面在1km长度下的电容可查附录一的附表-1、附表-2。由已知电缆参数查附表-1可知1km长的电容量为 $0.339\mu F$,则5km长时为 $1.695\mu F$;

设谐振频率32Hz,则容抗

$$X_C = \frac{1}{\omega C} = \frac{1}{2\pi f C} = \frac{1}{2 \times 3.14 \times 32 \times 1.695 \times 10^{-6}} = 2936\Omega$$

因谐振时 $X_C = X_L$

即感抗:$X_L = 2\pi f L = 2936\Omega$;则电感 $L = \frac{2936}{2 \times 3.14 \times 30} = 15.58H$

2. 交联聚乙烯电缆的试验电压

交联聚乙烯电缆各电压等级的 30~300Hz 谐振耐压试验电压可查附录二的附表-4。

查表可知 YJV(YJLV)8.7/10kV 电缆的试验电压为 17.4kV,因电抗器的电阻很小,若忽略不计,则谐振时的电流为:

$$I = I_L = I_C = \omega CU = 2\pi f C U = 2 \times 3.14 \times 32 \times 1.695 \times 10^{-6} \times 17.4 \times 10^3 = 5.93A$$

则所需的电源容量为:$S = UI = 17.4 \times 5.93 = 103kVA$

八、试验步骤

电缆测试接线可按图4-25所示接线。

(1)对被试电缆每相都要进行放电,解除连接导线,挂上接地线。电缆的外护套和屏蔽都应可靠接地。

（2）选择适当的位置放置各种试验设备，注意保持安全距离，也要注意接线方便。

（3）交联聚乙烯绝缘电缆不同电压等级的交流试验电压可查附录二的附表-4，根据试验电压调节过电压保护值。

（4）根据试验电压和估算的输出电流，选择适当的电抗器，通常试验装置配有 3 个电抗器，可通过串联或并联来满足试验电压或试验容量的要求。

（5）为交流耐压试验有较好的等效性，应尽量把谐振频率控制在 40～60Hz，这可通过调节附加电容的电容量来实现。尤其是短电缆电容量小，所需的谐振频率高，甚至超过试验装置最高的谐振频率，使之无法调谐，这时必须附加并联电容。

（6）连接试验设备之间的连线。先将所有试验设备的接地端子接地，要先接接地端，再接试验设备的接地端子。用设备的专用电缆连接设备之间的连线，注意试验线与外壳等保持一定的安全距离。高压引线接到被试相芯线导体上，调整被试相芯线导体与其他两相及外界物体的安全距离。

（7）试验接线完毕应经检查，确认无误，方可升压试验，试验过程中进行呼唱。

（8）耐压时间到，试验人员应立即将电压均匀降压到 0 位，按下停止按钮，切断高压输出，关闭电源开关，对被试相芯线导体进行放电、接地。

（9）用上述方法对另外两相进行耐压试验。

（10）全部试验完毕，应对被试相芯线导体进行充分放电、接地。拆除试验接地时应先拆接在电缆导体上的高压测试导线，再拆去试验设备之间的接线，最后拆除试验设备的接地线。

（11）记录被试电缆的型号、长度、截面积以及温度、湿度和试验人员姓名、地点等。

九、试验结果分析与判断

依据《电气装置安装工程电气设备交接试验标准》（GB 50150—2006）进行交流耐压试验，应符合下列规定：

（1）橡塑电缆优先采用 20～300Hz 交流耐压试验，试验电压和时间见表 4-5。

橡塑电缆 20～300Hz 交流耐压试验电压和时间　　　　　　　　表 4-5

额定电压 U_0/U(kV)	试验电压(U_0)	时间(min)	额定电压 U_0/U(kV)	试验电压(U_0)	时间(min)
18/30 及以下	2.5（或2）	5（或60）	190/330	1.7（或1.3）	60
21/35～64/110	2	60	290/500	1.7（或1.1）	60
127/220	1.7（或1.4）	60			

（2）有特殊规定时，可采用施加正常系统相对地电压 24h 方法代替交流耐压。

交联聚乙烯电缆交流耐压中，绝缘不发生闪络、击穿，交流耐压后测量绝缘电阻与交流耐压之前比较无明显变化，说明未造成绝缘损伤，试验合格。

项目总结

通过对本项目的系统学习和实际操作，能够掌握电力电缆的高压测试原理、直流泄漏和直流耐压、交流高压等相关理论知识，明确各项测试的目的、器材、危险点及防范措施，掌握电力电缆的直流高压、交流高压等试验接线、方法和步骤，使其能够在专人监护和配合下独立完成整个测试过程，并根据相关标准、规程对测试结果做出正确的判断和比较全面的分析。

拓展训练

一、理论题

1. 简述直流耐压试验与交流相比有哪些主要特点？

2. 直流耐压试验电压值的选择方法是什么？

3. 高压实验室中被用来测量交流高电压的常用方法有哪几种？

4. 简述高压试验变压器调压时的基本要求。

5. 简述冲击电流发生器的基本原理。

6. 冲击电压发生器的起动方式有哪几种？

7. 最常用的测量冲击电压的方法有哪几种？

8. 某电业局有 YJV（YJLV）8.7/10kV 型电缆、截面 240mm^2、最长的有 5km；还有 YJV（YJLV）26/35kV 型电缆、截面 240mm^2、最长的有 1km，要选择能同时满足这两条电缆的 30 ~ 300Hz 谐振耐压试验，需选择多大容量变频试验电源？

二、实训——电力电缆的温度在线测试

1. 工作任务

对电缆进行交直流耐压测试，只要绝缘不发生闪络、击穿就判为合格，这样发现不了绝缘的发展性缺陷。此次任务要对电力电缆进行温度在线测试，进一步监测电缆绝缘缺陷的发展方向。

2. 标准和规程

(1)《电线电缆电性能试验方法 第8部分：交流电压试验》（GB/T 3048.8—2007）。

(2)《电业安全工作规程》（发电厂和变电所—电气部分）（GB 26860—2011）。

(3)《输变电设备状态检修试验规程》（DL/T 393—2010）。

(4)《带电设备红外诊断技术应用导则》（DL/T 664—1999）。

(5)红外温度测试仪或接触式测温仪或智能型温度保护装置使用说明书。

3. 温度测试必要性

电力设备过热的主要原因是过电流，仅仅监视电流不能准确反映设备是否超温，因为温度是各种因素影响的综合反映。电力设备导电连接处、插接处的电接触状况不良是引起该处温度过高的重要原因，即使在正常电流下也会超过最高允许温度。据统计，电网中因母线接触不良导致的故障占全部故障的 10%，因此，连接处和插接处是在线监测的主要部位。

电缆的接头处多为现场制作，如果制作、安装不到位经运行容易发生电接触问题而超温。从表 4-6 中发现电缆长期允许温度比电器外部导体连接端的最高允许温度低 15 ~ 40℃。由于两者标准的差异，使得电缆经常承受电器高温的危害，所以，电缆与电器连接处成为薄弱环节，须重点防患。尤其需要对高压开关柜的进出线端电缆连接处进行温度在线监测。

4. 温度测试方法

温度在线监测方式常采用红外辐射的非接触式和采用热敏器件的接触式测温。非接触式红外传感器由于受环境、湿度、大气压的影响较大，红外辐射受遮挡就无法准确测量，使用有很大局限性。而接触式的传感器直接与测温点相接触，受环境因素干扰小，可实现准确、快速温度检测。采用热电偶作传感器时，由于热电偶冷端不可能保持在0℃，在室温下测定要加冷端补偿。在实际测量中热端与冷端间距较远时，还需要采用补偿导线。

电缆长期允许温度和电缆头外表最高允许温升

表4-6

电缆类型		内部长期允许温度(℃)	表面最高允许温升(℃)	
			带铠装	不带铠装
油性浸渍绝缘电缆	6kV	65	20	25
	20~35kV	60	15	20
充油电缆		75~80	25~30	20~25
交联聚乙烯电缆		80~90	30~40	25~35
橡胶皮电缆		65	20	25

采用光纤传感器,包括发射端、接收端、连接器和光纤。光纤传感器如何安装走线很成问题。光纤传输信号方案并不容易做到高低电位的完全隔离,当发射端安装高压端时,对地绝缘的问题也无法解决。

采用电阻式传感器直接接触测量,在高电位用有线输送信号,简单运用空气间隙隔离高低电位,通过红外光电转换传输温度信号是一个不错的办法。但红外发射、接收管外露,长期使用会落灰尘、污秽,使得信号传输的可靠性逐渐变差,影响测量值也是一个很难解决的问题。另外还必须进行现场专业安装调试,使用的便利性上不理想。

而随着技术的发展,可采用智能型温度保护装置,在电缆终端与电器的连接处采用热检测器、感应电源、"带光电变换绝缘子"和控制单元组成温度保护方案,热检测器通过连接片接触于电缆铜鼻子与电器连接处之间。电缆内部或电缆头如果采用接触导体直接检测会影响电缆绝缘,可采用热检测器和控制单元组成的温度保护方案,通过间接检测其表面温度,根据表4-6要求设置报警或监视其温升变化,加以防患。

项目五　变压器特性测试

1. 掌握用双电压表法测量电力变压器的电压比测试方法。
2. 熟悉用变比电桥测试电力变压器的电压比。
3. 掌握电力变压器直流电阻的测量。
4. 了解在线测试的基本原理。

1. 能用变比测试仪进行变压器变比的测量。
2. 能根据相关标准、规程进行变压器直流电阻的测量。
3. 能够在专人监护和配合下独立完成整个测试过程。
4. 能根据相关标准、规程对测试结果做出正确的判断和比较全面的分析。

任务一　电力变压器变压比测试

电力变压器在分接开关引线拆装后、更换绕组后要对绕组所有分接的电压比进行测试。以检查变压器绕组匝数比的正确性、检查分接开关的状况;变压器发生故障后,常用测量电压比来检查变压器是否存在匝间短路以及判断变压器是否可以并列运行。

一、用双电压表法测量电压比

变压器的电压比是指变压器空载运行时,一次侧电压 U_1 与二次侧电压 U_2 的比值,简称电压比(或变比),即

$$K = \frac{U_1}{U_2} \tag{5-1}$$

如果一次侧输入电压 U_1 按正弦规律变化,则在绕组中产生的磁通也按正弦规律变化,交变磁通在绕组的一次侧、二次侧要产生感应电动势 E_1 及 E_2,变压器空载时,内部压降及漏抗都很小,外加电压 U_1 和感应电动势 E_1 的数值基本相等,即 $U_1 \approx E_1$,二次侧电压 U_2 也等于二次侧感应电动势 E_2,根据电动势平衡关系,则

$$U_1 \approx E_1 = 4.44 f N_1 \Phi_{\mathrm{m}} \times 10^{-8} \tag{5-2}$$

$$U_2 \approx E_2 = 4.44 f N_2 \Phi_{\mathrm{m}} \times 10^{-8} \tag{5-3}$$

式中：f——电源频率,Hz;

Φ_m——铁芯柱中主磁通,Wb;

N_1、N_2——一次、二次绕组匝数。

由此可见,变压器的电压比为

$$K = \frac{U_1}{U_2} \approx \frac{E_1}{E_2} = \frac{4.44 f N_1 \Phi_m \times 10^{-8}}{4.44 f N_2 \Phi_m \times 10^{-8}} = \frac{N_1}{N_2} \tag{5-4}$$

所以,单相空载变压器的电压比近似等于变压器的匝数比。三相变压器铭牌上的变比是指不同电压绕组的线电压之比,因此,不同接线方式的变压器,其变比与匝数比有如下关系:一次、二次侧接线相同的三相变压器的电压比等于匝数比;一次侧、二次侧接线不同(即一侧为三角形接线,另一侧为星形接线者)时,Y,d 接线的电压比为 $K = \sqrt{3}\dfrac{N_1}{N_2}$,D,y 接线的电压比为 $K = \dfrac{N_1}{\sqrt{3}N_2}$。

检查变压器的电压比,可以判断变压器是否可以并列运行。当两台并列运行的变压器二次侧空载电压相差为额定电压的1%时,两台变压器中的环流将达到额定电流的10%左右,这样便增加了变压器的损耗,占用了变压器的容量。

因此,电压比的差值应限制在一定范围内,按有关规定,电压比小于 3 的变压器,允许偏差为 ±1%,其他所有变压器(额定分接位置)为 ±0.5%。

电压比的测量方法,一般有双电压表法和变比电桥法,首先介绍双电压表法。

双电压表法测量电压比时,施加的电压最好接近额定电压(一般不低于 1/3 额定电压),并应加在电源侧,对于升压变压器加在低压侧,降压变压器加在高压侧。

三相变压器的电压比可以用三相或单相电源测量。用三相电源测量比较简便,用单相电源比用三相电源容易发现故障相。当用单相电源测量 Y,d 或 D,y 连接的变压器的电压比时,三角形接线绕组的非被试相应短接(如表 5-1 中序号 2、3 所示),从而使非被试相中没有磁通,使加压相磁路均匀。

单相电源测电压比接线及计算公式 表 5-1

序号	变压器接线方式	加压端子	短路端子	测量端子	电压比及比差计算公式	试验接线图
1	单相	AX		ax	$K_1 = \dfrac{U_{AX}}{U_{ax}}$ $\Delta K = \dfrac{K_n - K_1}{K_n} \times 100\%$	
2	Y,d11	ab	bc	AB ab	$K_1 = \dfrac{U_{AB}}{U_{ab}} = \dfrac{U_A + U_B}{U_{2L}}$ $= 2K_{Ph} = \dfrac{2}{\sqrt{3}}K_L$	
		bc	ca	BC bc	$K_L = \dfrac{\sqrt{3}}{2} \cdot \dfrac{U_{AB}}{U_{ab}}$	
		ca	ab	CA ca	$\Delta K = \dfrac{K_n - \dfrac{\sqrt{3}}{2}K_{av}}{K_n} \times 100\%$	

続上表 (续上表)

序号	变压器接线方式	加压端子	短路端子	测量端子	电压比及比差计算公式	试验接线图
3	D,y11	ab	CA	AB ab	$K_1 = \dfrac{U_{AB}}{U_{ab}} = \dfrac{U_{1ph}}{2U_{2ph}} = \dfrac{1}{2}K_{ph}$ $= \dfrac{U_{1L}}{2U_{2L}/\sqrt{3}} = \dfrac{\sqrt{3}}{2}K_L$ $K_L = \dfrac{2U_{AB}}{\sqrt{3}U_{ab}}$ $\Delta K = \dfrac{K_n - 2/\sqrt{3}K_{av}}{K_n} \times 100\%$	
		bc	AB	BC bc		
		ca	BC	CA ca		
		bc		BC		
		ca		CA		
4	Y,y0	ab		AB	$K_1 = \dfrac{U_{AB}}{U_{ab}} = K_L = K_{ph} = \dfrac{1}{\sqrt{3}}K_L$ $K_L = \dfrac{U_{AB}}{U_{ab}}$ $\Delta K = \dfrac{K_n - K_{av}}{K_n} \times 100\%$	
5	YN,d11	ab		BN	$K_1 = \dfrac{U_{BO}}{U_{ab}} = K_{ph} = \dfrac{1}{\sqrt{3}}K_L$ $K_L = \sqrt{3}\dfrac{U_{BO}}{U_{ab}}$ $\Delta K = \dfrac{K_n - \sqrt{3}K_{av}}{K_n} \times 100\%$	
		bc		CN		
		ca		AN		

注:①K_n-额定电压比;K_1-实测电压比;K_{av}-三次实测电压比的平均值;K_L-线电压比;K_{ph}-相电压比;ΔK-电压比差;U_{1ph},U_{2ph}-一、二次空载相电压;U_{1L},U_{2L}-一、二次空载线电压。

②序号4中Y,y接线方式的计算公式,同样适用于D,d接线方式。

1. 直接双电压表法

在变压器的一侧施加电压,并用电压表在一次、二次绕组两侧测量电压(线电压或用相电压换算成线电压),两侧线电压之比即为所测电压比。表5-1为单相电源测电压比的接线及计算公式。

测量电压比时要求电源电压稳定,必要时需加稳压装置,二次侧电压表引线应尽量短,且接触良好,以免引起误差。测量用电压表准确度应不低于0.5级,一次、二次侧电压必须同时读数。

2. 经电压互感器的双电压表法

在被试变压器的额定电压下测量电压比时,一般没有较准确的高压交流电压表,必须经电压互感器来测量。所使用的电压表准确度不低于0.5级,电压互感器准确度应为0.2级,其试验接线如图5-1所示。其中,图5-1b)为用两台单相电压互感器组成的V形接线,此时,互感器必须极性相同。

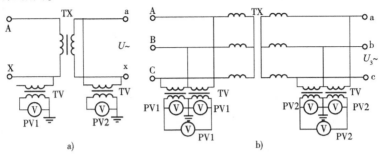

图5-1　经电压互感器来测量电压比图

a) 单相变压器测量;b)三相变压器测量

当大型电力变压器瞬时全压励磁时,可能在变压器中产生涌流,因而在二次侧产生过电压,所以测量用的电压表在充电的瞬间必须是断开状态。为了避免涌流可能产生的过电压,可以用发电机调压,这在发电厂容易实现,而变电所则只有利用变压器新投入运行或大修后的冲击合闸试验时一并进行。

对于110/10kV的高压变压器,如在低压侧用380V励磁,高压侧需用电压互感器测量电压。电压互感器的准确度应比电压表高一级,电压表为0.5级,电压互感器应为0.2级。

二、用变比电桥测量电压比

利用变比电桥能很方便测出被试变压器的电压比。变比电桥的工作示意图如图5-2所示,测量原理如图5-3所示。由图5-3可见,只需在被试变压器的一次侧加电压U_1则在变压器的二次侧感应出电压U_2,调整电阻R_1,使检流计指零,然后通过简单的计算求出电压比K。

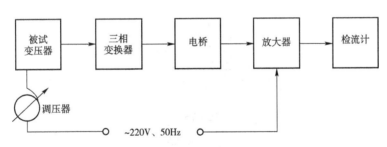

图5-2　变比电桥工作示意图

测量电压比K的计算公式为

$$K = \frac{U_1}{U_2} = \frac{R_1 + R_2}{R_2} = 1 + \frac{R_1}{R_2} \tag{5-5}$$

为了在测量电压比的同时读出电压比误差,在R_1和R_2之间串入一个滑盘式电阻R_3,如图5-4所示。滑盘式电阻R_3(40Ω)的接触点为C。

假如$R_{MC} = R_{CN} = \frac{1}{2}R_3$,如果被试品电压比完全符合标准电压比$K$,调整$R_1$使检流计指零,则电压比按下式计算

$$K = \frac{R_1 + R_2 + R_3}{R_2 + \frac{1}{2}R_3} = 1 + \frac{R_1}{R_2 + \frac{1}{2}R_3} + \frac{R_3/2}{R_3 + \frac{1}{2}R_3} \tag{5-6}$$

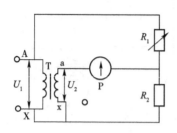

图 5-3 变比电桥测量原理图

U_1-被试变压器一次电压;U_2-二次感应电压;P-检
流计;R_2-标准电阻,980Ω

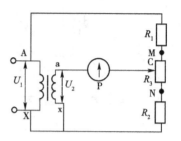

图 5-4 测量电压比误差的原理图

R_{MC}-M 点至 C 点的电阻;R_{CN}-C 点至 N
点的电阻

如果被试变压器的电压比不是标准电压比 K,而是带有一定误差的 K',这时,不必去改变电阻 R_1,只需改变滑杆 C 点的位置即可。如果被试变压器的电压比误差在一定范围内,则在 R_3 上一定可以找到使检流计指零的一点,这时被试变压器的实测电压比 K' 可用下式计算

$$K' = \frac{R_1 + R_2 + R_3}{R_2 + \frac{1}{2}R_3 + \Delta R} \tag{5-7}$$

式(5-7)中的 ΔR 为 C 点偏离 R_3 中点的电阻值,被试变压器的电压比误差(%)可用下式计算

$$\Delta K = \frac{K' - K}{K} \times 100\% = \left(\frac{K'}{K} - 1\right)$$

$$= \left[\frac{\dfrac{R_1 + R_2 + R_3}{R_2 + \frac{1}{2}R_3 + \Delta R}}{\dfrac{R_1 + R_2 + R_3}{R_2 + \frac{1}{2}R_3}} - 1\right] \times 100$$

$$= \frac{-100\Delta R}{R_2 + \frac{1}{2}R_3 + \Delta R}$$

因为

$$R_2 + \frac{1}{2}R_3 \gg \Delta R$$

所以

$$\Delta K \approx \frac{-100\Delta R}{R_2 + \frac{1}{2}R_3} \tag{5-8}$$

为了方便,取 $R_2 + \frac{1}{2}R_3 = 1000Ω$,若最大百分误差。$\Delta K = \pm 2\%$,则

$$\Delta R = \frac{-\Delta K(R_2 + \frac{1}{2}R_3)}{100} = \frac{-1000 \times (\pm 2)}{100} = \pm 20Ω$$

即误差在 ±2% 范围内变动时,滑杆 C 点需在离 R_3 中点 ±20Ω 范围内变动。

当滑杆 C 点在 R_3 上滑动时,C 点的电位也将相应变化,在一定的范围可和 U_2 达到平衡。

我国生产的 QJ35 型变比电桥,测量电压比范围为 1.02 ~ 111.12,准确度为 ±0.2%,完全可以满足电力系统测量电压比的要求,用起来方便、准确。

随着电子技术和微处理器技术的高速发展,国内外已推出多种电压比自动测量仪。

电压比自动测量仪的基本测量原理还是前面所述的电压测量法和电桥法。它一般采用单片机作为微处理器,接收面板键盘和开关量的输入,对量程、电桥平衡进行自动跟踪控制,并对测量结果进行数据处理,最后,将测量结果存储、打印,快速完成电压比的测量。

一种典型的电压比自动测量仪的基本原理框图如图 5-5 所示。

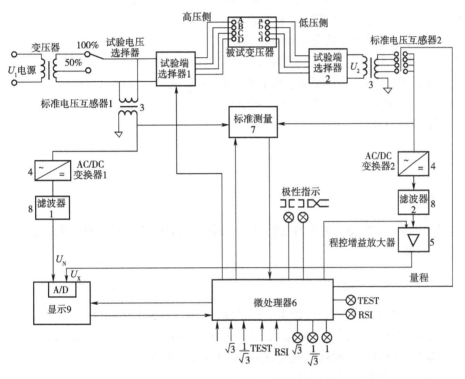

图 5-5　一种典型的电压比自动测量仪原理框图

工频试验电源 U_1 经试验端选择器 1 选择后,加入被试变压器的较高电压侧绕组,而较低电压侧感应电压经试验端选择器 2 选择后得 U_2。U_1 经标准电压互感器 1 变换成适合电子电路处理的幅度,由 AC(RMS)/DC 变换器 1 变换为直流电压,滤波后得到基准电压 U_N。同样,U_2 经标准电压互感器 2,AC/DC 变换器 2 和滤波器 2 得到直流电压,再经程控增益放大器放大得到 U_X,与 U_N 同时进入相除模/数变换器,微处理器根据输入的额定电压比、测得的 U_N、U_X 以及两台标准电压互感器的额定电压比和放大器的增益等数据进行计算、处理,存储并显示电压比测量值及与额定电压比的偏差。在电压比自动测量仪中,微处理器是控制和计算的核心部件,它不但要接受额定电压比的输入、控制并读取电压互感器额定电压比的变换数据和程控放大器的增益数据,并由此计算出测量数据,而且它还控制和读取被试变压器高、低压侧连接的试验端选择器,以进行三相变压器的电压比测量。

137

电压比自动测量仪能否达到高准确度的关键是：

(1)高准确度的标准电压互感器。无论是被试变压器高压侧还是低压侧的电压互感器，其准确度都要足够高，这样，才能得到准确的 U_N 和 U_X。

(2)AC/DC 变换器必须有高精度和高输入阻抗，以减小对标准电压互感器的分流，保证变换后的直流电压准确地正比于交流电压有效值。

(3)微处理器采用的单片机应具有足够的内存和运算处理能力。

(4)配备功能良好的软件，以控制整机工作，并进行数据处理。

电压比自动测量仪的功能特点如下：

(1)在测量过程中，被试变压器一次和二次绕组信号的采样是同步进行的，可以避免电源电压波动的影响。

(2)CPU 的数字处理功能很强，一般都可在软件中加入消除噪声的算法、均值算法等处理程序，提高了数据的稳定性和抗干扰性能。

(3)一般都有仪器工作状态和错误信息显示。

(4)电压比自动测量仪由于采用了 CPU，可将 IEEE488 通用仪器控制接口安装于测量仪机内，与 PC 机连接后，能实现遥控和数据交换，可组成多台仪器的自动测量系统。

电压比自动测量仪有着一般电压比测量仪无可比拟的功能，它们的出现改变了电压比测量的现状，提高了效率。

任务实施 ▶

一、工作任务

某电厂三相电力油浸式变压器发生故障，维修后需要进行变比测试，用来检查变压器是否存在匝间短路。

二、引用的标准和规程

(1)《电气装置安装工程电气设备交接试验标准》(GB 50150—2006)。

(2)《电业安全工作规程》(发电厂和变电所电气部分)(GB 26860—2011)。

(3)《输变电设备状态检修试验规程》(DL/T 393—2010)。

(4)YTB 多功能变比测试仪说明书。

三、试验仪器、仪表及材料(见表5-2)

试验仪器、仪表及材料 表5-2

序号	试验所用设备(材料)	数量	序号	试验所用设备(材料)	数量
1	YTB 多功能变比测试仪	1 块	5	常用仪表(电压表、微安表、万用表等)	1 套
2	电源盘	2 个	6	小线箱(各种小线夹及短接线)	1 个
3	常用工具	1 套	7	操作杆	1 套
4	刀闸板	2 块	8	设备试验原始记录	1 本

四、测试准备及工作危险点分析、防范措施

（1）拟订测试流程图、编写作业指导书，组织作业人员学习作业指导书，使全体人员熟悉测试内容、测试标准、安全注意事项。

（2）试验前为防止变压器剩余电荷或感应电荷伤人、损坏试验仪器，应将被试变压器进行充分放电。

（3）确认拆除所有与设备连接的引线，并保证有足够的安全距离。

（4）检查仪器状态是否良好，所有试验仪器须校验合格，未超周期。

（5）仪器外壳接地要牢固、可靠。

（6）用高压试验警戒带将试验区域围起，围带上"止步，高压危险"字样向外，范围应保证试验电压不会伤害围带区域外人员。

（7）试验仪器的高、低压侧不能接反否则将产生高压危险及试验人员和仪器安全。

五、测试人员配置

此任务可配测试负责人 1 名，测试人员 3 名（1 名接线、1 名测试，1 名记录数据）。

六、测试仪表介绍

1. 仪表应用场合

YTB 多功能变比测试仪，可用于电力系统的三相变压器测试，特别适合于接地变压器、Z型绕组变压器、整流变压器和铁路电气系统的斯科特、逆斯科特、平衡变压器及接地变压器测试。仪器采用了大屏幕液晶显示，全中文菜单及汉字打印输出，人机界面友好，功能完善，操作方便，是电力系统、变压器生产厂家和铁路电气系统进行变压器变比、组别、极性以及角度测试的理想仪器。

仪器输入单相电源，内部采用功率模块产生三相电源输出到变压器的高压侧，可进行三相变压器或其他特种变压器变比、误差及组别或相位角的测试，另外本仪器还能提供一组相差 90°的二相电源输出，可进行逆斯科特变压器的变比及相位差测试。

2. 面板

YTB 多功能变比测试仪外观及面板说明如图 5-6 所示。仪器面板上所标的高压侧输出端为 A、B、C，低压侧输入端为 a、b、c。

七、测试步骤

（1）测试接线图如图 5-7 所示。

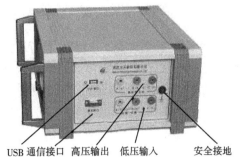

USB 通信接口　高压输出　低压输入　　　　安全接地

图 5-6　多功能变比测试仪外观及面板说明

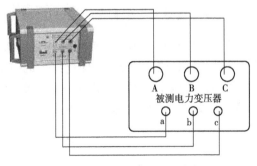

被测电力变压器

图 5-7　测量变压器电压比的接线图

（2）使用放电棒对被测变压器进行放电、接地。

（3）将测试仪外壳接地，接通仪器电源，检查仪器状态，看是否正常然后关闭仪器电源。

（4）按图 5-7 接线图接线，用测试线将变压器的高压侧（A、B、C）和仪器面板上所标的高压侧（A、B、C）相连，变压器低压侧（a、b、c）与仪器的低压侧（a、b、c）相连接，并保证接触良好。

（5）试验人员检查接线，试验负责人复查，取下变压器的接地线，准备测试。

（6）试验人员应站在绝缘垫上测试，测试时应进行呼唱。测试过程中，试验人员应认真观察试验表计，并将手放在测试仪器电源开关附近，随时警惕异常情况发生。

（7）测试结束后，立即记录数据或打印结果。结束后，先关闭试验电源，再对被试变压器进行放电并接地，变压器高、低压侧均应放电。

（8）先拆除连接在被试变压器一侧的接线，再拆除测试仪一侧的测试线，最后拆除测试仪的接地线。

（9）按试验指导书记录被试变压器的铭牌、仪器型号等参数。

（10）全部工作结束后，试验人员对变压器进行检查，恢复至试验前的状态，清理工作现场，并向试验负责人汇报问题、结果等。

八、测试结果的分析判断

《输变电设备状态检修试验规程》要求：变压器绕组各相应接头的电压比初值差额定分接电压比允许偏差为 ±0.5%，其他分接的电压比不得超过 ±1%。

测试值与铭牌值相比，不应有显著差别，符合上述规程规定表示合格。

任务二　变压器绕组的直流电阻测试

任务描述▶

变压器绕组的直流电阻测试是变压器在交接、大修和改变分接开关后必不可少的试验项目，也是故障后的重要检查项目。测量变压器绕组直流电阻的目的是：检查绕组接头的焊接质量和绕组有无匝间短路；电压分接开关的各个位置接触是否良好以及分接开关实际位置与指示位置是否相符；引出线有无断裂；多股导线并绕的绕组是否有断股等情况。

理论知识▶

一、变压器直流电阻测量的物理过程

变压器绕组可视为被测绕组的电感 L 与其电阻 R 串联的等值电路。如图 5-8 所示，当直流电压 E_N 加于被测绕组，由于电感中的电流不能突变，所以直流电源刚接通的瞬间，也即 $t=0$ 时，L 中的电流为零，电阻中也无电流，因此，电阻上没有压降，此时全部外施电压加在电感的两端。测量回路（忽略回路引线电阻）的过渡过程应满足

$$u = iR + L\frac{\mathrm{d}i}{\mathrm{d}t}，其中 i = \frac{E_N}{R}(1 - e^{-t/\tau}) \tag{5-9}$$

式中：E_N——外施直流电压，V；

R——绕组的直流电阻,Ω;

L——绕组的电感,H;

i——通过绕组的直流电流,A。

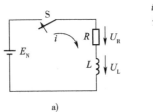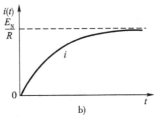

图 5-8　变压器绕组直流电阻测量原理图

a)RL 充电电路原理图;b)电流随时间变化关系曲线图

R-绕组电阻;L-绕组电感;E_N-试验电源

电路达到稳定时间的长短,取决于 L 与 R 的比值,即 $\tau = \dfrac{L}{R}$,τ 称为该电路的时间常数。由于大型变压器的 τ 值比小变压器的大得多,所以大型变压器达到稳定的时间相当长,即 τ 越大,达到稳定的时间越长,反之,则时间越短。回路中电流 i 为

$$i = \frac{E_N}{R}\left(1 - e^{-\frac{R}{L}\cdot t}\right) = \frac{E_N}{R}\left(1 - e^{-\frac{t}{\tau}}\right) \tag{5-10}$$

式中:τ——测量回路的时间常数;

t——从加压到测量的时间,s;

e——自然对数底,$e = 2.7183$。

当时间 t 为零时,$I = 0$ 当时间 t 达到无穷大时,$I = \dfrac{E_N}{R}$,达到稳定。

由式(5-10)可知,理论上 i 达到稳定的时间无限长,实际上。当 $t = 5\tau$ 时,电流已达稳定值的 99.3% ,这时可认为电路已经稳定。因此,工程上常认为经过 5s 时间后,过渡过程便基本结束。分别将 $t = 5\tau$ 和 $t = 6\tau$ 代入式(5-10),可计算得

$$t = 5\tau \text{时} \quad I = \frac{E_N}{R}\left(1 - e^{-5}\right) = \frac{E_N}{R}\left(1 - 0.00673\right) = 0.9933\frac{E_N}{R}$$

$$t = 6\tau \text{时} \quad I = \frac{E_N}{R}\left(1 - 0.02479\right) = 0.9975\frac{E_N}{R}$$

可见,当 $t = 6\tau$ 时,尚存在 0.25% 的电流误差,这时的测值将造成 0.25% 的电阻测量附加误差,因此,充电时间应大于 6τ,但大容量变压器电感大、电阻小。例如一台大型变压器,高压组电感为 100H,电阻为 0.4Ω,这时 $\tau = \dfrac{100}{0.4} = 250s$,$t = 6\tau$ 时,则需 3.3h。

由于变压器绕组的电感较大、电阻较小,电感可达到数百亨,时间常数较大。一般当 $t = 5\tau$ 时,可认为过渡过程基本结束,但电流与稳态值仍可能差 0.6% ,会造成电阻测量附加误差。因此,充电时间应大于 5τ,测量结果才能准确。对于高压大容量变压器,测量一个电阻数值的稳定时间需要几分钟、几十分钟甚至数小时,所以选用适当的测量手段和测量设备是保证测量准确度的关键。

测量大型变压器的直流电阻需要很长的时间,因此,缩短测量时间(即减小 τ 值),对提高试验工效很有意义。要使 τ 减小,可用减小 L 或增加 R(即增加附加电阻)的方法来达到。

减小 L 可用增加测量电流,提高铁芯的饱和程度,即减小铁芯的导磁系数,增大 R,可用在回路中串入适当的附加电阻达到,一般附加电阻可为被测电阻的 4~6 倍,此时测量电压也应相应提高,以免电流过小而影响测量的灵敏度。

二、变压器直流电阻测量方法

1. 电流电压表法

电流电压表法又称电压降法。电压降法的测量原理是在被测绕组中通以直流电流,因而在绕组的电阻上产生电压降,测量出通过绕组的电流及绕组上的电压降,根据欧姆定律,即可算出绕组的直流电阻,测量接线如图 5-9 所示。

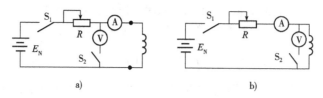

图 5-9　电流电压表法测量直流电阻原理图

a)测量大电阻;b)测量小电阻

测量时,应先接通电流回路,待测量回路的电流稳定后再合开关 S_2,接入电压表。

当测量结束,切断电源之前,应先断 S_2,后断 S_1,以免感应电动势损坏电压表。测量用仪表准确度应不低于 0.5 级,电流表应选用内阻小的,电压表应尽量选内阻大的 4 位高精度数字万用表。当试验采用恒流源,数字式万用表内阻又很大时,一般来讲,都可使用图 5-9b)的接线测量。根据欧姆定律,由式(5-11)即可计算出被测电阻的直流电阻值

$$R_X = \frac{U}{I} \tag{5-11}$$

式中:R_X——被测电阻,Ω;

$\quad\quad U$——被测电阻两端电压,V;

$\quad\quad I$——通过被测电阻的电流,A。

电流表的导线应有足够的截面,并应尽量地短,且接触良好,以减小引线和接触电阻带来的测量误差。当测量电感量大的电阻时,要有足够的充电时间。

2. 平衡电桥法

应用电桥平衡的原理来测量绕组直流电阻的方法称为电桥法。常用的直流电桥有单臂电桥及双臂电桥两种。

(1)单臂电桥

单臂电桥测量原理接线如图 5-10 所示,当 R_1 上的电压降等于 R_3 上的电压降时,则 A、B 两点间没有电位差,即检流计中没有电流,此时 I_1 流经 R_1 和 R_2,I_2 流经 R_3 和 R_4,电桥达到平衡。

当电桥平衡时

$$U_{CA} = U_{CB}, \quad U_{CA} = \frac{R_1 U_{CD}}{R_1 + R_2}, \quad U_{CD} = \frac{R_3 U_{CD}}{R_3 + R_4}$$

$$\frac{R_1}{R_1 + R_2} = \frac{R_3}{R_3 + R_4} \tag{5-12}$$

$$R_1 R_4 = R_3 R_2$$

若将 R_1 换成被测电阻 R_X，并将 R_2 和 R_4 作成一定比例的可调电阻，R_3 为平滑的可调电阻，调节 R_3 可使电桥达到平衡，则 $R_X = \dfrac{R_2}{R_4}R_3 = mR_3\left(m = \dfrac{R_2}{R_4}\right)$。由图 5-10 可见，$R_X(R_1)$ 包括引线电阻 R_L 在内，故实际电阻等于 R_X 减去引线电阻。当被测电阻越小，则引线电阻造成的测量误差越大。因此，应尽量减小引线电阻的影响。单臂电桥常用于测量 1Ω 以上的电阻。

(2) 双臂电桥

双臂电桥测量原理接线如图 5-11 所示，当检流计中没有电流通过时，C、D 两点的电位相等。即

$$R_X I_X + R'_3 I' = R_3 I \tag{5-13}$$

$$R'_4 I' + R_N I_N = IR_4 \tag{5-14}$$

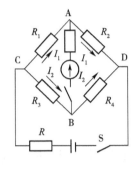

图 5-10　单臂电桥原理接线图

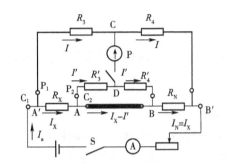

图 5-11　双臂电桥原理接线图

P-检流计；R_X-被测电阻；R_3、R_4、R'_3、R'_4-桥臂电阻；R_N-标准电阻；

C_1、C_2-被测电阻的电流接头；P_1、P_2-被测电阻的电压接头

因为　　　　　　　$$R_{AB}(I_X - I') = (R'_3 + R'_4)I' \tag{5-15}$$

所以　　　　　　　$$R_{AB}I_X = (R'_3 + R'_4 + R_{AB})I' \tag{5-16}$$

由式 (5-12) 和式 (5-13) 中消去 I 得

$$(R_X I_X + R'_3 I')R_4 = (R'_4 I' + R_N I_X)R_3 \tag{5-17}$$
$$(R_X R_4 + R'_N R_3)I_X = (R'_4 R_3 + R'_3 R_4)I'$$

将式 (5-17) 除以式 (5-16) 得

$$\frac{R_X R_4 - R_N R_3}{R_{AB}} = \frac{R'_4 R_3 - R'_3 R_4}{R_{AB} + R'_3 + R'_4}$$

$$R_X = \frac{R_{AB}(R'_4 R_3 - R'_3 R_4)}{R_4(R_{AB} + R'_3 + R'_4)} + \frac{R_N R_3}{R_4} \tag{5-18}$$

由于双臂电桥能满足 $R_3 = R'_3$，$R_4 = R'_4$，因此式 (5-18) 可化为

$$R_X = R_N \frac{R_3}{R_4} \tag{5-19}$$

式 (5-18) 中 R_3 及 R'_3 包含了被测电阻的电压引线电阻，R_4 及 R'_4 包括标准电阻的电压引线电阻。要满足 $R'_4 R_3 = R'_3 R_4$，必须使被测电阻的引线和标准电阻引线的电阻相等 (即采用 4 根截面相同、长度相等的相同导线)，否则，会引起一定的测量误差。从式 (5-18) 还可看出，误差的大小是 $R'_4 R_3$ 和 $R'_3 R_4$ 的差值与电阻 R_{AB} 共同决定的，所以，R_{AB} 也应尽量减小，即 R_X 和 R_N 的电流引线要尽量短。可见，双臂电桥能够消除引线和接触电阻带来的测量误差，适宜测量准确度要求高的小电阻。

测量前,首先调节电桥检流计机械零位旋钮,置检流计指针于零位。接通测量仪器电源,具有放大器的检流计应操作调节电桥电气零位旋钮,置检流计指针于零位。

接入被测电阻时,双臂电桥电压端子 P_1、P_2 所引出的接线应比由电流端子 C_1、C_2 所引出的接线更靠近被测电阻。

测量前首先估计被测电阻的数值,并按估计的电阻值选择电桥的标准电阻 R_N 和适当的倍率进行测量,使"比较臂"可调电阻各挡充分被利用,以提高读数的精度。测量时,先接通电流回路,待电流达到稳定值时,接通检流计。调节读数臂阻值使检流计指零,被测电阻按式(5-20)计算

$$被测电阻 = 倍率 \times 读数臂指示 \tag{5-20}$$

如果需要外接电源,则电源应根据电桥要求选取,一般电压为 2～4V,接线不仅要注意极性正确,而且要接牢靠,以免脱落致使电桥不平衡而损坏检流计。

测量结束时,应先断开检流计按钮,再断开电源,以免在测量具有电感的直流电阻时其自感电动势损坏检流计。

选择标准电阻时,应尽量使其阻值与被测电阻在同一数量级,最好满足下列关系式

$$\frac{1}{10}R_X < R_N < 10R_X \tag{5-21}$$

3. 微机辅助测量法

计算机辅助测量(数字式直流电阻测量仪)用于直流电阻测量,尤其是测量带有电感的线圈电阻,整个测试过程由单片机控制,自动完成自检、过渡过程判断、数据采集及分析,它与传统的电桥测试方法比较,具有操作简便、测试速度快、消除人为测量误差等优点。微机辅助测量原理如图 5-12 所示。回路电流与时间变化关系曲线如图 5-13 所示。

如图 5-12 中,合上 S_1,稳压电源 E_N 向被测试绕组充电,充电过程如图 5-13 中曲线 i_1 所示。当电流达到恒流源电流值 I_N 时,S_2 合上,S_1 断开,回路转入稳流状态,见图 5-13 中曲线 i_3 所示,回路电流由恒流电源 I_N 强制供给。当测试回路过渡过程结束后,变压器绕组和回路串联的标准电阻都通过同一电流 I_N,在变压器绕组两端产生的电压降 $U_X = R_X I_N$;在标准电阻两端产生的压降为 $U_N = I_N R_N$,则绕组电阻 R_X 为

$$R_X = \frac{U_X}{U_N}R_N \tag{5-22}$$

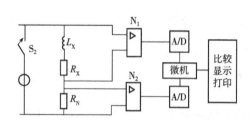

图 5-12 微机辅助测量原理图

E_N-直流电压源;I_N-恒流源;L_X-电感;R_X-被测电阻;R_N-标准电阻;N_1、N_2-放大器;A/D-模数转换器

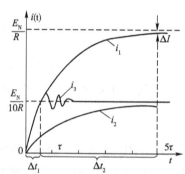

图 5-13 回路电流与时间变化关系曲线

i_1-电压为 E_N 时的充电曲线;i_2-电压为 $E_N/10$ 时的充电曲线;i_3-全压恒流充电曲线;Δt_1-稳压时间;Δt_2-恒流时间;ΔI-充电到 6τ 时的电流误差

通过高精度放大器和 A/D 转换器测出绕组和标准电阻两端电压,即可换算得到绕组的电阻值 R_x。

使用数字式直流电阻测量仪必须满足以下技术要求,才能得到真实可靠的测量值。

(1)恒流源的纹波系数要小于 0.1%(电阻负载下测量)。

(2)测量数据要在回路达稳态时读取,电阻值应在 5min 内测值变化不大于 5‰。

(3)测量软件要求为近期数据均方根处理,不能用全事件平均处理。

任务实施

一、工作任务

某电厂一 800kVA 三相电力油浸式变压器发生故障,维修后需进行变压器绕组的直流电阻测试。以检查绕组接头的焊接质量和绕组有无匝间短路、引出线有无断裂、多股导线并绕的绕组是否有断股等情况。

二、引用的标准和规程

(1)《电气装置安装工程电气设备交接试验标准》(GB 50150—2006)。

(2)《电业安全工作规程》(发电厂和变电所电气部分)(GB 26860—2011)。

(3)《输变电设备状态检修试验规程》(DL/T 393—2010)。

(4)变压器直流电阻测试仪说明书。

三、试验仪器、仪表及材料(见表 5-3)

试验仪器、仪表及材料　　　　　　　　　　　　　　　　　表 5-3

序号	试验所用设备(材料)	数量	序号	试验所用设备(材料)	数量
1	变压器直流电阻测试仪	1 块	5	常用仪表(电压表、微安表、万用表等)	1 套
2	电源盘	2 个	6	小线箱(各种小线夹及短接线)	1 个
3	常用工具	1 套	7	操作杆	1 套
4	刀闸板	2 块	8	设备试验原始记录	1 本

四、测试准备及工作危险点分析、防范措施

(1)拟订测试流程图、编写作业指导书,组织作业人员学习作业指导书,使全体人员熟悉测试内容、测试标准、安全注意事项。

(2)试验前为防止变压器剩余电荷或感应电荷伤人、损坏试验仪器,应将被试变压器进行充分放电。

(3)确认拆除所有与设备连接的引线,并保证有足够的安全距离。

(4)检查仪器状态是否良好,所有试验仪器须校验合格,未超周期。

(5)仪器外壳接地要牢固、可靠。

(6)用高压试验警戒带将试验区域围起,围带上"止步,高压危险"字样向外,范围应保证试验电压不会伤害围带区域外人员。

(7)仪器发生误动作,或错误启动等异常情况,应按"复位"键终止测试过程,使系统初

始化,复位时液晶显示"0000",几秒钟后,显示电流值。

(8)仪器处于测试状态时,未经复位,不得关断电源。

(9)仪器中虽有放电保护电路,但在测试过程中应避免供电线断路非正常情况。

(10)测试无载调压绕组时,除非有短路开关,否则放电结束前,不允许倒换开关。

(11)测试过程中,断开直流供电回路可能对仪器产生严重损坏。

五、测试人员配置

此任务可配测试负责人 1 名,测试人员 3 名(1 名接线、1 名测试,1 名记录数据)。

六、测试仪表介绍

1. 仪表特点及应用场合

变压器直流电阻测试仪是为变压器直流电阻测量而设计的快速测试设备。采用全新电源技术,输出电流大。整机由微机控制,自动完成自校、稳流判断、数据处理、阻值显示。仪器还设置有双通道测量及打印功能。特别是双通道同时测量功能,可极大的节省时间,使之更适合于变压器绕组的常态和温升试验。同时具有操作简便、精度高、抗干扰、防震、携带方便等特点。

2. 面板

DYZR 变压器直流电阻测试仪面板说明如图 5-14 所示。I+、I− 为输出电流接线柱,I+ 为输出电流正,I− 为输出电流负。V+、V− 为电压采样端,V+ 为电压线正端,V− 为电压线负端。

七、测试步骤

(1)直接测试法接线图如图 5-15 所示,助磁法快速测试法接线图如图 5-16 所示。

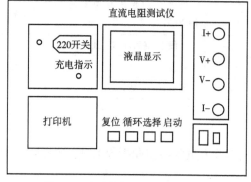

图 5-14　变压器直流电阻测测仪面板　　　　图 5-15　直接测试法接线图

(2)使用放电棒对被测变压器进行放电、接地。

(3)将测试仪外壳接地,接通电源,检查仪器状态,看是否正常然后关闭仪器电源。

(4)由于变压器的容量较大,测试时间较长,采用助磁法,按图 5-16 接线图接线。

(5)试验人员检查接线,试验负责人复查,取下变压器的接地线,准备测试。

(6)接好 AC220V 电源线,打开电源开关,系统开机进入初始状态后,可按"选择/打印"键来选择所需要的供电电流。按"选择/打印"键可进行循环选择。

测量同一变压器同一电压等级的各项绕组时,应选择相同的电流进行测试,避免造成系

146

统误差。一般来说变压器容量越大,绕组的电阻值越小,选择的测试电流应该越大。如果量程允许,高压绕组测量选用5A或10A电流,低压绕组测量选用20A或40A电流最佳。

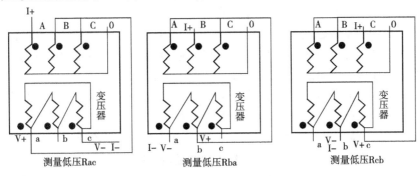

图5-16 单通道测试助磁法接线图

(7)按"确认"键后,仪器对绕组供电,测试过程开始。试验人员应站在绝缘垫上测试,测试前应进行呼唱。测试过程中,试验人员应认真观察试验表计,并将手放在测试仪器电源开关附近,随时警惕异常情况发生。

(8)对于有载调压变压器纵向测试,可一次供电完成。仪器程序设计允许在某一分接测完后,把开关倒置下一分接。然后按"确认"键,仪器将进入下一分接测量。

(9)对于无载调压变压器,某一分接测试完毕后,需按"复位"键系统处于放电状态,"电流指示"表头逐渐回零,"放电指示灯"熄灭,放电声音结束标志着放电结束。放电完毕后方可倒换开关,也可外接短路开关用以加快放电过程,然后按"确认"键进行下次测量。

(10)测试完毕后,按"复位"键,仪器电源将与绕组断开,同时"放电指示灯"亮,放电音响报警,"电流指示"表头逐渐回零,表明绕组处于放电状态,这时仪器回到初始状态,可继续选择所需电流。待"电流指示"表头回零,"放电指示灯"熄灭放电音响结束后方可重新接线,并按"确认"键进行下次测量。

(11)测试结束后,立即记录数据或打印结果。结束后,先关闭试验电源,再对被试变压器进行放电并接地,变压器高、低压侧均应放电。

(12)先拆除连接在被试变压器一侧的接线,再拆除测试仪一侧的测试线,最后拆除测试仪的接地线。

(13)按试验指导书记录被测试变压器的铭牌、仪器型号等参数。

(14)全部工作结束后,试验人员对变压器进行检查,恢复至试验前的状态,清理工作现场,并向试验负责人汇报问题、结果等。

八、测试结果的分析判断

1.测试结果的分析

对于630kVA以上的变压器,当无中性点引出线时,同一分接位置测量的绕组直流电阻,直接用线电阻相互比较,即 R_{AB}、R_{BC}、R_{CA} 相互比较,其最大差值应不大于三相平均值的2%,并与以前(出厂、交接或上次)测量的结果比较,其相对变化也应不大于2%(本次测量值与以前测量值换算至同一温度,其差值与以前数值之比)。

对630kVA及以下的变压器,相间差值一般应不大于三相平均值的4%,线间差值一般应不大于三相平均值的2%。

分析时,每次所测电阻值都必须换算到同一温度下进行比较,若比较结果直流电阻虽未

147

超过标准,但每次测量的数值都有所增加,这种情况也应引起足够的重视。如变压器中性点无引出线时,三相线电阻不平衡值超过 2% 时,则需将线电阻换算成相电阻,以便找出缺陷相。三相电阻不平衡的原因,一般有以下几种:

(1)分接开关接触不良。分接开关接触不良反映在一个或两个分接处电阻偏大,而且三相之间不平衡。这主要是分接开关不清洁、电镀层脱落、弹簧压力不够等。固定在箱盖上的分接开关也可能在箱盖紧固以后,使开关受力不均造成接触不良。

(2)焊接不良。由于引线和绕组焊接处接触不良造成电阻偏大;当有多股并联绕组,可能其中有一、两股没有焊上,这时一般电阻偏大较多。

(3)三角形连接绕组其中一相断线。测出的三个线端的电阻都比设计值大得多,没有断线的两相线端电阻为正常时的 1.5 倍,而断线相线端的电阻为正常值的 3 倍。

此外,变压器套管的导电杆和绕组连接处,由于接触不良也会引起直流电阻增加。

2. 电阻温度换算及三相不平衡率的计算

(1)绕组直流电阻温度换算。准确测量绕组的平均温度,将不同温度下测量的直流电阻按式(5-21)换算到同一温度,即

$$R_X = R_a \frac{T + t_X}{T + t_a} \qquad (5\text{-}23)$$

式中:R_X——换算至温度为 t_X 时的电阻,Ω;

R_a——温度为 t_a 时所测得的电阻,Ω;

T——温度换算系数,铜线为 235,铝线为 225;

t_X——需换算 R_X 的温度;

t_a——测量 R_a 时的温度。

(2)三相电阻不平衡率计算。计算各相相互间差别应先将测量值换算成相电阻,计算线间差别则以各线间数据计算,即

$$\text{不平衡率} = \frac{\text{三相中实最大值} - \text{最小值}}{\text{三相算术平均值}} \times 100\%$$

相电阻换算:对于如图 5-17 所示星形接法的绕组

$$R_a = (R_{AB} + R_{CA} - R_{BC})/2$$
$$R_b = (R_{AB} + R_{BC} - R_{CA})/2$$
$$R_c = (R_{BC} + R_{CA} - R_{AB})/2$$

对于如图 5-18 所示三角形接法绕组

$$R_a = (R_{CA} - R_t) - \frac{R_{AB} R_{BC}}{R_{CA} - R_t}$$

$$R_b = (R_{AB} - R_t) - \frac{R_{BC} R_{CA}}{R_{AB} - R_t}$$

$$R_c = (R_{BC} - R_t) - \frac{R_{CA} R_{AB}}{R_{BC} - R_t}$$

$$R_t = \frac{R_{AB} + R_{BC} + R_{CA}}{2}$$

式中:R_{AB}、R_{BC}、R_{CA}——分别为绕组的线间电阻;

R_a、R_b、R_c——绕组各相的相电阻;

R_t——线间电阻值之和的一半。

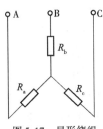

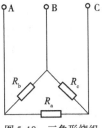

图 5-17　星形绕组　　　　图 5-18　三角形绕组

项目总结

通过对本项目的系统学习和实际操作,能够掌握变压器的直流电阻原理、变比测试等相关理论知识,明确各项测试的目的、器材、危险点及防范措施,掌握变压器的直流电阻、变比等试验接线、方法和步骤,使其能够在专人监护和配合下独立完成整个测试过程,并根据相关标准、规程对测试结果做出正确的判断和比较全面的分析。

拓展训练

一、理论题

1. 变压器测变比有何意义?

2. 变压器测变比有几种方法? 写出具体工作原理。

3. 变压器测直流电阻有何目的?

4. 变压器测直流电阻的方法有哪些?

5. 数字式直流电阻测量仪原理是什么? 有何特点?

6. 助磁快速测试法什么时候使用? 其原理是什么?

7. 测变压器三相电阻不平衡的原因是什么?

二、实训——变压器的在线测试

1. 工作任务

某变电站一500kV 主变压器发现异常,利用带电巡检系统进行故障定位。

2. 标准和规程

(1)《电气装置安装工程电气设备交接试验标准》(GB 50150—2006)。

(2)《电业安全工作规程》(发电厂和变电所电气部分)(GB 26860—2011)。

(3)《输变电设备状态检修试验规程》(DL/T 393—2010)。

(4)《电力设备预防性试验规程》(DL/T 596—1996)。

(5)TWPD – 2 带电巡检系统使用说明书。

3. 电气设备在线监测的必要性

电气设备在长期运行中必然存在电的、热的、化学的及异常工况条件下形成的绝缘劣化,导致电气绝缘强度降低,甚至发生故障。长期以来,运用绝缘预防性试验来诊断设备的绝缘状况起到了很好的效果,但由于预防性试验周期的时间间隔可能较长以及预防性试验施加的电压有的较低,试验条件与运行状态相差较大,因此,就不易诊断出被测设备在运行情况下的绝缘状况,也难以发现在两次预防性试验时间间隔之间发展的缺陷,这些都容易造成绝缘不良事故。

从目前预防性试验的内容来看,对设备绝缘缺陷反映较为有效的试验有介质损耗角 $\tan\delta$、泄漏电流 I_o、局部放电测量及油中色谱分析等。通过大量的试验证明,只要测准介质损耗、局部放电和油中色谱组分,就能比较确切地掌握设备的绝缘状况,在线测定 $\tan\delta$ 和 I_c、I_R 已非常准确有效。但由于干扰的影响,现场设备进行局部放电测量较为困难且费用较高,停电进行每台设备的局部放电试验进行预防性试验是不现实的。如果用一种价廉的在线或带电监测装置,能简便地测出局部放电等各种电气绝缘参数,判断设备的绝缘状况,从而减少预试内容或增长试验时间间隔并逐步代替设备的定期停电预防性试验,并实施状态监测及检修,对于保证电力设备的可靠运行及降低设备的运行费用都是很有意义的。

状态监测在美国、加拿大及欧洲等国家发展较快,可能有两方面的原因:一是欧洲的设备制造厂家生产的产品质量一致性较好,材质好,设备出现故障的概率很小;二是西欧国家劳动力价格高,如投入大量的试验人员进行预试,使试验费用等开支很大,相对来讲,投入设备的经费相对要低,因此发展在线测量就具有更大意义。

随着计算机技术及电子技术的飞速发展,实现电气设备运行的自动监控及绝缘状况在线监测,并对电气设备实施状态监测和检修已成为可能。

实施状态检修应具备 3 个方面的基本内容,第一是运行高压电气设备应具有较高的质量水平,也就是设备本身的故障率应很低;第二是应具有对监测运行设备状况的特征量的在线监测手段;第三是具有较高水平的技术监督管理和相应的智能综合分析系统软件。其中在线监测绝缘参数是状态监测的基本必备条件。

我国电气设备绝缘的在线监测技术发展已有十多年的历史,技术上日臻完善。然而,由于种种原因使得某些技术问题未能得到彻底解决,它们或者影响测量精度,或者影响对测量结果的分析判断,这在一定程度上影响在线监测技术的推广应用。这些技术问题有的是属于理论性的,例如在线监测和停电试验的等效性、测量方法的有效性、大气环境变化对监测结果的影响等,问题的解决是需加强基础研究,积累在线监测系统的运行经验,并制定相应的判断标准。另一类则属于测量方法和系统设计方面的问题,例如通过传感器设计及数字信号处理技术来提高监测结果的可信度,采用现场总线控制等技术提高监测系统的抗干扰能力,简化安装调试及维修工作等。妥善解决这些问题将有助于提高在线监测系统的质量和技术水平。

对于变压器绝缘在线检测最有效的方法之一是监测局部放电电脉冲参量。变压器正常运行中局部放电量较小,近年生产的 110kV 以上变压器局部放电量都控制在 500pC 以下;但在实际运行中,即使出现有 5000pC 左右的放电也照常运行,其绝缘缺陷发展过程可能延续几周甚至几年。但当发展到绝缘击穿故障前期,它的放电量会大大超过正常达到 $1 \times 10^5 pC$,因此,有可能利用价廉而简化的在线监测设备进行绝缘故障监测报警。如发现有报警后,再结合其他试验进行综合故障分析,就能有效地起到应有的监测作用和得到推广。

4. 变压器的在线测试

(1)在线监测测量原理

在线测量时,由于受现场干扰信号的影响,直接测量局部放电高频参量较为困难,且对运行设备在进行在线监测采集所需信号时应尽量不改变原设备的运行接线状态。因此,将信号取样点选择在变压器铁芯接地引出线和中性点引出线以及高压套管末屏引出线处,是非常有效及合理的。在任何情况下它不会影响变压器的正常运行。但传感器选在铁芯接地点时,对传感器和放大器的灵敏度要求比选在套管末屏取样要求更高。从传感器检测的信号用平衡放大器抑制共模干扰,如用一根75Ω的高频同轴电缆送到监控室,经计算机控制幅值,脉冲鉴别仪器分析工频和高频信号,并根据设定的阀值进行记录,当故障信号超过设定幅值和脉冲频率时,即自动发出声和光的报警。其测量原理如图5-19所示。图中检测阻抗是用罗氏线圈耦合,串入变压器铁芯接地引出线和中性点引出线检测电信号。采用这种方式结构简单,不影响设备的正常运行及接线方式。为了同时能在检测阻抗上获得50Hz工频信号及局部放电高续信号(20~200kHz),应采用高低频兼容的传感器,并应用波形分析仪及智能化软件排除干扰及分析记录各相放电水平。

(2)信号取样及干扰抑制

由于电信号是通过罗氏线圈耦合取得的,因此罗氏线圈只需在设备接地末端串入即可,它不影响设备的正常运行及保护。为了同时能在检测阻抗上得到工频信号及局部放电高频信号,设计检测阻抗时选用两种材料,使其能保证频率特性,传感器频率响应曲线如图5-20所示。

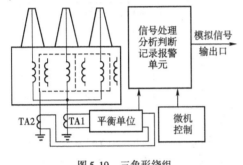

图5-19 三角形绕组

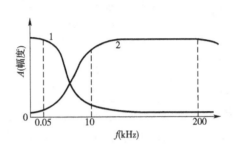

图5-20 传感器频率响应曲线
1-低频材料的频率响应;2-高频材料的频率响应

在变压器铁芯引出端串入罗氏线圈获得局部放电脉冲信号有较多的优点,首先,铁芯对高、低压绕组有较大的电容,因此,不管局部放电信号是产生于高压或低压绕组,在铁芯取样点都有较好的响应。另外,还有利于抑制干扰,因为它与变压器箱壳接地线和高压绕组中性点引线上获得的信号波形很相近,采用平衡抑制干扰有较好效果。在实际应用中,由于变压器箱体通过铁轨等多处接地,从一个接地点获得的信号较弱,因此,一般可采用中性点作为平衡匹配信号。

当变压器铁芯绝缘出现故障时,往往初期为局部放电信号,最后导致两点接地,形成工频短路电流信号,在信号处理单元宜将工频和高频信号分离。当工频电流信号的幅值及时间达到设定阀值时,测试仪器自动记录该数值,并发出工频报警信号。同样,当高频信号的幅值和周期脉冲个数达到设定的阀值及脉冲波形满足脉宽和频度条件时,仪器自动发出高频报警信号。

在线测量时,抑制干扰是关键问题之一,在实际测量中,电晕及载波调幅干扰会达到10000pC以上,由于各种干扰的影响,会使测量灵敏度大为降低。

局部放电信号的频谱范围在20~300kHz,载波调幅干扰范围在200~300kHz,在线测量若采用40~120kHz测量频带时,可有效地抑制无线电调幅波干扰。采用平衡鉴别测量方式也能有效地抑制电晕等外界干扰。

通过平衡鉴别,虽然可对一些固定类型的干扰起一定作用,对变压器运行中出现的许多随机性干扰,会使相位、幅值不稳定,可采用对脉冲波形的时间、频率、上升沿等特征参数进行鉴别和判断,即可将随机干扰脉冲与变压器内部故障放电脉冲区别开。

在故障性放电产生初期,放电并不是稳定的连续发生,并且在在线测量时,系统内部的开关合闸、雷电等干扰也会串入测量系统。

利用波形特征参数判断和鉴别脉冲幅值、连续性,可很好地判别和消除随机脉冲及可控硅产生的干扰脉冲等干扰。鉴别报警系统还应设置防干扰判断及自动复位装置,当系统偶然出现干扰,且这种干扰刚好与内部放电的特征相似时,鉴别系统就自动复位等待;如果这种信号再次出现,满足幅频特性时,就发出声、光报警信号,并自动记录报警参数,如果是偶然干扰,就不满足频率特性,从而可排除,不予报警。

（3）运行参数测定

①脉冲校正及测量。用标准方波发生器对测量系统作方波响应试验,分别从高压和低压绕组加入10000pC的脉冲信号,在传感器 TA1、TA2 的输出端测量响应信号。测量结果见表 5-4。

方波响应测定示例
表 5-4

加入端	中性点传感器 TA1	铁芯接地传感器 TA2	共模输出	加入端	中性点传感器 TA1	铁芯接地传感器 TA2	共模输出
高压 A 相首端	70	20	60	低压 A 相首端	20	61	60
高压 B 相首端	70	20	60	低压 B 相首端	20	60	60
高压 C 相首端	70	19	60	低压 C 相首端	20	60	60

表 5-4 中的响应是测量脉冲信号的幅值。不管信号从哪一相加入,在 TA1 和 TA2 端测量时,A、B、C 三相的响应相同。当从高压绕组加入信号时,中性点的响应较大;而在低压绕组加入信号时,铁芯取样点的响应较大,这是因为低压绕组靠铁芯近,电容量大的原因。图5-21 为检测信号波形示例。

由于采用平衡输入方式,中性点和铁芯取样点对高压和低压绕组的响应灵敏度可以互补,使输出端对变压器各个部位都有相同的响应灵敏度。这说明从中性点和铁芯接地点取信号的测量值来判断变压器绝缘的基准放电水平是很有效的。当变压器不带电时,从铁芯传感器输出测得的静态信号约为 1mV;当变压器运行时,基底噪声水平约为 30mV,并叠加有明显的较大幅值的可控硅干扰脉冲,约为 70mV,实例如图 5-21c)所示。如通过传感器获得的信号首先经平衡共模抑制干扰,然后选频滤波处理,经选频放大后的信号干扰噪声电平可能仅为 10mV,这时测量灵敏度可达到 1500pC;进一步通过模拟输出口进行波形特征分析,分辨率可达毫伏级。以 1mV 计算,测量灵敏度可达 500pC,这样的灵敏度已便于较可靠地检测故障放电波形,经平衡滤波处理后输出波见图 5-21a)。

图 5-21a)所示为经过滤波处理后的输出波形,每个工频周期信号最大幅值为 12mV,这时的检测灵敏度约为 2000pC,再经过波形特征识别及分析,可使灵敏度再提高 10 倍左右,即可识别 200 ~ 500pC 以上的放电脉冲。根据实际经验认为,变压器运行过程中,如能判断 $5 \times 10^3 ~ 5 \times 10^4$pC 以上的故障放电波形,就可起到较可靠的报警作用。一般发展性放电幅值为 $5 \times 10^3 ~ 5 \times 10^5$pC;而在故障前期较小,如 5000pC 以上放电的发展过程也有一周到两个月甚至更长时间,因此,利用这类分析系统能可靠地发现事故隐患。

图 5-21b)为方波校正信号波形,校正脉冲信号整个过程约为 5μs,与大型变压器的故障脉冲响应过程相似。图 5-21c)为用铁芯传感器检测的响应波形,较大幅值的脉冲为发电机的可控硅干扰脉冲信号波形,其值约为 63mV,这种干扰的波形特征较强,见图 5-21b)。脉冲信号的波形过程约为 90μs,这种干扰信号用数字式局放仪进行波形识别很容易分辨,而普通的局部放电仪则难以分辨。

②铁芯接地工频电流校正及测量。大型变压器运行时,经常出现因铁芯绝缘不良造成的故障,铁芯绝缘不良而尚未形成金属性短路接地时,会产生较大的放电脉冲,由上述的高频信号监测可发现。有时出现不稳定短路接地,短路接地时,工频短路电流可达数十安到数千安,或者短路电流不太大,铁芯接地点没有反应。而变压器内部局部过热将引起变压器色谱参数变化或造成轻瓦斯动作。因此,利用检测接地电流工频分量来判断铁芯绝缘是否正常相当有效。

铁芯绝缘正常时,主变压器铁芯接地电流很小,仅为几十毫安。

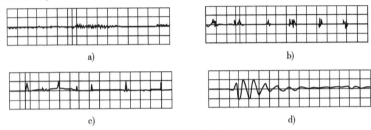

图 5-21　检侧信号波形

a)经平衡滤波处理后输出波形;b)方波校正信号波形;c)未滤波处理波形,有晶闸管脉冲;d)放大的晶闸管干扰脉冲

由铁芯接地传感器检测的工频注入校正信号波形和变压器运行时的实测波形如图 5-22 所示,干扰对工频信号的影响较小,工频电流测量的灵敏度较高,能可靠检测到 100mA 以上的故障电流,有利于分析故障前期状况,做出故障处理措施。

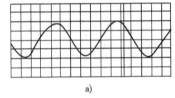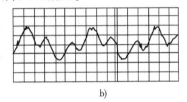

图 5-22　工频信号检测波形

a)注入校正波形;b)运行实测波形

5. 测试仪表介绍

TWPD-2 带电巡检系统是全新结构的仪器,结构紧凑、轻巧便携,可背挎可手持操作,采用上端口出线方式,内置光、电双输入接口,可直接连接电、超声等各种局部放电检测传感器,内置高性能锂电池,续航时间可达 4h,将检测数据、试验波形统一保存,并具有强大的放电信号分析和干扰信号处理能力,使试验更加方便。其外观如图 5-23 所示。

图 5-23　带电巡检系统外观

6. 测试结果的分析判断

500kV 主变压器发现异常,利用 TWPD-2 带电巡检系统在铁芯接地处检测,发现变压器内部有严重的放电,经超声波定位发现放电点在套管内部。发现异常点如图 5-24 所示。

图 5-24　带电巡检系统发现异常点

项目六　避雷装置测试

知识目标

1. 掌握避雷器直流 1mA 电压和 0.75 倍电压下泄漏电流测试。
2. 熟悉避雷针的接地电阻测试。
3. 掌握接地装置接地电阻的测量。

能力目标

1. 能用直流高压测试仪进行避雷器直流 1mA 电压和 0.75 倍电压泄漏电流测试。
2. 能根据相关标准、规程进行避雷针接地电阻的测量。
3. 能够在专人监护和配合下独立完成整个测试过程。
4. 能根据相关标准、规程对测试结果做出正确的判断和比较全面的分析。

任务一　金属氧化物避雷器直流 1mA 电压和 0.75 倍电压下泄漏电流测试

任务描述

发电厂、变电所的避雷器每年雷雨季前或在交接使用前,都应该对其有关技术参数进行测量,以确保避雷器的质量。一般测试金属氧化物避雷器及基座绝缘电阻;测试金属氧化物避雷器的工频参考电压和持续电流;测试金属氧化物避雷器直流 1mA 电压和 0.75 倍直流参电压下的泄漏电流;检查放电计数器动作情况及监视电流表指示;确认是否符合现行国家标准和产品技术条件的规定,判断避雷器是否合格。

理论知识

一、雷电放电和雷电过电压

通常将雷电引起的电力系统过电压,称为大气过电压。雷云放电在设备上产生的过电压,是由于雷云的影响而产生的,所以也称作雷电过电压。

大气过电压可分为直击雷过电压和感应雷过电压。雷直接击于电气设备或输电线路时,巨大的雷电流在被击物上流过造成的过电压,称为直击雷过电压;雷击电气设备、输电线路附近的地面或其他物体时,由于电磁感应和静电感应在电气设备或输电线路上产生的过电压,称为感应雷过电压。

1. 雷电放电

作用于电力系统的大气过电压是由雷云对地放电所引起的,为了了解大气过电压的产生,必须先了解雷云对地放电的发展过程。

雷云就是积聚了大量电荷的云层。关于雷云带电的机理,迄今为止没有统一的定论。通常认为,在含有饱和水蒸气的大气中,当遇到强烈的上升气流时,会使空气中水滴带电,这些带电的水滴被气流所驱动,逐渐在云层的某部位集中起来,就形成带电雷云。雷云中的电荷一般不是在云中均匀分布的,而是集中在几个带电中心。测量数据表明,雷云的上部带正电荷,下部带负电荷。正电荷云层分布在 4 ~ 10km 的高度,负电荷云层分布在 1.5 ~ 5km 的高度。直接击向地面的放电通常从负电荷中心的边缘开始。

大多数雷电放电发生在雷云之间,对地面没有直接影响。雷云对大地的放电虽然只占少数,但它是造成雷害事故的主要因素。先介绍雷云对地放电的发展过程。

雷电放电过程可分为先导放电、主放电和余辉放电 3 个主要阶段。

(1)先导放电

雷云下部大部分带负电荷,故绝大多数的雷击是负极性的。雷云中的负电荷会在附近地面感应出大量正电荷,当云中某一电荷中心的电荷较多,雷云与大地之间局部的电场强度达到大气游离所需的电场强度(25 ~ 30kV/cm)时,就会使空气游离。当某一段空气游离后,这段空气就由原来的绝缘状态变为导电性的通道,称为先导放电通道。若最大场强方向是对地的,放电就从云中带电中心向地面发展,形成下行雷。先导通道是分级向下发展的,每级先导发展的速度相当快,但每发展到一定的长度(25 ~ 50m)就有一个 30 ~ 90μs 间歇。所以,它的平均发展速度较慢(相对于主放电而言),为 $(1 ~ 8) \times 10^5 m/s$,出现的电流不大。先导放电的不连续性,称为分级先导,历时 0.005 ~ 0.01s。分级先导的原因通常可解释为:由于先导通道内的游离还不是很强烈,通道的导电性就不是很好,雷云中的电荷下移需要一定的时间,待通道头部的电荷增多,电场强度又超过空气的游离场强时,先导放电将又继续发展。

在先导通道发展的初始阶段,其发展方向受到一些偶然因素的影响并不固定。但当它发展到距地面一定高度时(这个高度称为定向高度),先导通道会向地面上某个电场强度较强的方向发展,这说明先导通道的发展具有"定向性",或者说雷击有"选择性"。

当先导接近地面时,地面上一些高耸的突出物体周围电场强度达到空气游离所需的场强时,会出现向上的迎面先导。迎面先导在很大程度上影响下行先导的发展方向。

(2)主放电阶段

当先导通道的头部与迎面先导上的异号感应电荷或与地面之间的距离很小时,剩余空气间隙中的电场强度达到极高的数值,造成空气间隙强烈地游离,最后形成高导电通道,将先导头部与大地短接,这就是主放电阶段的开始。游离出来的电子迅速通过被击物流入地中,形成很大的冲击电流。留下的正离子则向上运动去中和先导通道中的负电荷。剩余间隙中形成新的放电通道,由于其电离程度比先导通道强烈的多,电荷密度很大,故通道具有很高的导电性。主放电的发展速度很高,为 $2 \times 10^7 ~ 1.5 \times 10^8 m/s$,所以出现极大的脉冲电流,并产生强烈的光和热,使空气急剧膨胀振动,出现闪电和雷鸣。主放电过程是由下向上发展的,当主放电到达云端时,放电过程就结束了。

主放电发展的速度极快,离地越高,速度就越慢。主放电的持续时间极短,一般不超过 100μs。所产生的电流峰值高达数十甚至数百千安,电流瞬时值则随着主放电向高空发展而逐渐减小,形成雷电流冲击波形。

（3）余辉放电阶段

主放电完成后，云中的剩余电荷沿着主放电通道继续流向大地，形成余辉放电。余辉放电电流不大，为 $10^3 \sim 10A$，持续时间较长（$0.03 \sim 0.05s$）。由于云中同时可能存在几个带电中心，所以雷电放电往往是重复的，一般约重复 $2 \sim 3$ 次。根据高速摄影照片绘制的多重雷电放电过程示意图如图 6-1a) 所示，图 6-1b) 为相应的放电电流波形图。

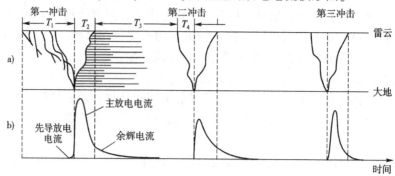

图 6-1　雷电放电的发展过程
a) 放电过程示意图；b) 放电电流波形

2. 雷电参数

雷电放电与气象、地形、地质等许多自然因素有关，具有很大的随机性，所以用来表征雷电特性的参数就带有统计的性质。人们通过对雷电进行长期的观察与测量，积累了不少有关雷电参数的资料，将获得的数据进行统计分析，供防雷工程应用。随着对雷电研究的深入，雷电参数将不断得到修正，使之更加接近客观实际。下面将雷电特性参数分述如下。

（1）雷电活动频度——雷暴日（T_d）及雷暴小时（T_h）

一个地区雷电活动的频繁程度，通常以该地区多年统计所得到的平均出现的雷暴天数或雷暴小时数来表示。

雷暴日是一年中有雷电的天数，在一天内只要听到雷声就算作一个雷暴日。雷暴小时是一年中有雷电的小时数，在一个小时内只要听到雷声就算作一个雷暴小时。通常 3 个雷暴小时可折合为一个雷暴日。

雷电活动的频繁程度与地球的纬度及气象条件有关。我国广东的雷州半岛和海南岛的雷电活动频繁而强烈，雷暴日高达 $100 \sim 133$；长江以南至北回归线的大部分地区，雷暴日为 $40 \sim 80$；长江流域与华北部分地区，雷暴日数为 40 左右，长江以北大部分地区为 $40 \sim 20$；西北地区多在 20 以下。根据雷电活动的频繁程度和雷害的严重程度，我国把平均年雷暴日数超过 90 的地区称为强雷区，超过 40 但不超过 90 的地区称为多雷区，超过 15 但不超过 40 的地区称为中雷区，不超过 15 的地区称为少雷区。在防雷设计中，应根据当地的具体情况采用合理的防雷保护措施。

（2）地面落雷密度

雷暴日或雷暴小时仅表示某一地区雷电活动的强弱，它没有区分是雷云之间的放电还是雷云对地面的放电。因为造成雷害事故的是雷云对地面的放电，所以引入了地面落雷密度 γ 这个参数。它表示在一个雷暴日中，每平方公里地面上的平均落雷次数。一般 T_d 较大的地区，其 γ 值也较大。对雷暴日为 40 的地区，我国《交流电气装置的过电压保护和绝缘配合》（DL/T 620—1997）取 $\gamma = 0.07 [$次/（雷暴日·km^2）$]$。

（3）雷电流的极性

雷电的极性是按照从雷云流入大地的电荷极性决定的。据国内外实测结果表明,负极性雷占75%~90%。加之负极性的冲击过电压波沿线路传播时衰减小,对设备危害大,故在防雷计算中一般均按负极性考虑。

(4)雷电流幅值

雷电流幅值是表示雷电强度的指标。雷电流为一非周期冲击波,主放电时的电流很大,但持续时间很短(为40~50μs),其幅值与云层中电荷的多少、气象及自然条件有关,是一个随机变量,只有通过大量实测才能正确估计其概率分布规律。据我国长期进行的大量实测结果,在一般地区,雷电流幅值超过 I 的概率可用下式计算

$$\lg P = -\frac{I}{88} \tag{6-1}$$

式中:I——雷电流幅值,kA;

P——幅值大于 I 的雷电流出现的概率。

例如,当雷击时,出现大于88kA的雷电流幅值的概率 P 约为10%。

我国除陕南以外的西北地区、内蒙古自治区的部分地区雷电活动较弱,测得的雷电流幅值较小,可改用下式计算其出现的概率,

$$\lg P = -\frac{I}{44} \tag{6-2}$$

(5)雷电流的波头(T_1)、陡度 α 及波长(T_2)

据实测结果,雷电冲击波的波头长度大多在1~5μs,平均为2.6μs。雷电流的波长(半峰值时间)在20~100μs,多为50μs。在防雷计算中,雷电流的波形可采用2.6/50μs。

雷电流的幅值和波头时间决定了雷电流的上升陡度。雷电流的陡度对雷击过电压的影响很大,我国采用2.6μs的固定波头长度,所以雷电流波头的平均陡度为

$$\alpha = \frac{I}{2.6} \quad (\text{kA}/\mu\text{s}) \tag{6-3}$$

即幅值较大的雷电流其陡度也较大。

(6)雷电流的计算波形

实测结果表明,雷电流的幅值、波头、波长、陡度等参数都在很大的范围内变化,但其波形都是非周期性的冲击波。在防雷计算中,要求将雷电流波形等值为典型化、可用公式表达、便于计算的波形。常用的等值波形有3种,如图6-2所示。

图6-2a)为标准冲击波。它是一双指数函数的波形,可表示为 $i = I_0(e^{-\alpha t} - e^{-\beta t})$。式中 I_0 为某一固定电流值,α、β 是两个常数,t 为作用时间。

图6-2b)为斜角平顶波,其波前陡度 α 可由给定的雷电流幅值 I 和波头时间决定。

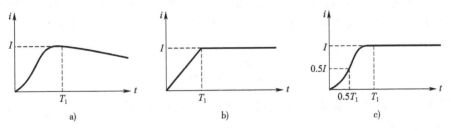

图6-2 雷电流的等值计算波形
a)双指数波;b)斜角平顶波;c)半余弦波

图 6-2c)为半余弦波,其波头可表示为 $i = \dfrac{I}{2}(1 - \cos\omega t)$,仅在设计特殊大跨越、高杆塔时使用。

3.雷电过电压的形成

(1)直击雷过电压

雷击地面由先导放电转变为主放电的过程可以用一根已充电的垂直导线突然与被击物体接通来模拟,如图 6-3a)所示。Z 是一被击物体与大地(零电位)之间的阻抗,σ(C/m)是先导放电通道中电荷的线密度,开关 S 未闭合之前相当于先导放电阶段。当先导通道到达地面或与地面目标上发出的迎面先导相遇时,主放电即开始,相当于开关 S 合上。此时将有大量的正、负电荷沿通道相向运动,如图 6-3b)所示,使先导通道中的剩余电荷及云中的负电荷得以中和,这相当于有一电流波由下而上地传播,其值为 $i = \sigma v$,v 为逆向的主放电速度,单位为 m/s。这样一来,上述主放电过程可以看作有一负极性前行波从雷云沿着波阻抗为 Z_0 的雷电通道传播到 A 点的过程,由此把雷电放电过程简化成为一个数学模型,如图 6-3c)所示。进一步得到其电压源和电流源彼德逊等效电路,如图 6-3d)所示;u_0 和 i_0 分别是从雷云向地面传来的行波的电压和电流。

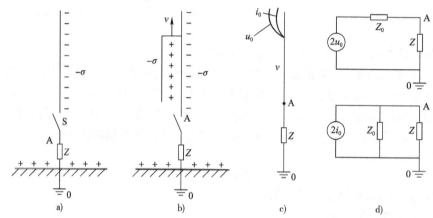

图 6-3 雷击大地时的计算模型
a)模拟先导放电;b)模拟主放电;c)主放电通道电路;d)等效电路

主放电电流 i_0 流过阻抗 Z 时,A 点的电位将突然变为 $i_0 Z$,实际上,先导通道中的电荷密度 σ 和主放电的发展速度 v 是很难测定的,但主放电开始后流过 Z 的电流 i_0 的幅值却不难测得,而我们关心的恰是雷击点 A 的电位,所以从 A 点电位出发建立雷电放电的计算模型。

①雷直击于地面上接地良好的物体。根据雷电流的定义,这时流过雷击点 A 的电流即为雷电流 i_0,采用电流源彼德逊等效电路,相对于雷道波阻抗 Z_0(约为 300Ω),接地良好的被击物在雷电作用下的接地电阻 R_i 较小(一般小于 30Ω),$Z = R_i$ 可以忽略不计,

则雷电流

$$i = \frac{Z_0}{Z_0 + Z} \times 2i_0 \approx 2i_0 \tag{6-4}$$

能实际测得的往往是雷电流幅值,可见沿雷道波阻抗 Z_0 下来的雷电入射波的幅值 $i_0 = I/2$,A 点的电压幅值 $U_A = IR_i$。

②雷直击于输电线路的导线。当雷直击于输电线路的导线时,如图 6-4 所示,雷击线路后,电流波向线路的两侧流动,如果电流电压均以幅值表示,则

$$i_Z = \frac{2U_0}{Z_0 + \frac{Z}{2}} = \frac{IZ_0}{Z_0 + \frac{Z}{2}} \qquad (6\text{-}5)$$

导线被击点 A 的过电压幅值为

$$U_A = i_Z \frac{Z}{2} = I \frac{Z_0 Z}{2Z_0 + Z} \qquad (6\text{-}6)$$

若取导线的波阻抗 $Z = 400\Omega$, Z_0 为 300Ω, 当雷电流幅值 $I = 30\text{kA}$, 被击点直击雷过电压 $U_A = 120I = 3600\text{kV}$。

再近似计算, 假设 $Z_0 \approx Z/2$, 即认为雷电波在雷击点未发生折、反射, 则式(6-6)简化为

$$U_A = \frac{1}{4}IZ \qquad (6\text{-}7)$$

取导线的波阻抗 $Z = 400\Omega$, 被击点直击雷过电压计算式为

$$U_A = 100I$$

这就是 DL/T 620—1997 标准用来估算直击或绕击导线的过电压和耐雷水平的近似公式。

当雷电流幅值 $I = 30\text{kA}$, 过电压 $U_A \approx 100I = 3000\text{kV}$, 可见, 雷电击中导线后, 在导线上产生很高的过电压, 会引起绝缘子闪络, 需要采用防护措施, 架设避雷线可有效地减少雷直击导线的概率。

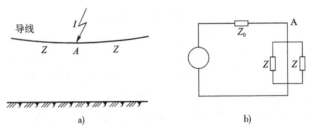

图 6-4　雷电直击线路导线
a)示意图;b)等效电路

(2)感应雷过电压

由于雷云对地放电过程中, 放电通道周围空间电磁场的急剧变化, 会在附近线路的导线上产生过电压。在雷云放电的先导阶段, 先导通道中充满了电荷, 如图 6-5a)所示, 这些电荷对导线产生静电感应, 在负先导附近的导线上积累了异号的正束缚电荷, 而导线上的负电荷则被排斥到导线的远端。因为, 先导放电的速度很慢, 所以, 导线上电荷的运动也很慢, 由此引起的导线中的电流很小, 同时由于导线对地泄漏电导的存在, 导线电位将与远离雷云处的导线电位相同。当先导到达附近地面时, 主放电开始, 先导通道中的电荷被中和, 与之相应的导线上的束缚电荷得到解放, 以波的形式向导线两侧运动, 如图 6-5b)所示。电荷流动形成的电流 i 乘以导线的波阻抗 Z 即为两侧流动的静电感应过电压波 $U = iZ$。此外, 先导通道电荷被中和时还会产生时变磁场, 使架空导线产生电磁感应过电压波。由于主放电通道是和架空导线互相垂直的, 互感不大, 所以总的感应雷过电压幅值的构成是以静电感应分量为主。

工程实用计算按 DL/T 620—1997 标准, 雷云对地放电时, 落雷处与架空导线的垂直距离 $S > 65\text{m}$ 时, 无避雷线的架空线路导线上产生的感应雷过电压最大值可按下式估算:

$$U_i \approx 25 \frac{Ih_c}{S} \qquad\qquad (6\text{-}8)$$

式中: U_i——雷击大地时感应雷过电压最大值, kV;

   I——雷电流幅值, kA;

   h_c——导线平均高度, $h_c = h - \frac{2}{3}f$ (h 为塔杆处导线高度, f 为弧垂), m;

   S——雷击点与线路的垂直距离, m。

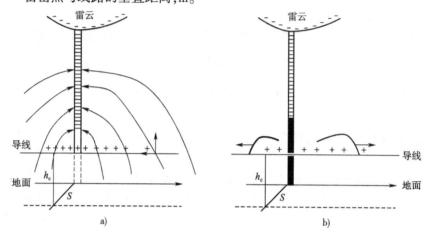

图 6-5 感应雷过电压的形成
a) 先导放电阶段; b) 主放电阶段

感应雷过电压 U_i 的极性与雷电流极性相反。由式(6-8)可知,感应雷过电压与雷电流幅值 I 成正比,与导线悬挂平均高度 h_c 成正比。h_c 越高则导线对地电容越小,感应电荷产生的电压就越高;感应雷过电压与雷击点到线路的距离 S 成反比, S 越大,感应雷过电压越小。由于雷击地面时,被击点的自然接地电阻较大,式(6-8)中的最大雷电流幅值一般不会超过 100kA,可按 100kA 进行估算。实测表明,感应雷过电压的幅值一般为 300 ~ 400kV,这可能引起 35kV 及以下电压等级线路的闪络,而对 110kV 及以上电压等级线路,则一般不会引起闪络。避雷线会使导线上的感应过电压下降,耦合系数越大,导线上感应过电压越低。另外,由于各相导线上的感应过电压基本上相同,所以不会出现相间电位差和引起相间闪络。

与直击雷过电压相比,感应雷过电压的波形较平缓,波头时间在几微秒到几十微秒,波长较长,达数百微秒。

二、防雷保护设备

雷电放电作为一种强大的自然力的爆发是难以制止的,产生的雷电过电压可高达数百千伏,如不采取防护措施,将引起电力系统故障,造成大面积停电。目前人们主要是设法去躲避和限制雷电的破坏性,基本措施就是加装避雷针、避雷线、避雷器、防雷接地、电抗线圈、电容器组、消弧线圈、自动重合闸等防雷保护装置。

避雷针、避雷线用于防止直击雷过电压,避雷器用于防止沿输电线路侵入变电所的感应雷过电压。下面主要介绍避雷针、避雷线和避雷器的保护原理及其保护范围。

1.避雷针防雷原理及保护范围

(1)避雷针防雷原理

160

避雷针是明显高出被保护物体的金属支柱,其针头采用圆钢或钢管制成,其作用是吸引雷电击于自身,并将雷电流迅速泄入大地,从而使被保护物体免遭直接雷击。避雷针需有足够截面积的接地引下线和良好的接地装置,以便将雷电流安全可靠地引入大地。

当雷电的先导头部发展到距地面某一高度时,因避雷针位置较高且接地良好,在避雷针的顶端因静电感应而积聚了与先导通道中电荷极性相反的电荷,形成局部电场强度集中的空间,该电场即开始影响雷击先导放电的发展方向,将先导放电的方向引向避雷针,同时避雷针顶部的电场强度将大大加强,产生自避雷针向上发展的迎面先导,更增强了避雷针的引雷作用。

避雷针由接闪器、引下线和接地体 3 部分构成。

接闪器。是避雷针的最高部分,用来接受雷电放电,可用直径 10 ~ 12mm,长 1 ~ 2m 的圆钢制成。

引下线。它的主要任务是将接闪器上的雷电流安全导入接地体,使之顺利入地。引下线可用镀锌钢绞线、圆钢、扁钢制成。因雷电流很大,所以引下线须有足够的截面。

接地体。它的作用是使雷电流顺利入地,并且减小雷电流通过时产生的压降。一般由几根 2.5m 长的 40mm × 40mm × 40mm 的角钢打入地下,再并联后与引下线可靠连接。

在一定高度的避雷针下面,有一个安全区域,在这个区域中物体遭受雷击的概率很小(约 0.1%),这个安全区域称为避雷针的保护范围。可由模拟试验和运行经验确定。避雷针一般用于保护发电厂和变电站,可根据不同情况装设在配电构架上,或独立架设。

(2)避雷针的保护范围

表示避雷针的保护效能,通常采用保护范围的概念,只具有相对意义。避雷针的保护范围是指被保护物体在此空间范围内不致遭受直接雷击。

《交流电气装置的过电压保护和绝缘配合》(DL/T 620—1997)标准采用折线法[我国《建筑物防雷规范》(GB 50057—1994)采用滚球法,作为建筑物、信息系统的防雷计算],折线法确定避雷针的保护范围方法如下:

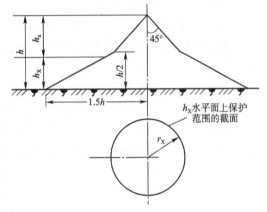

①单支避雷针。单支避雷针的保护范围如图 6-6 所示。设避雷针的高度为 $h(\mathrm{m})$,被保护物体的高度为 $h_\mathrm{x}(\mathrm{m})$,则避雷针的有效高度 $h_\mathrm{a} = h - h_\mathrm{x}$。在 h_x 高度上避雷针保护范围的半径 $r_\mathrm{x}(\mathrm{m})$

图 6-6 单支避雷针的保护范围

可按下式计算

当 $h_\mathrm{x} \geqslant \dfrac{h}{2}$ 时, $\qquad r_\mathrm{X} = (h - h_\mathrm{x})p$ （6-9）

当 $h_\mathrm{x} < \dfrac{h}{2}$ 时, $\qquad r_\mathrm{X} = (1.5h - 2h_\mathrm{x})p$ （6-10）

式中:p——高度影响系数。

当 $h \leqslant 30\mathrm{m}$ 时,$p = 1$;当 $30\mathrm{m} < h \leqslant 120\mathrm{m}$ 时,$p = \dfrac{5.5}{\sqrt{h}}$;当 $h > 120\mathrm{m}$ 时,取其等于 120m。

②两支等高避雷针。工程上多采用两支或多支避雷针以扩大保护范围,两支等高避雷针的联合保护范围如图 6-7 所示,比两支避雷针各自的保护范围的叠加要大一些。两支避雷针外侧的保护范围可按单支避雷针的计算方法确定,两支避雷针之间的保护范围可由下式求得

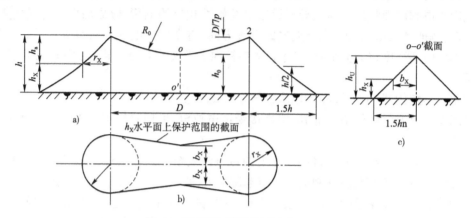

图 6-7　两支等高避雷针的联合保护范围
a)两支等高避雷针参数;b)h_X 水平面上的保护范围;c)o-o′截面的保护范围

$$h_0 = h - \frac{D}{7p} \qquad (6\text{-}11)$$

$$b_X = 1.5(h_0 - h_X) \qquad (6\text{-}12)$$

式中:h_0——两针保护范围上部边缘最低点的高度,m;

  D——两避雷针间的距离,m;

  b_X——在高度 h_X 的水平面上,保护范围的最小宽度,m。

两针间高度为 h_X 的水平面上.的保护范围截面见图 6-7c)o-o′截面图中,两针中间地面上的保护宽度为 $1.5h_0$。

为了使两针能构成联合保护,两针间距离与针高之比 D/h 不宜大于 5。

③两支不等高避雷针。两避雷针外侧的保护范围按单针的方法确定,两针间的保护范围,先按单支避雷针的方法作出较高针 1 的保护范围,然后经较低针 2 的顶部作水平线与之相交于 3 点,由 3 点对地面做垂线,将此垂线看作一假想避雷针,再按两支等高避雷针求出2 针与 3 针的保护范围,即可得到总的保护范围,如图 6-8 所示。

$$f = D'/(7p) \qquad (6\text{-}13)$$

式中:D'——较低避雷针与假想避雷针间的距离,m;

  f——圆弧的弓高,m。

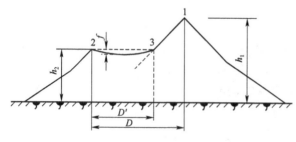

图 6-8　两支不等高避雷针的保护范围

④多支等高避雷针的保护范围。3 支等高避雷针所形成的三角形的外侧保护范围,应分别按两支等高避雷针的计算方法确定。只要在三角形内被保护物最大高度 h_X 水平面上,各相邻避雷针间保护范围的一侧最小宽度 $b_X \geqslant 0$ 时,则 3 针组成的三角形内部就可受到保护。

4 支及以上等高避雷针所形成的四

162

角形或多角形,可以先将其分成两个或几个三角形,然后分别按 3 支等高避雷针的方法计算。如图 6-9b) 所示。

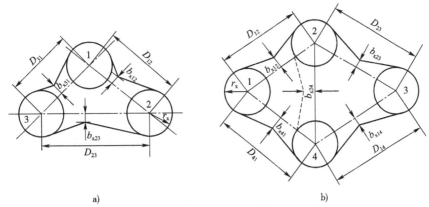

a)
b)

图 6-9 3 支和 4 支等高避雷针的保护范围

a)3 支等高避雷针;b)4 支等高避雷针

2. 避雷线防雷原理及保护范围

避雷线,通常又称架空地线,简称地线。避雷线的防雷原理与避雷针相同,主要用于输电线路的保护,也可用来保护发电厂和变电所,近年来许多国家采用高避雷线保护 500kV 大型超高压变电所。用于输电线路时,避雷线除了防止雷电直击导线外,同时还有分流作用,以减少流经杆塔入地的雷电流从而降低塔顶电位,避雷线对导线的耦合作用还可以降低导线上的感应雷过电压。

单根避雷线的保护范围见图 6-10 所示。单根避雷线在 h_X 水平面上每侧保护范围的宽度按下式确定

当 $h_X \geqslant \dfrac{h}{2}$ 时, $h_X = 0.47(h - h_X)p$ (6-14)

当 $h_X < \dfrac{h}{2}$ 时, $h_X = (h - 1.53 h_X)p$ (6-15)

两根平行等高避雷线的保护范围见图 6-11 所示。两根避雷线外侧的保护范围同于单根,两线之间横截面的保护范围由通过两避雷线 1、2 点及保护上部边缘最低点 O 的圆弧确定。O 点的高度按下式计算

$$h_0 = h - \frac{D}{4p}$$ (6-16)

式中:h_0——两避雷线间保护范围上部边缘最低点高度,m;

D——两避雷线间距离,m;

h——避雷线的高度,m。

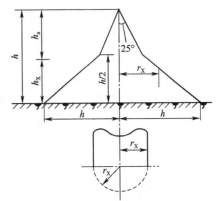

图 6-10 单根避雷线的保护范围

避雷线的保护范围是一个狭长的带状区域,所以适合用来保护输电线路,也可用作为变电站的直击雷保护措施。用避雷线保护线路时,避雷线对外侧导线的屏蔽作用以保护角 α 表示。保护角是指避雷线和外侧导线的连线与避雷线的铅垂线之间的夹角,如图 6-12 所示。保护角越小,保护性能越好。当保护角过大时,雷可能绕过避雷线击在导线上(称为绕击)。要使保护角减小,就要增加杆塔的高度,会使线路造

价增加,所以,应根据线路的具体情况采用合适的保护角,一般取 $10° \sim 25°$。

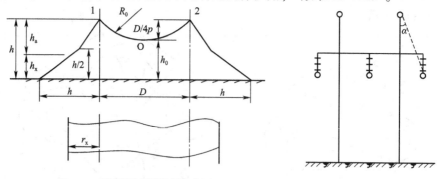

图 6-11　两平行避雷线的保护范围　　　　　　图 6-12　避雷线的保护角

3. 避雷器防雷原理及常用种类

避雷器是专门用以限制线路传来的雷电过电压或操作过电压的一种防雷装置。避雷器实质上是一种过电压限制器,与被保护的电气设备并联连接,当过电压出现并超过避雷器的放电电压时,避雷器先放电,从而限制了过电压的发展,使电气设备免遭过电压损坏。

为了使避雷器达到预期的保护效果,必须正确使用和选择避雷器,一般有以下基本要求:首先,避雷器应具有良好的伏秒特性曲线,并与被保护设备的伏秒特性曲线之间有合理的配合;其次,避雷器应具有较强的快速切断工频续流,快速自动恢复绝缘强度的能力。

避雷器的常用类型有:保护间隙、排气式避雷器(常称管型避雷器)、阀式避雷器和金属氧化物避雷器(常称氧化锌避雷器)4 种。

（1）保护间隙

保护间隙是最简单最原始的避雷器。常用的角形保护间隙如图 6-13 所示,由主间隙 1 和辅助间隙 2 串联而成。主间隙的两个电极做成角形,这样可以使工频续流电弧在电动力和热气流作用下上升被拉长而自行熄弧,但熄弧能力很小。辅助间隙是为防止主间隙被外物短路而装设的。

保护间隙的优点是结构简单、价廉;缺点是保护效果差,与被保护设备的伏秒特性不易配合,动作后产生截波,电弧不易熄灭。常用于 $3 \sim 10kV$ 电网中,应与自动重合闸配合使用。

（2）排气式避雷器

排气式避雷器实质上是一只具有较强弧灭弧能力的保护间隙,其结构如图 6-14 所示。它由装在产气管 1 中的内部间隙 S_1（由棒电极 2、环形电极 3 构成）和外部间隙 S_2 构成。S_2 的作用是使产气管在正常情况下不承受电压,以防止管子表面长时间流过泄漏电流使其损坏。产气管由纤维、塑料或橡胶等产气材料制成。

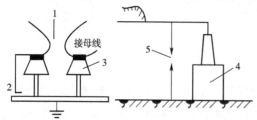

图 6-13　角型保护间隙接线及结构
1-主间隙;2-辅助间隙;3-瓷瓶;4-被保护设备;5-保护间隙

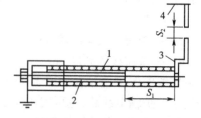

图 6-14　排气式避雷器原理结构
1-产气管;2-棒型电极;3-环形电极;
4-工作用线;S_1-内间隙;S_2-外间隙

排气式避雷器的工作原理如下：在雷电过电压的作用下，避雷器的内外间隙均被击穿，雷电流通过接地装置流入地中。之后，在系统工频电压的作用下，间隙中流过工频短路电流。工频续流电弧的高温使产气管分解出大量气体，由于管内容积很小，管内压力升高，高压气体急速地从环形电极的开口孔猛烈喷出，对电弧产生纵吹作用，使工频续流在第一次过零时被切断，系统恢复正常工作。

为使工频续流电弧熄灭，排气式避雷器必须能产生足够的气体，而产生气体的多少与工频续流的大小以及电弧与产气管的接触面积有关。续流过小，产气不足，不能切断电弧；但若续流过大，产气过多，压力太大会使避雷器爆炸。因此，排气式避雷器有切断电流的上下限。避雷器安装地点系统最大短路电流应小于排气式避雷器灭弧电流的上限，最小短路电流应大于排气式避雷器火弧电流的下限。

排气式避雷器的主要缺点是伏秒特性陡，放电分散性大，与被保护设备的伏秒特性不易配合。避雷器动作后母线直接接地形成截波，对变压器的纵绝缘不利。此外放电特性受大气条件影响较大，故主要用于线路交叉挡和大跨越挡处，以及变电站的进线段保护。

（3）阀型避雷器

阀型避雷器由多个火花间隙和非线性电阻盘（阀片）串联构成，装在瓷套里密封起来。由于采用电场较均匀的火花间隙，其伏秒特性较平坦，放电的分散性较小，能与伏秒特性较平的变压器的绝缘较好配合。

它的工作原理是：当系统正常工作时，间隙将阀片电阻与工作母线隔离，以免由于工作电压在阀片电阻中产生的电流使阀片烧坏。当系统中出现雷电过电压且其峰值超过间隙的放电电压时，火花间隙迅速击穿，雷电流通过阀片流入大地，从而使作用于设备上的电压幅值受到限制。当过电压消失后，间隙中将流过工频续流，由于受到阀片电阻的非线性特性的限制，工频续流远较冲击电流为小，使间隙能在工频续流第一次经过零值时将电流切断，使系统恢复正常工作。

雷电流流过阀片电阻时，在其上会产生一压降，此压降的最大值称为"残压"，残压会作用在与避雷器并联的被保护设备的绝缘上，所以应尽量限制"残压"。被保护设备的冲击耐压值必须高于避雷器的冲击放电电压和残压，其绝缘才不会被损坏。若能降低避雷器的这两项参数，则设备的冲击耐压值也可相应下降。

阀型避雷器分为普通型和磁吹型两类。

①普通阀型避雷器。普通阀型避雷器有配电型（FS）和电站型（FZ）两类。

a. 火花间隙。普通阀型避雷器的火花间隙由很多个短间隙串联而成，单个火花间隙的结构如图 6-15 所示。间隙的电极用黄铜材料做成，中间用厚约 0.5mm 的云母垫圈隔开。因间隙下作面处距离很小，间隙电场近似均匀。此外，过电压作用时，云母垫圈与电极之间的空气隙中先发生电晕，对间隙产生照射作用，从而缩短了间隙的放电时间，所以，间隙具有比较平坦的伏秒特性，放电的分散性也很小，其冲击系数近似等于

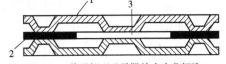

图 6-15　普通阀型避雷器单个火花间隙
1-黄铜电极；2-云母垫圈；3-工作间隙

1。单个间隙的工频放电电压约为 2.7～3.0kV（有效值），在没有热电子发射的情况下，单个间隙的初始恢复强度可达 250V 左右。250V 是续流为正弦波时的耐压值，由于阀型避雷器的电阻阀片是非线性的，其续流的波形为尖顶波，因此电流过零前的一段时间内电流值很小，电流过零时弧隙中的游离状态已大为减弱，所以，单个间隙的初始恢复强度可达 700V 左

右。串联的间隙越多,总的恢复强度越大。所以根据需要,可将多个单个间隙串联起来,以得到很高的初始耐压值,防止续流过零后电弧重燃,达到切断续流的目的。

一般由几个单个火花间隙组成标准火花间隙组,如图6-16所示。根据需要把若干个标准火花间隙组串联在一起,就构成全部火花间隙。避雷器动作后,工频续流电弧被间隙的电极分割成许多个短弧,靠极板上复合与散热作用,去游离程度较高,更易于切断工频续流。

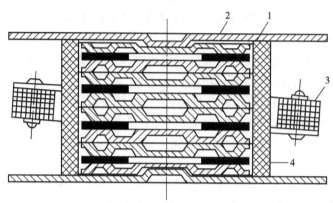

图6-16　标准火花间隙组

1-单个间隙;2-黄铜盖板;3-分路电阻;4-瓷套筒

当多个间隙串联使用时,存在一个问题,就是电压分布不均匀和不稳定,即一些间隙上承受的电压高,而另一些间隙上的电压较低。这样,将使避雷器的灭弧能力降低,工频放电电压也下降和不稳定。引起电压分布不均匀的原因是多个短间隙串联后将形成一等值电容链,各个间隙的电极对地及对高压端有寄生电容存在,使得沿串联间隙上通过的电流不相等,因而沿串联间隙上的电压分布也不相等。为了解决这个问题,对FZ系列避雷器可采用分路电阻使电压分布均匀,其原理接线如图6-17所示。

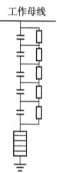

图6-17　带分路电阻的阀型避雷器示意图

在工频电压作用下,由于间隙的等值容抗大于分路电阻,所以流过分路电阻中的电流比流过间隙中的电容电流大,电压分布主要取决于并联电阻值,只要电阻选取合适,可使电压分布得以改善。在冲击电压作用下,由于其等值频率很高,间隙上的电压分布主要由电容决定,仍不均匀。因此,对多间隙的高压避雷器,其冲击放电电压反而会小于工频放电电压,其冲击系数 β 常小于1。串联的间隙愈多,冲击放电电压与工频放电电压之差愈大。

采用分路电阻均压后,在系统工作电压作用下,分路电阻中将长期有电流流过。因此分路电阻应有足够大的电阻值和热容量,通常采用以碳化硅(SiC)为主要材料的非线性电阻。

b. 阀片电阻。为了有较好的保护效果,希望在一定幅值(普通阀型避雷器为5kA)、一定波形(10/20μs)的雷电流流过阀片电阻时,产生的最大压降(残压)愈小愈好,即电阻的阻值愈小愈好。另一方面,为可靠地熄弧,必须限制续流的大小,希望在工频电压作用下流过间隙及阀片的续流不超过规定值(FS系列为50A,FZ系列为80A)。即此时电阻要有足够的数值。由此可见,只有电阻值随电流大小而变化的非线性电阻才能同时满足下述两个要求。

避雷器中所用的非线性电阻通常称为阀片电阻,是由碳化硅加粘合剂在300～350℃的

166

温度下烧制而成的圆饼形电阻片,将若干个阀片叠加起来就组成工作电阻。阀片的电阻值与流过电流的大小有关,呈非线性变化。电流越大时电阻越小;电流越小时电阻越大。阀片电阻的伏安特性如图 6-18 所示,其表达式为

$$u = Ci^a \qquad (6-17)$$

式中:C——常数,等于阀片上流过 1A 电流时的压降,与阀片的材料和尺寸有关;

　　a——阀片的非线性系数,$0 < a < 1$,其值与阀片材料有关,a 愈小非线性愈好。

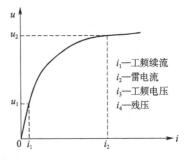

图 6-18　阀片电阻的伏安特性

由于阀片电阻的非线性,使间隙在冲击放电瞬间因通过的冲击电流值较小而呈现较高的阻值,放电瞬间的压降较大,故减小了截断波电压值。当电流增大时,阀片呈现较低的阻值,使避雷器上电压降低,增加了避雷器的保护效果。在工频电压作用下,阀片呈现极高的阻值将续流限制的较小,从而使间隙能够在工频续流第一次过零时将电弧切断。

②磁吹避雷器。为进一步提高阀型避雷器的保护性能,在普通阀型避雷器的基础上发展了一种新的带磁吹间隙的阀型避雷器,简称磁吹避雷器。其结构和工作原理与普通阀型避雷器相似,主要区别在于采用了灭弧能力较强的磁吹火花间隙和通流能力较大的高温阀片电阻。

磁吹避雷器的火花间隙是利用磁场对电弧的电动力作用,使电弧拉长或旋转,以增强弧柱中的去游离作用,从而大大提高间隙的灭弧能力。

目前采用的将电弧拉长的磁吹间隙结构如图 6-19 所示。这种磁吹间隙能切断 450A 左右的工频续流。由于电弧被拉得很长,且处于去游离很强的灭弧栅中,故电弧电阻很大,可起到限制续流的作用,因而这种间隙又称为限流间隙。当采用这种限流间隙后,可减少阀片数目,使避雷器的残压降低。

其原理接线如图 6-20 所示。磁场由与主间隙串联的磁吹线圈 3 产生,当雷电流通过磁吹线圈时,在线圈感抗上出现较大的压降,这样会增大避雷器的残压,使避雷器的保护性能变坏。为此,在磁吹线圈 3 两端并联以辅助间隙 2,在冲击过电压作用下,线圈两端的压降会使辅助间隙击穿,则放电电流经过辅助间隙 2、主间隙 1 和阀片电阻 4 流入大地,这样不致使避雷器的残压增大。而当工频续流流过时,磁吹线圈的压降较低,不足以维持辅助间隙放电,电流很快转入线圈中,并发挥磁吹作用。

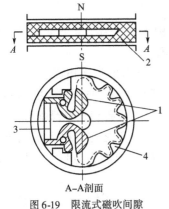

图 6-19　限流式磁吹间隙

1-角状电极;2-灭弧盒;3-并联电阻;4-灭弧栅

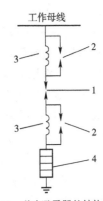

图 6-20　磁吹避雷器的结构原理图

1-主间隙;2-辅助间隙;3-磁吹线圈;4-阀片电阻

167

磁吹避雷器所采用的阀片电阻也是以碳化硅为主要原料加粘合剂在 $1350\sim1390℃$ 的高温下焙烧制成的,所以称高温阀片。其通流容量较大,能通过 $20/40\mu s$、$10kA$ 的冲击电流和 $2000\mu s$、$800\sim1000A$ 的方波电流各 20 次,不易受潮,但非线性系数较高($\alpha\approx0.24$)。

磁吹避雷器有保护旋转电机用的 FCD 型及电站用的 FCZ 型两种。

③阀型避雷器的电气参数:

a. 额定电压。指正常运行时,加在避雷器上的工频工作电压,应与其安装地点的电力系统的电压等级相同。

b. 灭弧电压。指保证避雷器能够在工频续流第一次过零值时灭弧的条件下,允许加在避雷器上的最高工频电压。灭弧电压应大于避雷器安装地点可能出现的最大工频电压。

据实际运行经验,系统可能出现已经存在单相接地故障而非故障相的避雷器又发生放电的情况。因此,单相接地故障时非故障相的电压升高,就成为可能出现的最高工频电压,避雷器应保证在这种情况下可靠熄弧。在中性点直接接地系统中,发生单相接地故障时非故障相的电压可达系统最大工作线电压的 80%;在中性点不接地系统和经消弧线圈接地的系统分别可达系统最大工作线电压的 110% 和 100%。所以,对 110kV 及以上的中性点直接接地系统的避雷器,其灭弧电压规定为系统最大工作线电压的 80%,对 35kV 及以下的中性点不接地系统和经消弧线圈接地系统的避雷器,其灭弧电压分别取系统最大工作线电压的 110% 和 100%。

c. 工频放电电压。指在工频电压作用下,避雷器将发生放电的电压值。由于间隙的击穿电压具有分散性,工频放电电压都是给出上限和下限值。作用在避雷器上的工频电压超过下限值时,避雷器将会击穿放电。由于普通阀型避雷器的火弧能力和通流容量都是有限的,一般不允许它们在内过电压作用下动作,因此,通常规定其工频放电电压的下限应不低于该系统可能出现的内过电压值。

d. 冲击放电电压。指在冲击电压作用下避雷器的放电电压(幅值),通常给出的是上限值。对额定电压为 220kV 及以下的避雷器,指的是在标准雷电冲击波下的放电电压(幅值)的上限。对于 330kV 及以上的超高压避雷器,除了雷电冲击放电电压外,还包括在标准操作冲击波下的冲击放电电压值。

e. 残压(峰值)。指雷电流通过避雷器时,在阀片电阻上产生的电压降(峰值)。由于残压的大小与通过的雷电流的幅值有关,《交流电气装置的过电压保护和绝缘配全》(DL/T 620—1997)规定:通过避雷器的额定雷电冲击电流,220kV 及以下系统取 5kA,330kV 及以上系统取 10kA,波形为 $8/20\mu s$。

避雷器的残压和冲击放电电压决定了避雷器的保护水平。为了降低被保护设备的冲击绝缘水平,必须同时降低避雷器的残压和冲击放电电压。

此外,还有如下几个常用来综合评价避雷器整体保护性能的技术指标。

冲击系数:指避雷器冲击放电电压与工频放电电压幅值之比,与避雷器的结构有关。一般希望冲击系数接近于 1,这样避雷器的伏秒特性就比较平坦,有利于绝缘配合。

切断比:它等于避雷器的工频放电电压(下限)与灭弧电压之比。是表示间隙灭弧能力的一个技术指标。切断比愈小,说明绝缘强度的恢复愈快,灭弧能力愈强。一般普通阀型避雷器的切断比为 1.8,磁吹避雷器的切断比为 1.4。

保护比:等于避雷器的残压与灭弧电压之比。保护比愈小,说明残压愈低或灭弧电压愈高,因而保护性能愈好,FS 和 FZ 系列的保护比分别为 2.5 和 2.3 左右,FCZ 系列为 $1.7\sim$

1.8。各类阀刑避雷器的主要电气特性参数见表6-1和表6-2。

普通阀型避雷器(FS和FZ系列)的电气特性　　　　表6-1

型号	额定电压(有效值)(kV)	灭弧电压(有效值)(kV)	工频放电电压(干燥及淋雨状态)(有效值)(kV)		冲击放电电压(预放电时间1.5~2.0μs)(kV,不大于)		冲击残压(波形8/20μs)(kV,不大于)				备注
							FS系列		FZ系列		
			不小于	不大于	FS系列	FZ系列	3kA	5kA	3kA	10kA	
FS-0.25	0.22	0.25	0.6	1.0	2.0		1.3				组合元件用
FS-0.50	0.38	0.5	1.1	1.6	2.7		2.6				
FS-3(FZ-3)	3	3.8	9	11	21	20	(16)	17	14.5	(16)	
FS-6(FZ-6)	6	7.6	16	19	35	30	(28)	30	27	(30)	
FS-10(FZ-10)	10	12.7	26	31	50	45	(47)	50	45	(50)	
FZ-15	15	20.5	42	52		78			67	(74)	
FZ-20	20	25	49	60.5		85			80	(88)	
FZ-30J	30	25	56	67		110			83	(91)	
FZ-35	35	41	84	104		134			134	(148)	
FZ-40	40	50	98	12		154			160	(176)	
FZ-60	60	70.5	140	173		220			227	(250)	
FZ-110J	110	100	224	268		310			332	(364)	
FZ-154J	154	142	304	368		420			466	(512)	
FZ-220J	220	200	448	536		630			664	(728)	

注:残压栏内加括号者为参考值。

电站用磁吹阀型避雷针(FCZ系列)电气特性　　　　表6-2

型号	额定电压(有效值)(kV)	灭弧电压(有效值)(kV)	工频放电电压(干燥及淋雨状态)(有效值)(kV)		冲击放电电压 kV,不大于		冲击残压(波形8/20μs)(kV,不大于)		备注
			不小于	不大于	预放电时间0.5~2.0μs及波形1.5/40μs	预放电时间(100~1000)μs	5kA	10kA	
FCZ-35	35	41	70	85	112	—	108	122	110kV变压器中性点保护专用
FCZ-40	—	51	87	98	134	—	—*	205	
FCZ-60	60	69	117	133	178	(285)	178	285	
FCZ-110J	110	100	170	195	260	—	260	665	
FCZ-110	110	126	255	290	345		332	512	
FCZ-154	154	177	330	377	500	(570)	466	570	
FCZ-220J	220	200	340	390	520	820	520	820	
FCZ-330J	330	290	510	580	780	1030	740	1100	
FCZ-500J	500	440	680	790	840		—		

注:*1.5kA 冲击残压为134kV。

（4）氧化锌避雷器

①氧化锌阀片和伏安特性。20世纪70年代出现的氧化锌避雷器是一种全新的避雷器，其核心元件是氧化锌（ZnO）阀片，它是以氧化锌为主要材料，掺以多种微量金属氧化物，如氧化铋（Bi_2O_2）、氧化钴（CO_2O_3）、氧化锰（MnO_2）、氧化锑（Sb_2O_3）、氧化铬（Cr_2O_3）等，经过成型、烧结、表面处理等工艺过程而制成。

氧化锌阀片的伏安特性可分为小电流区、非线性区和饱和区，如图6-21所示。电流在1mA以下的区域为小电流区Ⅰ，非线性系数α较高，约$0.1 \sim 0.2$；电流在1mA至3kA范围内时为非线性区Ⅱ，用关系式$\mu = Ci^\alpha$表示，式中，$\alpha = 0.015 \sim 0.05$；电流大于3kA，一般进入饱和区Ⅲ，电压增加时，电流增长不快，伏安特性曲线向上翘。

与碳化硅阀片相比，氧化锌阀片具有很理想的非线性伏安特性，图6-22所示是碳化硅避雷器与氧化锌避雷器及理想避雷器电阻阀片的伏安特性曲线。图中假定氧化锌、碳化硅电阻阀片在10kA电流下的残压相同，那么在额定电压下，碳化硅阀片中将流过100A左右的电流，而氧化锌阀片中流过的电流为μA级，即在工作电压下，氧化锌阀片实际上相当一绝缘体，所以可不用间隙与系统隔离。

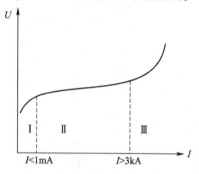

图6-21　氧化锌避雷器的伏安特性

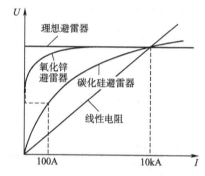

图6-22　氧化锌、碳化硅和理想避雷器伏安特性的比较

与由碳化硅阀片和串联间隙构成的传统避雷器相比，氧化锌无间隙避雷器具有下述优点：

a.保护性能优越。由于氧化锌阀片具有优异的伏安特性，进一步降低其保护水平和被保护设备绝缘水平的潜力很大，特别是它没有火花间隙，所以不存在放电时延，具有很好的陡波响应特性。

b.无续流，动作负载轻，耐重复动作能力强。在工作电压下流过的电流极小，为μA级，实际上可视为无续流。所以在雷击或操作过电压作用下，只需吸收过电流能量，不需吸收续流能量。氧化锌避雷器在大电流长时间重复动作的冲击作用下，特性稳定，所以具有耐受多重雷和重复动作的操作冲击过电压的能力。

c.通流容量大。氧化锌阀片单位面积的通流能力为碳化硅阀片的$4 \sim 5$倍，而且很容易采用多柱阀片并联的办法进一步增大通流容量。通流容量大的优点使得氧化锌避雷器完全可以用来限制操作过电压，也可以耐受一定持续时间的暂时过电压。

d.耐污性能好。由于没有串联间隙，因而可避免因瓷套表面不均匀污染使串联火花间隙放电电压不稳定的问题。所以，易于制造防污型和带电清洗型避雷器。

e.适于大批量生产，造价低廉。由于省去了串联火花间隙，所以结构简单，元件单一通用，特别适合大规模自动化生产。此外，还具有尺寸小，质量轻，造价低廉等优点。

②氧化锌避雷器的基本电气参数。氧化锌避雷器与碳化硅避雷器的技术特性有许多不

同点,其参数及含义如下。

a.额定电压。是避雷器两端之间允许施加的最大工频电压有效值。即在系统短时工频频过电压直接加在氧化锌阀片上时,避雷器仍能正常地工作(允许吸收规定的雷电及操作过电压能量,特性基本不变,不发生热崩溃)。它相当于碳化硅避雷器的灭弧电压,但含义不同,它是与热负载有关的量,是决定避雷器各种特性的基准参数。

b.最大持续运行电压。是允许持续加在避雷器两端的最大工频电压有效值。避雷器吸收过电压能量后温度升高,在此电压下能正常冷却,不发生热击穿。它一般应等于系统最大工作相电压。

c.起始动作电压(或参考电压)。它是指避雷器通过1mA工频电流峰位或直流电流时,其两端之间的工频电压峰值或直流电压,通常用U_{1mA}表示。该电压大致位于氧化锌阀片伏安特性曲线由小电流区上升部分进入非线性区平坦部分的转折处,所以也称为转折电压。从这一电压开始,认为避雷器已进入限制过电压的工作范围。

d.残压。指放电电流通过氧化锌阀片时,其两端之间出现的电压峰值。包括两种放电电流波形下的残压。

陡波冲击电流下的残压电流波形为$1/5\mu s$,放电电流峰值为5kA、10kA、20kA;雷电冲击电流下的残压电流波形为$8/20\mu s$,标称放电电流为5kA、10kA、20kA;操作冲击电流下的残压电流波形为$30/60\mu s$,电流峰值为0.5kA(一般避雷器)、1kA(330kV避雷器)、2kA(500kV避雷器)。

③评价氧化锌避雷器性能优劣的指标

a.保护水平。氧化锌避雷器的雷电保护水平为雷电冲击残压和陡波冲击残压除以1.15中的较大者;操作冲击保护水平等于操作冲击残压。

b.压比。指氧化锌避雷器通过波形为$8/20\mu s$的标称冲击放电电流时的残压与起始动作电压的比值。例如10kA下的压比为U_{10kA}/U_{1mA}。压比越小,表示非线性越好,通过冲击大电流时的残压越低,避雷器的保护性能越好。目前的产品水平约为$1.6\sim2$。

c.荷电率。它表征单位电阻阀片上的电压负荷,是氧化锌避雷器的持续运行电压峰值与起始动作电压之比。荷电率愈高说明避雷器稳定性愈好,耐老化,能在靠近"转折点"长期工作。荷电率一般采用$45\%\sim75\%$或更大。在中性点不接地或经消弧线圈接地系统中,因单相接地时健全相电压升高较大,所以一般选用较低的荷电率。在中性点直接接地系统中,工频电压升高不突出,可采用较高的荷电率。

d.保护比。氧化锌避雷器的保护比定义为标称放电电流下的残压与最大持续运行电压峰值的比值或压比与荷电率之比,即

$$保护比 = \frac{标称放电电流下的残压}{最大持续运行电压峰值} = \frac{压比}{荷电率}$$

因此,降低压比或提高荷电率可降低氧化锌避雷器的保护比。

目前生产的氧化锌避雷器在电压等级较低时大部分是采用无间隙的结构。对于超高电压或需大幅度降低压比时,则采用并联或串联间隙的方法。为了降低大电流时的残压而又不加大阀片在正常运行中的电压负担,以减轻氧化锌阀片的老化,往往也采用并联或串联间隙的方法。图6-23为带并联间隙的氧化锌避雷器的原理图。

在正常情况下,间隙G不击穿,由R_1和R_2共同承担工作电压,

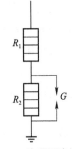

图6-23 并联间隙的氧化锌避雷器原理图

荷电率较低。当雷电或操作过电压作用时,流过 R_1、R_2 的电流将迅速增加,R_1、R_2 上的电压也随之增加,当凡上的电压达到一定值时,间隙 G 被击穿,R_1 被短接,避雷器上的残压仅由 R_1 决定。从而降低了残压,也降低了压比。

由于氧化锌避雷器有上述优点,因而发展潜力很大,是避雷器发展的主要方向,正在逐步取代传统的带间隙的碳化硅避雷器。

氧化锌避雷器的电气特性参数见表 6-3。

某高压电瓷厂氧化锌避雷器特性　　　　　　　　　　表 6-3

产品型号	系统电压有效值(kV)	额定电压(有效值)(kV)	持续运行电压(有效值)(kV)	工频参考电压(kV)	8/20μs 雷电冲击残压(峰值)(kV)			30/60μs 2kA 操作冲击电压峰值(kV)	1/5μs 10kA 陡坡冲击残压值(kV)
					50kA	10kA	15kA		
Y5W5—12.7/45	10	12.7	6.6	21.5	45				
Y5W5—14.0/50	10	14.0	6.6	23.9	50				
Y5W5—42/106	35	42.0	24.0	58	104	122			
Y5W5—45/110	35	45.0	24.0	64.0	110	135			
Y5W5—56/142		56.0		78.0	142	164			
Y10W5—96/328	110	96	73	138	238	255			262
Y10W5—100/248	110	100	73	144	248	266			273
Y10W5—108/268	220	108	73	156	268	278			295
Y10W5—192/476	220	192	146	276	476	510	414		524
Y10W5—200/496	220	200	146	287	496	532	431		546
Y10W5—228/565	228	228	146	327	565	606	491		622
Y10W5—290/670	290	290	210	410	670	716	582		730
Y10W5—300/693	300	300	210	424	693	740	602		755
Y10W5—312/720	330	312	210	441	720	770	626		785
Y10W5—396/896	500	396	318	560	896	967	736		930
Y10W5—420/950	500	420	318	594	950	1026	826		1045
Y10W5—444/995	500	444	318	628	995	1075	875		1095

三、输电线路的波过程

电力系统中的输电线路、母线、电缆以及变压器和电机的绕组等元件,由于其尺寸远小于 50Hz 交流电的波长,所以在工频电压下系统的元件可以按集中参数元件处理。在雷电波、内部操作或故障引起的过电压作用下,由于过电压的等效频率很高,其波长小于或与系统元件长度相当,此时就不能把上述元件看成是集中参数元件了,必须按分布参数元件处理。本节将重点介绍如何利用波的概念来研究分布参数回路的过渡过程,从而得出导线在冲击电压作用下电流和电压的变化规律,以便确定过电压的最大值。

1. 均匀无损单导线上的波过程

实际电力系统采用三相交流或双极直流输电,属于多导线线路,而且沿线路的电场、磁场和损耗情况也不尽相同,因此所谓的均匀无损单导线线路实际上是不存在的。但为了揭示线路波过程的物理本质和基本规律,可暂时不考虑线路的电阻和电导损耗,并假定沿线线路参数处处相同,即首先研究均匀无损单导线中的波过程。

(1)波传播的物理概念

假设有一无限长的均匀无损单导线,如图 6-24a)所示,$t=0$ 时刻合闸直流电源,形成无限长直角波,单位长度线路的电容、电感分别为 C_0、L_0,线路参数看成是由无数很小的长度单元 Δx 构成,如图 6-24b)所示。

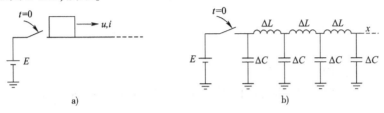

图 6-24　均匀无损单导线

a)单根无损线首端合闸;b)等效电路

合闸后,电源向线路电容充电,在导线周围空间建立起电场,形成电压。靠近电源的电容立即充电,并向相邻的电容放电,由于线路电感的作用,较远处的电容要间隔一段时间才能充上一定数量的电荷,并向更远处的电容放电。这样电容依次充电,沿线路逐渐建立起电场,将电场能储存于线路对地电容中,也就是说电压波以一定的速度沿线路 x 方向传播。随着线路的充放电将有电流流过导线的电感,即在导线周围空间建立起磁场,因此和电压波相对应,还有电流波以同样的速度沿 x 方向流动。

综上所述,电压波和电流波沿线路的传播过程实质上就是电磁波沿线路传播的过程,电压波和电流波是在线路中传播的伴随而行的统一体。

(2)波速和波阻抗

在波动方程中定义 v 为波传播的速度。

$$v = \sqrt{\frac{1}{L_0 C_0}}$$

对于架空线路

$$v = \sqrt{\frac{1}{L_0 C_0}}$$

即沿架空线传播的电磁波波速等于空气中的光速 v 为 $3 \times 10^8 \text{m/s}$。而一般对于电缆,波速 $v \approx 1.5 \times 10^8 \text{m/s}$,其传播速度低于架空线,因此,减小电缆介质的介电常数可提高电磁波在电缆中传播速度。

定义波阻抗

$$Z = \frac{u_\text{f}}{i_\text{f}} = -\frac{u_\text{b}}{i_\text{b}} = \sqrt{\frac{L_0}{C_0}}$$

其中,u_f、i_f 分别为电压前行波和电流前行波,u_b、i_b 分别为电压反行波和电流反行波。

一般对单导线架空线而言,Z 为 500Ω 左右,考虑电晕影响时取 400Ω 左右。由于分裂导线和电缆的 L_0 较小而 C_0 较大,故分裂导线架空线路和电缆的波阻抗都较小,电缆的波阻抗约为十几欧姆至几十欧姆不等。

波阻抗 Z 表示了线路中同方向传播的电流波与电压波的数值关系,但不同极性的行波向不同一的方向传播,需要规定一个正方向。电压波的符号只取决于导线对地电容上相应电荷的符号,和运动方向无关。而电流波的符号不但与相应的电荷符号有关,而且与电荷运动方向有关,根据习惯规定:沿 x 正方向运动的正电荷相应的电流波为正方向。在规定行波电流正方向的前提下,前行波与反行波总是同号,而反行电压波与电流波总是异号,即

$$\frac{u_f}{i_f} = Z$$

$$\frac{u_b}{i_b} = -Z$$

必须指出,分布参数线路的波阻抗与集中参数电路的电阻虽然有相同的量纲,但物理意义上有着本质的不同。

①波阻抗表示向同一方向传播的电压波和电流波之间比值的大小;电磁波通过波阻抗为 Z 的无损线路时,其能量以电磁能的形式储存于周围介质中,而不像通过电阻那样被消耗掉。

②为了区别不同方向的行波,Z 的前面应有正负号。

③如果导线上有前行波,又有反行波,两波相遇时,总电压和总电流的比值不再等于波阻抗,即

$$\frac{u}{i} = \frac{u_f + u_b}{i_f + i_b} = Z\frac{u_f + u_b}{u_f - u_b} \neq Z$$

④波阻抗的数值 Z 只与导线单位长度的电感 L_0 和电容 C_0 有关,而与线路长度无关。

(3)前行波和反行波

下面用行波的概念分析波动方程解的物理意义。

无损单导线线路行波的波动方程的解时域形式为

$$i(x,t) = i_f(t - \frac{x}{v}) + i_b(t + \frac{x}{v}) \tag{6-18}$$

$$u(x,t) = u_f(t - \frac{x}{v}) + u_b(t + \frac{x}{v}) \tag{6-19}$$

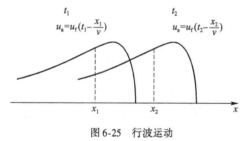

图 6-25 行波运动

电压 u 的第一个分量 $u_f(t - \frac{x}{v})$。设任意波形的电压波 $u_f(t - \frac{x}{v})$ 沿着线路 x 传播,如图 6-25 所示,假定当 $t = t_1$ 时刻线路上任意位置 x_1 点的电压值为 u_a,当时间 $t = t_2$ 时刻时($t_2 > t_1$),电压值为 u_a 的点一到达 x_2,则应满足

$$t_1 - \frac{x_1}{v} = t_2 + \frac{x_2}{v}$$

即

$$x_2 - x_1 = v(t_2 - t_1)$$

由于 v 恒大于 0,且由于 $t_2 > t_1$,则 $x_2 - x_1 > 0$,由此可见 $u_f(t - \frac{x}{v})$ 表示前行波;同样的方法可以证明 $u_b(t + \frac{x}{v})$ 表示沿 x 反方向行进的电压波,称为反行电压波。电流的证明过程类似。

为方便将式(6-18)、式(6-19)写成

$$i = i_f + i_b \tag{6-20}$$

$$u = u_f + u_b \tag{6-21}$$

由式(6-20)和式(6-21)可知,线路中传播的任意波形的电压和电流传播的前行波和反方向传播的反行波,两个方向传播的波在线路中相遇时电压波与电流波的值符合算术叠加定理,且前行电压波与前行电流波的符号相同,反行电压波与反行电流波的符号相反。

2. 行波的折射和反射

当波沿传输线传播,遇到线路参数发生突变,即波阻抗发生突变的节点时,都会在波阻抗发生突变的节点上产生折射和反射。

如图 6-26 所示,当无穷长直角波 $u_{if} = E$ 沿线路 1 达到 A 点时后,在线路 1 上除 u_f、i_f 外又会产生新的行波 u_b、i_b,因此线路上总的电压和电流为

$$u_1 = u_{1f} + u_{1b}$$
$$i_1 = i_{1f} + i_{1b}$$

设线路 2 为无限长,或在线路 2 上未产生反射波前,线路 2 上只有前行波没有反行波,则线路 2 上的电压和电流为

$$u_2 = u_{2f}$$
$$i_2 = i_{2f}$$

然而节点 A 只能有一个电压电流,因此其左右两边的电压电流相等,即 $u_1 = u_2, i_1 = i_2$,由此有

$$u_{2f} = u_{1f} + u_{1b}$$
$$i_{2f} = i_{1f} + i_{1b}$$

将 $\dfrac{u_{if}}{i_{1f}} = Z_1, \dfrac{u_{2f}}{i_{2f}} = Z_2, \dfrac{u_{ib}}{i_{1b}} = -Z_1, u_{if} = E$ 代入上式得

$$u_{2f} = \frac{2Z_2}{Z_1 + Z_2}E = \alpha E \tag{6-22}$$

$$u_{1b} = \frac{Z_2 - Z_1}{Z_1 + Z_2}E = \beta E \tag{6-23}$$

式中:α——折射系数;
$\quad\quad \beta$——反射系数。

$$\alpha = \frac{2Z_2}{Z_1 + Z_2} \tag{6-24}$$

$$\beta = \frac{Z_2 - Z_1}{Z_1 + Z_2} \tag{6-25}$$

$$\alpha = 1 + \beta \tag{6-26}$$

以上公式尽管是由两段波阻抗不同的传输线所推导的,也适用于线路末端接有不同负载的情况,下面就线路末端的不同负载情况分别予以讨论。

(1)线路末端的折射、反射

①末端开路时的折反射。当末端开路时,$Z_2 = \infty$,根据折射和反射系数计算公式 (6-24)、式(6-25)、式(6-26),$\alpha = 2, \beta = 1$,即末端电压 $U_2 = u_{2f} = 2E$,反射电压 $u_{1b} = E$,而末端电流 $i_2 = 0$,反射电流 $i_{1b} = -\dfrac{u_{1b}}{Z_1} = -\dfrac{E}{Z_1} = -i_{1f}$。

将上述计算结果通过图 6-26 表示,由于末端的反射,在反射波所到之处电压提高 1 倍,而电流降为 0。

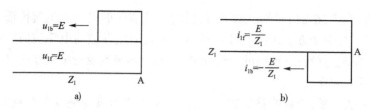

图 6-26　末端开路时波的折反射

a)电压波；b)电流波

②末端短路时的折反射。当末端短路时，$Z_2 = 0$，根据折射和反射系数计算公式，$\alpha = 0$，$\beta = -1$，即线路末端电压 $U_2 = u_{2f} = 0$，反射电压 $u_{1b} = -E$，反射电流 $i_{1b} = -\dfrac{u_{1b}}{Z_1} = -\dfrac{E}{Z_0} = i_{1f}$。在反射波到达范围内，导线上各点电流为 $i_1 = i_{1f} + i_{1b} = 2i_{1f}$。

将上述计算结果通过图 6-27 表示，由于末端的反射，在反射波所到之处电流提高 1 倍，而电压降为 0。

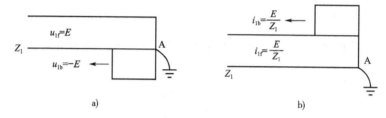

图 6-27　末端短路时波的折反射

a)电压波；b)电流波

③末端接集中负载时的折反射。当 $R \neq Z_1$ 时，来波将在集中负载上发生折反射。而当 $R = Z_1$ 时没有反射电压波和反射电流波，由 Z_1 传输过来的能量全部消耗在 R 上了，其结果如图 6-28 所示。

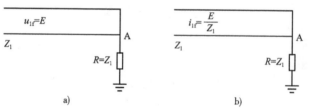

图 6-28　末端接集中负载 $R = Z_1$ 时的折反射

a)电压波；b)电流波

（2）集中参数等效电路（彼德逊法则）

在图 6-29a）中，任意波形的前行波 u 达到 A 点后，首先观察 A 点的电压波形变化情况。Z_2 可为长线路，也可是任意的集中阻抗，根据式（6-20）和式（6-21），有

$$u_2 = u_{1f} + u_{1b}$$
$$i_2 = i_{1f} + i_{1b}$$

$i_{1f} = \dfrac{u_{1f}}{Z_1}$，$i_{1b} = -\dfrac{u_{1b}}{Z_1}$ 代入上式，解得

$$2u_{1f} = u_2 + Z_1 i_2 \tag{6-27}$$

从式（6-27）可看出，当计算 A 点电压时，可将图 6-29a）中的分布参数等值电路转换成图 6-29b）中的集中参数等效电路。其中波阻抗 Z_1 用数值相等的等效电阻来替代，把入射电

压波 u_{1f} 的 2 倍 $2u_{1f}$ 作为等值电压源,这就是计算节点电压 u_2 的等值电路法则,也称为彼德逊法则。

利用这一法则,就可以把分布参数电路波过程中的许多问题简化成我们所熟悉的一些集中参数电路的暂态计算。式(6-27)的推导过程已说明,电压波 u_{1f} 可以是任意波形;节点上的负载也可以是任意阻抗,包括由电阻、电感、电容等组成的复合阻抗。

在实际计算中,常遇到电流源的情况,例如雷电流。此时采用图 6-30 所示的电流源等效电路较为方便,其中 $i_{1f}(t) = \dfrac{u_{1f}(t)}{Z_1}$ 不难证明,图 6-29b)与图 6-30 中的电路是等效的。

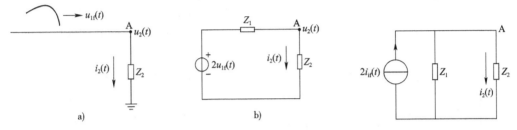

图 6-29 计算折射波的等效电路(电压源)　　　　　　图 6-30 集中参数等效电路(电流源)

(3)波的多次折射、反射

在前面几节中只限于讨论线路为无限长的情况,而在实际电网中,线路总是有限长的,经常会遇到波在两个或多个节点之间来回多次折、反射的问题。例如,发电机或充气绝缘变电所(地理信息系统"GIS")经过电缆段连接到架空线路上,当雷电波入侵时,波将在电缆段间发生多次折、反射。

下面以两条无限长线路之间接入一段有限长线路的情况为例,讨论用网格法研究波的多次折、反射问题。网格法的特点就是用各节点的折、反射系数算出节点的各次折、反射波,按时间的先后次序表示在网格图上,然后用叠加的方法求出各节点在不同时刻的电压值。

根据相邻两线路的波阻抗,求出节点的折、反射系数如下:

$$\alpha_1 = \frac{2Z_0}{Z_0 + Z_1}; \quad \alpha_2 = \frac{2Z_2}{Z_0 + Z_2}$$

$$\beta_1 = \frac{Z_1 - Z_0}{Z_1 + Z_0}; \quad \beta_2 = \frac{Z_2 - Z_0}{Z_2 + Z_0}$$

如图 6-31 所示网格图,当 $t = 0$ 时波 $u(t)$ 到达 1 点后,进入 Z_0 的折射波为 $\alpha_1 u(t)$;此折射波于 $t = \tau$ 时到达 2 点后,产生进入 Z_2 的折射波 $\alpha_1 \alpha_2 u(t - \tau)$ 和返回 Z_0 的反射波 $\alpha_1 \beta_2 u(t - \tau)$,其中 $\tau = l/v$;这一反射波于 $t = 2\tau$ 时回到 1 点后又被重新反射回去,成为 $\alpha_1 \beta_1 \beta_2 u(t - 2\tau)$;它于 $t = 3\tau$ 时到达 2 点又产生新的折射波 $\alpha_1 \alpha_2 \beta_1 \beta_2 u(t - 3\tau)$ 和新的反射波 $\alpha_1 \beta_1 \beta_2^2 u(t - 3\tau)$ …,如此继续下去,经过 n 次折射后,进入 Z_2 线路的电压波,即节点 2 上的电压 $u_2(t)$ 是所有这些折射波的叠加,但要注意它们到达时间的先后。其数学表达式为

$$u_2(t) = \alpha_1 \alpha_2 u(t - \tau) + \alpha_1 \alpha_2 \beta_1 \beta_2 u(t - 3\tau) + \alpha_1 \alpha_2 (\beta_1 \beta_2)^2 u(t - 5\tau) + \cdots$$
$$+ \alpha_1 \alpha_2 (\beta_1 \beta_2)^{n-1} u[t - (2n-1)\tau] \tag{6-28}$$

显然 $u_2(t)$ 的数值和波形与外加电压 $u(t)$ 的波形有关。若 $u(t)$ 是幅值为 E 的无穷长直角波。则经过 n 次折射后,线路 Z_2 的电压波为

$$U_2 = E\alpha_1 \alpha_2 [1 + \beta_1 \beta_2 + (\beta_1 \beta_2)^2 + \cdots + (\beta_1 \beta_2)^{n-1}] = E\alpha_1 \alpha_2 \frac{1 - (\beta_1 \beta_2)^{n-1}}{1 - \beta_1 \beta_2}$$

当 $t \to \infty$，$(\beta_1\beta_2)^n \to 0$，则有

$$U_2 = E\alpha_1\alpha_2 \frac{1 - (\beta_1\beta_2)^{n-1}}{1 - \beta_1\beta_2}$$

将 α_1、α_2、β_1、β_2 代入上式得

$$U_2 = E \frac{2Z_2}{Z_1 + Z_2} = \alpha_{12}E \qquad (6\text{-}29)$$

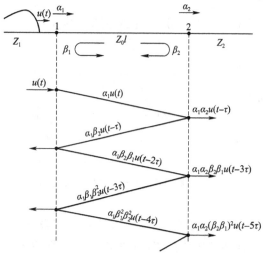

图 6-31　计算多次折、反射的网格图

式(6-29)中 α_{12} 为波从线路 1 直接向线路 2 传播的折射系数。这说明在无穷长直角波的作用下,经过多次折、反射后最终达到的稳态值点由线路 1 和线路 2 的波阻抗决定,和中间线段的存在与否无关。

至于在直角波作用下 $u_2(t)$ 的波形,可由式(6-28)计算得到。从该式中可看到,若 β_1 与 β_2 同号,则 $\beta_1\beta_2 > 0$,$u_2(t)$ 的波形为逐渐递增的,若 β_1 与 β_2 异号,则 $\beta_1\beta_2 < 0$,$u_2(t)$ 的波形呈振荡形。

3. 波在多导线系统中的传播

前面讨论的是单导线中的波过程,而实际输电线路都是多导线的。例如交流高压线路可能是 5 根(单回路 3 相导线和 2 根避雷线)或 8 根(同杆双回 6 相导线和 2 根避雷线)平行导线;双极直流高压线路可能是 3 根或 4 根平行导线(2 根直流导线、1 根或 2 根避雷线)。这时波在平行多导线系统中传播,将产生相互耦合作用。

设有 n 根平行导线,其静电方程为

$$u_1 = \alpha_{11}q_1 + \alpha_{12}q_2 + \cdots + \alpha_{1k}q_k + \cdots \alpha_{1n}q_n$$
$$u_2 = \alpha_{21}q_1 + \alpha_{22}q_2 + \cdots + \alpha_{kk}q_k + \cdots \alpha_{kn}q_n$$
$$\vdots$$
$$u_n = \alpha_{n1}q_1 + \alpha_{n2}q_2 + \cdots + \alpha_{nk}q_k + \cdots \alpha_{nn}q_n$$

写成矩阵形式为

$$u = \alpha q \qquad (6\text{-}30)$$

式中:u——各导线上的电位(对地电压)列向量,$u = (u_1, u_2 \cdots, u_n)^{\mathrm{T}}$;

　　q——各导线单位长度上的电荷列向量,$q = (q_1, q_2 \cdots, q_n)^{\mathrm{T}}$;

　　A——电位系数矩阵;

　　α_{kk}、α_{kn}——第 k 根导线的自电位系数、第 k 根导线与第 n 根导线的互电位系数。

其值可由下式计算:

$$\alpha_{kk} = \frac{1}{2\pi\varepsilon_0}\ln\frac{H_{kk}}{r_k}$$

$$\alpha_{kn} = \frac{1}{2\pi\varepsilon_0}\ln\frac{H_{kn}}{D_{kn}}$$

其中,H_{kk}、H_{kn}、r_k、D_{kn} 的值如图 6-32 所示。

将静电方程(6-30)右边乘以 v/v,其中 v 为传播速度, $v = \dfrac{1}{\sqrt{\mu_0 \varepsilon_0}}$;考虑到 $q_k v = i_k$, i_k 为第 k 根导线中的电流,即 $qv = i$, $i = (i_1, i_2, \cdots, i_n)^T$ 为各导线上的电流列向量,则式(6-30)可改写为

$$u = Zi \qquad (6\text{-}31)$$

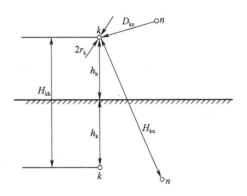

图6-32　多导线系统电位系数计算

这就是平行多导线系统的电压方程。式中 $Z = A/v$ 为平行多导线系统的波阻抗矩阵,则导线 k 的自波阻抗为

$$Z_{kk} = \frac{\alpha_{kk}}{v} = \frac{1}{2\pi}\sqrt{\frac{\mu_0}{\varepsilon_0}}\ln\frac{H_{kk}}{r_k}$$

导线 k 的互波阻抗为

$$Z_{km} = \frac{\alpha_{km}}{v} = \frac{1}{2\pi}\sqrt{\frac{\mu_0}{\varepsilon_0}}\ln\frac{H_{km}}{D_{km}}$$

若线路中同时存在前行波 u_f、i_f 和反行波 u_b、i_b,则有

$$u_{2f} = u_{1f} + u_{1b}$$
$$u = u_f + u_b$$
$$i = i_f + i_b$$
$$u_f = Zi_f$$
$$u_b = -Zi_b$$

根据不同的具体边界条件,应用以上各式就可以求解平行多导线系统的波过程。

在实际波过程计算中,经常需要考虑波在一根导线上传播时,在其他平行导线上感应产生的耦合波。如图6-33所示,当开关闭合接通直流电源后,导线1上出现 $u_1 = E$ 的前行波。在对地绝缘的导线2上虽然没有电流,但由于它处在导线1电磁波的电磁场内,也会感应产生电压波。

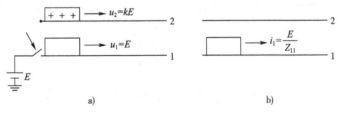

图6-33　多导线系统耦合作用
a)电压耦合作用;b)电流耦合作用

根据式(6-31)可列出两根平行导线的电压方程为

$$u_1 = Z_{11}i_1 + Z_{12}i_2$$
$$u_2 = Z_{21}i_1 + Z_{22}i_2$$

考虑到 $i_2 = 0$, $Z_{12} = Z_{21}$,上式变为

$$u_1 = Z_{11}i_1$$
$$u_2 = Z_{12}i_1$$

消去 i_1 可得

$$u_2 = \frac{Z_{12}}{Z_{11}}u_1 = ku_1 = kE$$

式中:k——导线 1 对导线 2 的耦合系数,$k = \frac{Z_{12}}{Z_{11}}$。

因为 $Z_{12} < Z_{11}$,所以 $k < 1$。Z_{12} 随导线之间距离的减小而增大,因此两根导线距离越近,其耦合系数越大。

导线之间的耦合系数对多导线系统中的波过程有很重要的作用,是输电线路防雷计算的一个重要参数。由于耦合作用,当导线 1 上有电压波 $u_1 = E$ 作用时,导线 1、2 之间的电位差不再等于 E,而是比 E 小,即

$$u_1 - u_2 = (1-k)E < E$$

导线之间的耦合系数越大,其电位差越小,这对线路防雷是有利的。例如,常利用避雷线来保护输电线路。当雷击避雷线时,其电位将升高。避雷线与导线之间的绝缘是否闪络,与彼此之间的耦合系数关系很大。

4. 波在传播中的衰减与畸变

前面各节是假定线路无损耗的条件下研究波过程的,所以没有考虑波的衰减和变形,而波在实际线路中传播,总会不同程度地发生衰减和变形,下面就波的衰减和变形的影响因素分别进行说明。

(1)线路电阻和绝缘电导的影响

考虑导线电阻 R_0 和线路对地电导 G_0 时,单相有损传输线的单元等效电路如图 6-34 所示。

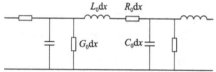

图 6-34 单根有损传输线的单元等效电路

当线路参数满足

$$\frac{R_0}{G_0} = \frac{L_0}{C_0} \tag{6-32}$$

时,波在线路中传播只有衰减,不会变形。因为此时,波在传播过程中每单位长度线路上的磁能和电能之比,恰好等于电流波在导线电阻上的热损耗和电压波在线路电导上的热损耗之比,即

$$\frac{\frac{1}{2}L_0 i^2}{\frac{1}{2}C_0 u^2} = \frac{R_0 u^2 t}{G_0 u^2 t}$$

所以,电阻 R_0 和电导 G_0 的存在不致引起波传播过程中电能与磁能的相互交换,电磁波只是逐渐衰减而不至于变形。

式(6-32)叫做波传播的无变形条件,或叫无畸变条件。满足此条件时,电压波和电流波可以写成以下形式:

$$u(x,t) = e^{\beta t}(u_f + u_b)$$

$$i(x,t) = \frac{1}{Z}e^{\beta t}(u_f - u_b)$$

式中:β——衰减系数。

实际输电线路并不满足上述无变形条件,因此,波在传播过程中不仅会衰减,同时还会变形。此外,由于集肤效应,导线电阻随着频率的增加而增加。任意波形的电磁波可以分解成不同频率的分量,因为各种频率下的电阻不同,波的衰减程度不同,所以,也会引起波传播

过程中的变形。

(2) 冲击电晕的影响

在电网中,导线和大地的电阻会引起行波的衰减和变形,线路参数随频率而变的特性也会引起行波的畸变,此外,在过电压作用下导线上出现电晕将是引起行波衰减和变形的主要因素。

雷电冲击波的幅值很高,在导线上将产生强烈的冲击电晕。研究表明,形成冲击电晕所需的时间非常短,大约在正冲击时只需 $0.05\mu s$,在负冲击时只需 $0.01\mu s$,而且与电压陡度的关系非常小。由此可以认为,在不是非常陡峭的波头范围内,冲击电晕的发展主要是与电压的瞬时值有关。但是不同的极性对冲击电晕的发展有显著的影响。当产生正极性冲击电晕时,电子在电场作用下迅速移向导线,正空间电荷加强距离导线较远处的电场强度,有利于电晕的进一步发展,电晕外观是从导线向外引出数量较多较长的细丝。当负极性电晕时,正空间电荷的移动不大,它的存在减弱了距导线较远处的电场强度,使电晕不易发展,电晕外观上是较为完整的光圈。由于负极性电晕发展较弱,而雷电大部分是负极性的,所以,在过电压计算中常以负极性电晕作为计算的依据。

出现电晕后,由于电晕圈的存在使导线的径向尺寸等值地增大了,将导致导线间耦合系数的增大。输电线路中导线和避雷线间的耦合系数 k 通常以电晕效应校正系数来修正,如下式所示

$$k = k_0 k_1 \tag{6-33}$$

式中:k_0——几何耦合系数,取决于导线和避雷线的几何尺寸和相对位置;

k_1——电晕效应校正系数。

我国《电力设备过电压保护设计技术规程》(DL/T 620—1997)(以下简称规程 DL/T 620—1997)建议按表 6-4 选取。

由于电晕要消耗能量,消耗能量的大小又与电压的瞬时值有关,故将使行波发生衰减的同时伴随有波形的畸变。实践表明,由冲击电晕引起的行波衰减和变形的典型波形如图 6-35 所示。在图 6-35 中,曲线 1 表示原始波形,曲线 2 表示行波传播距离 l 后的波形。从该图可以看出,当电压高于电晕起始电压 u_k 后,波形开始剧烈衰减和变形,可以认为这种变形是电压高于 u_k 的各个点由于电晕作用,使线路对地电容增加而以不同的波速向前运动所产生的结果。图中低于 u_k 的部分由于不发生电晕而仍以光速前进,图中 A 点由于产生了电晕,它就以小于光速的速度 v_k 前进,在行经 l 距离后它就落后了 $\Delta\tau$ 时间而变成图中 A' 点,由于电晕的强烈程度与电压 u 有关,故波传播速度 v_k 就必然是电压 u 的函数,通常称 v_k 为相速度,这种计算由电晕引起的行波变形的方法称为相速度法。显然,$\Delta\tau$ 将是行波传播距离 l 和电压 u 的函数,规程 DL/T 620—1997 建议采用经验公式(6-34)计算 $\Delta\tau$。

$$\Delta\tau = l\left(0.5 + \frac{0.008u}{h}\right) \tag{6-34}$$

式中:l——行波传播距离,km;

u——行波电压,kV;

h——导线对地平均高度,m。

根据实际测量结果表明,电晕在波尾上将停止发展,并且电晕圈逐步消失,衰减后的波形与原始波形的波尾交点即可近似视为衰减后波形的波幅,如图 6-35 中 B 点所示,其波尾与原始波形的波尾大体上相同。

耦合系数的电晕修正系数 k_1 表6-4

线路额定电压(kV)	20 ~ 35	20 ~ 35	20 ~ 35
两条避雷线	1.1	1.2	1.25
一条避雷线	1.15	1.25	1.3

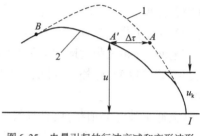

图6-35 电晕引起的行波衰减和变形波形

利用冲击电晕会使行波衰减和变形的特性,设置进线保护段作为变电所防雷保护的一个主要保护措施。

出现电晕后导线对地电容增大,导线波阻抗和波速将下降。由于雷击避雷线挡距中央时电位较高,电晕较强烈,规程 DL/T 620—1997 建议在一般计算时,避雷线的波阻抗可取为 350Ω,波速可取为 0.75 倍光速。

四、输电线路的防雷保护

输电线路是电力系统的大动脉,担负着将电能从发电厂输送到各地用电中心的重要任务。由于线路长,地处旷野,因此,极易遭受雷击。电力系统的雷害事故中,以线路的事故占大多数。雷击是造成线路跳闸的主要原因。同时,雷击线路时形成的雷电过电压波会沿线路侵入到变电站,危及变电站内电气设备的安全。加强输电线路的防雷是减少电力系统雷害事故的关键,因此,对输电线路的防雷保护应给予充分的重视。

输电线路防雷性能的优劣主要用耐雷水平和雷击跳闸率来衡量。耐雷水平是指线路遭受雷击时,线路绝缘所能耐受的不至于引起绝缘闪络的最大雷电流幅值,单位为 kA,耐雷水平愈高,线路的防雷性能愈好。雷击跳闸率是指在雷暴日数 $T_d = 40$ 的情况下,每 100km 线路每年由于雷击引起的跳闸次数,它是衡量线路防雷性能的综合指标。

1. 输电线路的感应雷过电压

在雷云对地放电的过程中,由于放电通道周围空间电磁场的急剧变化,会在附近输电线路上产生感应过电压。感应过电压包含静电感应和电磁感应两个分量,其形成过程在前面已介绍。

感应过电压的幅值与雷电流大小、雷电通道与线路间的距离以及导线的悬挂高度等因素有关。由于雷击地面时雷击点的自然接地电阻较大,所以雷电流幅值 I 一般不超过 100kA。实测证明,感应过电压一般不超过 500kV,对 35kV 及以下的水泥杆线路会引起闪络事故;对 110kV 及以上的线路,由于绝缘水平较高,一般不会引起闪络事故。

线路上的感应过电压具有以下特点:①感应过电压与雷电流的极性相反。由大部分的雷云带负电荷,所以感应过电压大多数是正极性;②感应过电压同时存在于三相导线,相间不存在电位差,只能引起对地闪络,若二相或三相同时对地闪络,即形成相间闪络事故;③感应过电压的波形较平缓,波头由几微秒到几十微秒。

感应过电压的静电分量和电磁分量的最大值都出现在距雷击点最近的一段导线上,根据理论分析和实测结果,规程建议,当雷击点离开线路的水平距离 $S > 65m$ 时,导线上的感应过电压最大值 U_i 可按下式计算

182

$$U_i \approx 25 \frac{Ih_c}{S} \tag{6-35}$$

式中:I——雷电流幅值,kA;

　　S——雷击点与导线的水平距离,m;

　　h_c——导线对地的平均高度,m。

从式(6-35)可知,感应过电压与雷电流幅值 I 成正比,与导线悬挂的平均高度 h_c 成正比,h_c 越高则导线对地电容越小,感应电荷产生的电压越高;感应过电压与雷击点到线路的距离 S 成反比,S 越大,感应过电压越小。

如果导线上方挂有避雷线,由于接地避雷线的屏蔽效应,会使导线上的感应电荷减少,因而使导线上的感应过电压降低。避雷线的屏蔽作用可用下面的方法求得。

该导线和避雷线的对地平均高度分别为 h_c 和 h_s,若避雷线不接地,根据式(6-35)可求得导线和避雷线上的感应过电压分别为 U_i 和 U_s,即

$$U_i \approx 25 \frac{Ih_s}{S}, U_s \approx 25 \frac{Ih_c}{S}$$

所以

$$U_s = U_i \frac{h_s}{h_c}$$

但避雷线实际上是通过每基杆塔接地的,其电位为零为了满足这一条件,可以设想在避雷线上又叠加一个($-U_s$)的电压。而这个电压由于耦合作用,将在导线上产生耦合电压 $k(-U_s)$,k 为避雷线与导线间的偶合系数,k 值主要决定于导线间的相互位置与几何尺寸。于是,导线上方有避雷线时,导线上的实际感应过电压 U'_c 将为两者的叠加,即

$$U'_i = U_i - kU_s = U_i\left(1 - k\frac{h_s}{h_c}\right) \approx U_i(1-k) \tag{6-36}$$

上式表明,避雷线使导线上的感应过电压由 U_i 下降到 $U_i(1-k)$。耦合系数愈大,导线上的感应过电压愈低。

式(6-35)只适用于 $S>65m$ 的情况,更近的落雷将会由于线路的引雷作用而击于线路。

雷击线路杆塔时,迅速向上发展的主放电引起周围空间电磁场的突然变化,将在导线上感应出与雷电流极性相反的过电压。一般高度的线路,无避宙线时导线上的感应过电压的最大值 U_i 可用下式计算

$$U_i = ah_c \tag{6-37}$$

式中:h_c——导线的平均高度,m;

　　a——感应过电压系数,kV/m,其值等于雷电流平均陡度,即

$$a = I/2.6kA/\mu s$$

有避雷线时,由于它的屏蔽作用,导线上的感应过电压将降低为

$$U'_i = (1-k)U_i = ah_c(1-k) \tag{6-38}$$

式中:k——耦合系数。

2. 输电线路的耐雷水平

我国 110kV 及以上线路一般全线都装设避雷线,而 35kV 及以下线路一般不装设避雷线,下面以中性点直接接地系统中有避雷线的线路为例,进行输电线路的直击雷过电压和耐雷水平的分析,无避雷线线路与有避雷线线路分析的方法相同。

按照雷击线路部位的不同,雷直击于有避雷线的线路可分为 3 种情况:雷击线路杆塔塔顶、雷击避雷线挡距中央及雷绕过避雷线击于导线(称为绕击),如图 6-36 所示。

(1)雷击杆塔塔顶时的过电压和耐雷水平

运行经验表明,在线路落雷总次数中,雷击杆塔的次数与避雷线的根数和经过地区的地形有关。

雷击杆塔的次数与雷击线路总次数的比值称为击杆率,用 g 表示。有关规程建议击杆率 g 如表 6-5 所示。

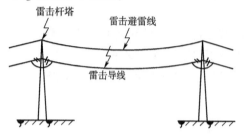

图 6-36 雷击输电线路部位示意图

击杆率 g 表 6-5

地形 \ 避雷线根数	0	1	2
平原	1/2	1/4	1/6
山区	—	1/3	1/4

如前所述,在雷击杆塔的先导放电阶段,导线、避雷线和杆塔上都会感应出异号束缚电荷,但由于先导放电发展的平均速度较慢,所以产生的电流及电压较小,可略去不计。若不计导线上的工频工作电压,则线路绝缘上不会出现电位差。在主放电阶段,雷电通道中的负电荷与杆塔、避雷线及大地中的正感应电荷迅速中和形成雷电流,雷电流的分布如图 6-37 所示。雷击瞬间自雷击点有一负极性的雷电流冲击波沿着杆塔向下运动,另有两个相同的负极性雷电波沿避雷线向两侧运动,使塔顶电位升高,并通过电磁耦合使导线电位发生变化。

与此同时,自雷击点有一正雷电冲击波沿雷电通道向上运动,引起周围空间电磁场的迅速变化,使导线上出现与雷电流极性相反的感应过电压。作用在线路绝缘子串上的电位差为塔顶电位与导线电位之差。当这电位差超过绝缘子串的冲击放电电压时,绝缘子串闪络。

①塔顶电位。对于一般高度(40m 以下)的杆塔,在工程近似计算中,常将杆塔和避雷线以集中参数代替,这样雷击杆塔塔顶时的等值电路如图 6-38 所示。图中 R_i 为杆塔的冲击接地电阻,L_t 为杆塔的等值电感(不同类型杆塔的等值电感可由表 6-6 查得),i_t 为经杆塔流入地中的电流,L_s 为避雷线的等值电感(两侧 1 挡避雷线电感的并联值),单根避雷线的等值电感约为 $0.67l\mu H$(l 为挡距长度,m),双避雷线约为 $0.42l\mu H$。

杆塔的等值电感和波阻抗的平均值   表 6-6

杆塔类型	杆塔电感($\mu H/m$)	杆塔波阻抗(Ω)
无拉线水泥单杆	0.84	250
有拉线水泥单杆	0.42	125
无拉线水泥双杆	0.42	125
铁塔	0.50	150
门形铁塔	0.42	125

一般长度挡距的线路杆塔分流系数   表 6-7

杆塔类型	线路额定电压(kV)	避雷线根数	β 值
无拉线水泥单杆	110	1	0.90
有拉线水泥单杆		2	0.86
无拉线水泥双杆	220	1	0.92
铁塔		2	0.88
门形铁塔	330~500	2	0.88

考虑到雷击点的对地阻抗较雷电通道波阻抗低得多,故在计算中可略去雷电通道波阻抗的影响,认为雷电流 i 直接由雷击点注入。由于避雷线的分流作用,流经杆塔的电流 i_t 将小于雷电流 i,其值可由下式计算

$$i_t = \beta i \tag{6-39}$$

式中:β——分流系数,即流经杆塔的电流与雷电流之比。

对于不同电压等级一般长度挡距的杆塔,β 值可由表 6-7 查得,也可由图 6-38 所示的等值电路求出。

雷击塔顶时,塔顶电位 u_{top} 可由下式计算

$$u_{top} = R_i i_t + L_t \frac{\mathrm{d}i_t}{\mathrm{d}t} = \beta \left(R_i i + L_t \frac{\mathrm{d}i}{\mathrm{d}t} \right) \tag{6-40}$$

式中:$\dfrac{\mathrm{d}i}{\mathrm{d}t}$——雷电流波前陡度,以 $\dfrac{\mathrm{d}i}{\mathrm{d}t} = \dfrac{I}{2.6}$ 代入上式,则塔顶电位的幅值为

$$U_{top} = \beta I \left(R_i + \frac{L_t}{2.6} \right) \tag{6-41}$$

式中:I——雷电流幅值,kA。

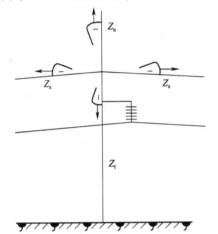

图 6-37 雷击杆塔塔顶时雷电流的分布图

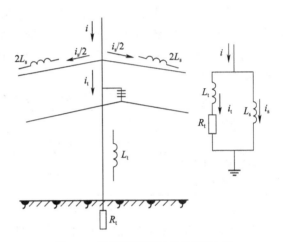

图 6-38 计算杆塔塔顶电位的等值电路

②导线电位。当塔顶电位为 U_{top} 时,与塔顶相连的避雷线上也有相同的电位 U_{top}。由于避雷线与导线间的耦合作用,在导线上将产生耦合电压 kU_{top},耦合电压与雷电流同极性。此外由前知,雷击有避雷线的线路杆塔时,由于静电感应和电磁感应,在导线上还会出现幅值为 $ah_c(1-k)$ 的感应过电压,此电压与雷电流异极性。则导线电位的幅值 U_c 为

$$U_c = kU_{top} - ah_c(1-k) \tag{6-42}$$

③线路绝缘上的电压。作用在线路绝缘子串上的电压为塔顶电位与导线电位之差,其幅值 $U_{l.i}$ 为

$$U_{l.i} = U_{top} - U_c = U_{top} - kU_{top} + ah_c(1-k) = (U_{top} + ah_c)(1-k)$$

以 $a = \dfrac{I}{2.6}$ 代入得

$$U_{l.i} = I \left(\beta R_i + \beta \frac{L_t}{2.6} + \frac{h_c}{2.6} \right)(1-k) \tag{6-43}$$

应当指出,作用在线路绝缘上的电压还有导线的工作电压,对 220kV 及以下的线路,其

185

值所占比重不大,可略去;但对超高压线路则不可不计,雷击时导线上工作电压的瞬时值及其极性应作为一随机变量考虑。

④雷击塔顶时的耐雷水平。从式(6-43)可知,作用在线路绝缘上的电压幅值随雷电流增大而增大,当 $U_{1.i}$ 大于线路绝缘子串的冲击闪络电压时,绝缘子串将发生闪络。由于此时杆塔电位较导线电位高,故此类闪络称为"反击"。所以由以 $U_{1.i} = U_{50\%}$ 可求得雷击塔顶时的耐雷水平 I_1,即

$$I_1 = \frac{U_{50\%}}{(1-k)\left[\beta\left(R_i + \frac{L_t}{2.6}\right) + \frac{h_c}{2.6}\right]} \tag{6-44}$$

从式(6-44)可知,雷击杆塔时的耐雷水平与杆塔的等值电感 L_t、杆塔冲击接地电 R_i,分流系数 β,耦合系数 k 及绝缘子串的 50% 冲击放电电压 $U_{50\%}$ 有关。在实际工程中,通常以降低杆塔冲击接地电阻 R_i 和提高导线与避雷线间的耦合系数 k 的方法作为提高线路耐雷水平的主要手段。

对于一般高度的杆塔,冲击接地电阻 R_i 上的电压降是塔顶电位的主要成分,因此降低接地电阻可有效地减小塔顶电位和提高耐雷水平。增加耦合系数 k 可以减少绝缘子串上电压及感应过电压,因此也可以提高耐雷水平。常用措施是将单避雷线改为双避雷线,或在导线下方增设架空地线(称为耦合地线),既可增大耦合系数 k,又可增大地线的分流作用。

标准 DL/T 620—1997 规定,不同电压等级输电线路,雷击杆塔时的耐雷水平 I_1 不应低于表 6-8 中的数值。

有避雷线线路的耐雷水平(单位:kA) 表 6-8

额定电压(kV)	35	60	110	220	330	500
一般线路	20~30	30~60	40~75	75~110	100~150	125~175
大跨越挡距中央和发电厂、变电站进线保护段	30	60	75	110	150	175

(2)雷击避雷线挡距中央时的过电压

据模拟试验和实际运行经验,这种雷击线路的情况出现的概率约有 10%。雷击避雷线挡距中央时,在雷击点会产生很高的过电压。不过由于避雷线的半径较小,雷击点距杆塔较远,强烈的电晕使过电压波传播到杆塔时已衰减得较小,不足以使绝缘子串闪络,所以通常只考虑雷击点处避雷线对导线的反击问题。

雷击避雷线挡距中央时的波过程如图 6-39 所示。雷击点处波阻抗为 $Z_S/2$(Z_S 为避雷线波阻抗),根据式(6-45),流入雷击点的雷电流 i_Z 为

$$i_Z = i\frac{Z_0}{Z_0 + Z_S/2} \tag{6-45}$$

式中:Z_0——雷电通道波阻抗。

则雷击点电压 u_A 为

$$u_A = i_Z \cdot \frac{Z_S}{2} = i\frac{Z_0 Z_S}{2Z_0 + Z_S} \tag{6-46}$$

此电压波 u_A 自雷击点向两侧避雷线传播,当到达两侧接地的杆塔处时,将发生负的反射,负反射波需要一段时间才能回到雷击点使该点电位降低。在此期间雷击点处避雷线上会有较高的电位。设挡距长度为 l,避雷线上的波速为 v_S,则电压波 u_A 经 $l/2v_S$ 时间到达杆

塔,负反射波又经$l/2v_\mathrm{S}$返回雷击点,若此时雷电流尚未到达幅值,即$2 \times l/2v_\mathrm{S}$小于雷电流波头,则雷击点的电位自负反射波到达之时开始下降,故雷击点的最高电位将出现在$t = 2 \times l/2v_\mathrm{S} = l/v_\mathrm{S}$时刻。

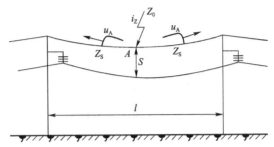

图6-39 雷击避雷线挡距中央时波过程示意图

Z_0-雷电通道波阻抗;S-挡距中央导线与避雷线间距离

若雷电流取为斜角波头,即$i = at$,根据式(6-47),以$t = l/v_\mathrm{S}$代入,则雷击点的最高电位U_A为

$$U_\mathrm{A} = a \times \frac{l}{v_\mathrm{S}} \times \frac{Z_0 Z_\mathrm{S}}{2Z_0 + Z_\mathrm{S}} \qquad (6\text{-}47)$$

由于避雷线与导线间的耦合作用,在导线上将产生耦合电压kU_A,所以雷击处避雷线与导线间的空气间隙S上所承受的最大电压U_S为

$$U_\mathrm{S} = (1 - k)U_\mathrm{A} = a \times \frac{l}{v_\mathrm{S}} \times \frac{Z_0 Z_\mathrm{S}}{2Z_0 + Z_\mathrm{S}}(1 - k) \qquad (6\text{-}48)$$

从式(6-48)可知,U_S与耦合系数k、雷电流陡度a及挡距长度l有关,当U_S超过空气间隙S的50%冲击放电电压$U_{50\%}$时,间隙被击穿,将造成系统接地事故。

根据式(6-49)及线路挡距长度l,空气间隙的冲击耐电强度,可以计算出不发生击穿的最小允许空气距离S。经过我国多年运行经验的修正,规程提出:对于一般挡距的线路,在挡距中央导线和避雷线之间的空气距离S宜按下述经验公式确定

$$S = 0.012l + 1 \quad (\mathrm{m}) \qquad (6\text{-}49)$$

式中:l——挡距长度,m。

在线路防雷的工程计算中,只要导线与避雷线间的空气距离满足式(6-49)的要求,雷击避雷线挡距中央引起的线路跳闸可以忽略不计。

对于大跨越挡距,若l/v_S大于雷电流波头,则来自接地杆塔的负反射波回到雷击点之前,雷电流已过峰值,故雷击点的最高电位由雷电流峰值决定。导线与避雷线间的距离S将由雷击点的最高电位和间隙平均击穿场强所决定。

(3)绕击时的过电压和耐雷水平

对于装设有避雷线的输电线路,由于各种随机因素的影响,可能会使避雷线的屏蔽保护失效,仍可能发生雷绕过避雷线击中导线的情况(即绕击),如图6-40所示。虽然绕击的概率很小,但一旦发生则往往会引起线路绝缘子串的闪络。

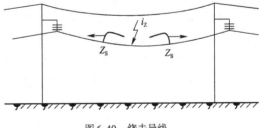

图6-40 绕击导线

绕击率P_a与避雷线的保护角α、杆塔高度h以及线路经过地区的地形、地貌和地质条

件等因素有关。对于一般实际工程问题,往往采用从模拟试验和现场运行经验中得出的经验公式计算绕击率,标准建议用下列公式计算绕击率 P_α:

对平原地区线路

$$\lg P_\alpha = \frac{\alpha\sqrt{h}}{86} - 3.9 \qquad (6\text{-}50)$$

对山区线路

$$\lg P_\alpha = \frac{\alpha\sqrt{h}}{86} - 3.35 \qquad (6\text{-}51)$$

式中:P_α——绕击概率,指一次雷击线路中出现绕击的概率;

α——保护角,°;

h——杆塔高度,m。

从上两式可知,山区的绕击率约为平原地区的 3 倍,或相当于保护角增大 8° 的情况。从减少绕击率的观点出发,应尽量减小保护角。

雷击导线时,雷电流将沿导线向两侧流动,雷击点的阻抗为 $Z_c/2$,即雷击点两侧导线波阻抗 Z_c 的并联值。流经雷击点的雷电流波 i_z 为

$$i_z = i\frac{Z_0}{Z_0 + \dfrac{Z_c}{2}} \qquad (6\text{-}52)$$

导线上电压 u_c 为

$$u_c = i_z \cdot \frac{Z_c}{2} = i\frac{Z_0 Z_c}{2Z_0 + Z_c}$$

其幅值 U_c 为

$$U_c = I\frac{Z_0 Z_c}{2Z_0 + Z_c} \qquad (6\text{-}53)$$

由式(6-53)知,绕击时导线上电压幅值 U_c 随雷电流幅位 I 的增加而增加。如果 U_c 超过线路绝缘子串的冲击放电电压,绝缘子串就会闪络。

在近似计算中,认为 $Z_0 \approx Z_c/2$,即不考虑雷击点的反射,则上式可变为

$$U_c = \frac{Z_c}{4} \cdot I$$

因为架空线路波阻抗 Z_c 近似等于 400Ω,令 U_c 等于线路绝缘子串的 50% 冲击放电电压,则绕击时的耐雷水平 I_2 为

$$I_2 = \frac{U_{50\%}}{100} \qquad (6\text{-}54)$$

由式(6-54)可以看出,绕击时,线路的耐雷水平很低。对 110kV、220kV、330kV 电压等级的输电线路,雷绕击导线的耐雷水平分别只有 7kA、12kA、16kA 左右,对 500kV 电压等级的线路其耐雷水平也只有 27.5kA。因此,对于 110kV 及以上中性点直接接地系统的输电线路,一般要求全线架设避雷线,以防止线路频繁发生雷击闪络跳闸事故。

3. 输电线路的雷击跳闸率

雷电过电压导致输电线路跳闸需要同时具备两个条件:首先,雷电流必须超过线路耐雷水平,引起线路绝缘发生冲击闪络;其次,冲击闪络转变为稳定的工频电弧。由于雷电流持续时间很短(只有几十微秒),所以冲击闪络时线路开关来不及跳闸,因此只有同时满足第二

个条件,继电保护装置才会动作,使线路跳闸停电。

(1)建弧率

冲击闪络转变为稳定工频电弧的概率,称为建弧率,以 η 表示。冲击闪络能否转变为稳定的工频电弧主要取决于工频弧道中的平均电场强度(即沿绝缘子串或空气间隙的平均运行电压梯度)E,还取决于闪络瞬间工频电压的瞬时值以及去游离强度等条件。建弧率可按下式计算

$$\eta = (4.5E^{0.75} - 14) \times 10^{-2} \qquad (6\text{-}55)$$

式中:E——绝缘子串的平均运行电压梯度,kV(有效值)/m。

对中性点直接接地系统

$$E = \frac{U_N}{\sqrt{3}l_i} \qquad (6\text{-}56)$$

对中性点绝缘或经消弧线圈接地系统

$$E = \frac{U_N}{2l_i + l_m} \qquad (6\text{-}57)$$

式中:U_N——系统额定电压(有效值),kV;

l_i——绝缘子串的放电距离,m;

l_m——木横担线路的线间距离,对铁横担和钢筋混凝土横担线路,$l_m = 0$。

对于中性点不接地系统,单相闪络不会引起跳闸,只有当第二相导线闪络后才会造成相间闪络而跳闸,所以式(6-57)中应是线电压和相间绝缘长度。

实践证明,当 $E \leqslant 6kV$(有效值)/m 时,建弧率很小,可以近似地认为建弧率,$\eta = 0$。

(2)线路落雷次数

雷击输电线路的跳闸次数与线路可能受雷击的次数有关。

输电线路高出地面,有引雷作用,其引雷范围与线路高度有关。线路愈高,等效受雷面积愈大。根据模拟试验和运行经验,一般高度线路的等效受雷面宽度为 $b + 4h_s$。则每100km线路年落雷次数 N 可以下式计算

$$N = \gamma \times 100 \times \frac{b + 4h_s}{1000} \times T_d \quad [次/(100km \cdot 年)] \qquad (6\text{-}58)$$

式中:T_d——雷暴日数;

b——两根避雷线之间的距离,m,若为单根避雷线,则 $b = 0$;若无避雷线,则 b 为边相导线间的距离;

h_s——避雷线的平均对地高度,m,可按式(6-59)求得,无避雷线时为最上层导线的平均高度。

避雷线平均对地高度计算式为

$$h_s = h_t - \frac{2}{3}f \qquad (6\text{-}59)$$

式中:h_t——避雷线在杆塔上的悬挂点高度,m;

f——避雷线的弧垂,m。

取 $T_d = 40$ 时,$\gamma = 0.07$,则

$$N = 0.28(b + 4h_s) \qquad (6\text{-}60)$$

(3)有避雷线线路雷击跳闸率 n 的计算

①雷击杆塔时的跳闸率 n_1。每100km有避雷线的线路每年(40个宙雷暴日)落雷次数为 $N = 0.28(b + 4h_s)$ 次。若击杆率为 g,则每100km线路每年雷击杆塔次数为 $0.28(b + 4h_s)g$ 次。若雷电流幅值大于雷击杆塔时的耐雷水平 I_1 的概率为 P_1,建弧率为 η,则每100km线路每年因雷击杆塔的跳闸次数 n_1 为

$$n_1 = 0.28(b + 4h_s)\eta g P_1 \qquad (6\text{-}61)$$

②绕击跳闸率 n_2。设线路的绕击率为 P_α,则每100km线路每年绕击次数为 $0.28(b + 4h_s)P_\alpha$,雷电流幅值超过绕击耐雷水平 I_2 的概率为 P_2,建弧率为 η,则每100km线路每年的绕击跳闸次数为

$$n_2 = 0.28(b + 4h_s)\eta P_\alpha P_2 \qquad (6\text{-}62)$$

③线路雷击跳闸率。根据运行经验,只要避雷线与导线之间的空气距离满足式(6-62),则雷击避雷线挡距中央时一般不会发生击穿事故,故其跳闸率为零。

所以,线路雷击跳闸率只考虑雷击杆塔和雷绕击于导线两种情况。综上所述,有避雷线的线路,雷击总跳闸率为

$$n = n_1 + n_2 = 0.28(b + 4h_s)\eta(gP_1 + P_\alpha P_2) \quad [\text{次}/(100\text{km}\cdot\text{年})] \qquad (6\text{-}63)$$

4. 输电线路的防雷保护措施

在确定输电线路的防雷保护方式时,应综合考虑系统的运行方式、线路的电压等级和重要程度、已有线路的运行经验、线路经过地区雷电活动的强弱、地形地貌的特点、土壤电阻率的高低等条件,根据技术经济比较的结果,因地制宜采取合理的保护措施。

(1)架设避雷线

架设避雷线是高压和超高压线路最基本的防雷措施,其主要作用是防止雷直击导线。此外避雷线还有以下作用:对塔顶雷击有分流作用,减少流入杆塔的雷电流,从而降低塔顶电位;对导线有耦合作用,可以降低绝缘子串上的电位差;对导线有屏蔽作用,可以降低导线上的感应过电压。线路电压越高,采用避雷线的效果越好。有了避雷线后,雷也可能绕过避雷线击在导线上,绕击的概率与避雷线的保护角有关。为了降低绕击率,避雷线的保护角不宜太大。

330kV和500kV线路应沿全线架设双避雷线。500kV及以上的超高压、特高压线路保护角应在15°及以下,330kV线路保护角应采用20°以下。220kV线路宜沿全线架设双避雷线,少雷区宜架设单避雷线,保护角应在25°以下。110kV线路,一般沿全线架设避雷线,保护角一般取25°~30°,在雷电活动特别强烈的地区,宜架设双避雷线,对架在少雷区的110kV线路,可不沿全线架设避雷线,但应装设自动重合闸装置,以减少线路停电事故。35kV及以下的线路,因绝缘很弱,装设避雷线的效果不大,只在变电站的进线段架设避雷线。

为了降低正常运行时避雷线中感应电流所引起的附加损耗和利用避雷线兼作高频通道,超高压线路常将避雷线经小间隙接地。正常运行时避雷线对地绝缘,雷击时小间隙被击穿,使避雷线接地。

(2)降低杆塔接地电阻

线路架设避雷线后,杆塔必须良好接地。降低杆塔接地电阻是提高线路耐雷水平、防止反击的有效措施。规程规定,有避雷线的线路,每基杆塔(不连避雷线)的工频接地电阻在雷雨季节干燥时,不宜超过表6-9的数值。

在土壤电阻率低的地区,应充分利用铁塔、钢筋混凝土杆的自然接地电阻。在土壤电阻

率高的地区,当采用一般措施难以降低接地电阻时,可用多根放射形接地体,将接地电阻降低到30Ω以下。在土壤电阻率特别高的地区,可采用两根与线路平行的连续伸长接地体,它可以增加地线与导线间的耦合作用,可降低杆塔的冲击接地电阻、避免末端反射,因而能降低绝缘子串上的电位差,提高耐雷水平。

有避雷线的线路杆塔的工频接地电阻

表6-9

土壤电阻率($\Omega \cdot m$)	100及以下	100～500	500～1000	1000～2000	2000以上
接地电阻(Ω)	≤10	≤15	≤20	≤25	≤30

(3)架设耦合地线

如果接地电阻很难降低时,可以在导线下方加一条架空地线(耦合地线),其作用是在雷击导线时起分流作用和增加避雷线与导线间的耦合作用,从而降低绝缘子串上的电压,提高线路的耐雷水平。运行经验表明,耦合地线对降低雷击跳闸率有显著的效果。

(4)采用不平衡绝缘

在现代高压及超高压线路中,同杆架设的双回路线路日益增多。为了降低雷击时双回路同时跳闸的跳闸率,当采用通常的防雷措施不能满足要求时,可采用不平衡绝缘方式,也就是使两回线路的绝缘子片数有差异,以保证不中断供电。这样,当线路遭雷击时,绝缘子片数少的回路先闪络,闪络后的导线相当于地线,增加了对另一回线路的耦合作用,使其耐雷水平提高而不再发生闪络,以保证线路继续供电。两回线路绝缘水平相差多少,应以各方面技术经济比较来确定。一般认为两回路绝缘水平的差异宜为$\sqrt{3}$倍相电压(峰值),差异过大将使线路的总跳闸率增加。

(5)采用消弧线圈接地方式

在雷电活动强烈、接地电阻又难以降低的地区,对于110kV及以下电压等级的电网可采用系统中性点不接地或经消弧线圈接地的方式。这样绝大多数的雷击单相闪络接地故障能被消弧线圈所消除,不至于发展成为持续工频电弧。在两相或三相受雷时,雷击引起第一相导线闪络并不会造成跳闸,先闪络的导线相当于地线,增加了分流和对未闪络相的耦合作用,使未闪络相绝缘上的电压下降,从而提高了线路的耐雷水平。

(6)装设自动重合闸装置

由于线路绝缘具有自恢复性能,大多数雷击造成的冲击闪络在线路跳闸后能够自行消除。所以,安装自动重合闸装置对降低线路的雷击事故率效果较好,各级电压的线路都应装设自动重合闸装置。

(7)装设排气式避雷器

在我国跳闸率比较高的地区,高压线路的总跳闸次数中,由于雷击引起的跳闸次数占到40%～70%。为了减少输电线路的雷害事故,提高供电的可靠性,可在线路雷电活动强烈或土壤电阻率很高的线段及线路绝缘薄弱处装设排气式避雷器。一般在线路交叉处和大跨越高杆塔等处装设。

(8)加强绝缘

对于线路的个别大跨越高杆塔地段,落雷机会增多,杆塔的等值电感大,感应过电压高,绕击的概率也随高度的增大而增加,这些都增加了线路的雷击跳闸率。为降低跳闸率,可在高杆塔上增加绝缘子串的片数,加大大跨越挡导线与避雷线之间的距离,以加强线路绝缘。规程规定,全高超过40m有避雷线的杆塔,每增高10m应增加一片绝缘子;全高超过100m

的杆塔,绝缘子串的片数应结合运行经验通过计算确定。

五、发电厂和变电所的防雷保护

发电厂和变电所是电力系统的枢纽,设备相对集中,一旦发生雷害事故,往往导致发电机、变压器等重要电气设备的损坏,更换和修复困难,并造成大面积停电,严重影响国民经济和人民生活。因此,发电厂和变电所的防雷保护要求十分可靠。

发电厂和变电所遭受雷害一般来自两方面:一方面是雷直击于发电厂、变电所;另一方面是雷击输电线路后产生的雷电波沿该导线侵入发电厂、变电所。

对直击雷的保护,一般采用避雷针或避雷线,根据我国的运行经验,凡装设符合规程要求的避雷针(线)的发电厂和变电所绕击和反击事故率是非常低的,约每年每百所 0.3 次。

由于雷击线路比较频繁,沿线路侵入的雷电波的危害是发电厂、变电所雷害事故的主要原因,雷电流幅值虽受到线路绝缘的限制,但发电厂、变电所电气设备的绝缘水平比线路绝缘水平低,主要措施是在发电厂和变电所内安装合适的避雷器以限制电气设备上的过电压峰值,同时设置进线保护段以限制雷电流幅值和降低侵入波的陡度。对于直接与架空线路相连的发电机(一般称为直配电机),除在发电机母线上装设避雷器外,还应装设并联电容器以降低发电机绕组侵入波的陡度,保护发电机匝间绝缘和中性点绝缘不受损坏。

1. 直击雷过电压的防护

直击雷防护的措施主要是装设避雷针或避雷线,使被保护设备处于避雷针或避雷线的保护范围之内,同时还必须防止雷击避雷针或避雷线时引起与被保护物的反击事故。

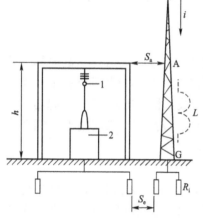

当雷击独立避雷针时,如图 6-41 所示,雷电流经避雷针及其接地装置在避雷针高度为 h 处和避雷针的接地装置上将出现高电位 $u_A(kV)$ 和 $u_G(kV)$

$$u_A = iR_i + L\frac{di}{dt} \qquad (6-64)$$

$$u_G = iR_i \qquad (6-65)$$

式中:i——流过避雷针的雷电流,kA;

R_i——避雷针的冲击接地电阻,Ω;

L——避雷针的等效电感,μH;

图 6-41 雷击独立避雷针
1-母线;2-变压器

$\dfrac{di}{dt}$——雷电流的上升陡度,kA/μs。

取 i 为 100kA,上升平均陡度 $\dfrac{di}{dt} = \dfrac{100}{2.6}$ kA/μs,避雷针的单位电感为 1.3μH/m,则得

$$u_A = 100R_i + 50h, \quad u_G = 100R_i$$

为了防止避雷针与被保护的配电构架或设备之间的空气间隙 S_a 被击穿而造成反击事故,必须要求 S_a 大于一定距离,取空气的平均耐压强度为 500kV/m;为了防止避雷针接地装置和被保护设备接地装置之间在土壤中的间隙 S_e 被击穿,必须要求 S_e 大于一定距离,取土壤的平均耐电强度为 300kV/m,S_a 和 S_e 应满足下式要求

$$S_a \geqslant 0.2R_i + 0.1h \qquad (6-66)$$

$$S_e \geqslant 0.3R_i \qquad (6-67)$$

式中:S_a——空气中距离,m;

　　　S_e——地中距离,m;

　　　h——避雷针校验点的高度,m。

同理,若采用避雷线防直击雷,对一端绝缘另一端接地的避雷线,与配电装置带电部分、发电厂和变电所电气设备接地部分以及架构接地部分间的距离应符合下列要求

$$S_a \geqslant 0.2R_i + 0.1(h + \Delta l) \tag{6-68}$$

式中:h——避雷线支柱的高度,m;

　　　Δl——避雷线上校验的雷击点与接地支柱的距离,m。

对两端接地的避雷线

$$S_a \geqslant \beta'[0.2R_i + 0.1(h + \Delta l)] \tag{6-69}$$

式中:β'——避雷线分流系数。

$$\beta' \approx \frac{l_2 + h}{l_2 + \Delta h + 2h} \tag{6-70}$$

式中:l_2——避雷线上校验的雷击点与另一端支柱间的距离,$l_2 = l' - \Delta l$,m;

　　　l'——避雷线两支柱间的距离,m。

对一端绝缘另一端接地的避雷线,按式(6-51)校验。对两端接地的避雷线应按下式校验

$$S_e \geqslant 0.3\beta' R_i$$

一般情况下,避雷针和避雷线的间隙距离 S_a 不宜小于5m,S_e 不宜小于3m。

35kV 及以下的变电所,需要架设独立避雷针。对于 110kV 及以上变电所,由于此类电压等级配电装置的绝缘水平较高,可以将避雷针架设在配电装置的构架上。构架避雷针具有节约投资、便于布置等优点,但更应注意反击问题,在土壤电阻率不高的地区,雷击避雷针时在配电构架上出现的高电位不会造成反击事故,但在土壤电阻率大于2000Ω·m 的地区,宜架设独立避雷针。变压器是变电所中最重要而绝缘水平又较弱的设备,一般在变压器的门形构架上不允许装避雷针(线)。要求在其他装置避雷针的构架埋设辅助集中接地装置,且避雷针与主接地网的地下连接点至变压器接地线与主接地网的地下连接点,沿接地体的距离不得小于15m。

线路终端杆塔上的避雷线能否与变电所构架相连,也主要考虑是否发生反击。110kV 及以上的配电装置可以将线路避雷线引至出线门形架上,但在土壤电阻率大于1000Ω·m 的地区,应加设集中接地装置;对 35~60kV 配电装置,一般不允许线路避雷线与出线门形架相连,只在土壤电阻率不大于500Ω·m 的地区允许,但同样需加设集中接地装置。

变电所采用避雷线防直击雷,所选避雷线要有足够的截面积和机械强度,以免由于避雷线断线引起母线短路的严重故障,只要结构布置合理,设计参数选择正确,同样可以起到可靠的防雷效果。近年来国内外新建的 500kV 变电所多有采用避雷线保护的趋势。

发电厂的主厂房、主控制室和配电装置室一般不装设直击雷保护装置,以免发生反击事故和引起继电保护误动作。

在设计避雷针(线)时还应注意以下几个问题:

①避雷针的安装地点应避开人员经常通行的地方,一般应距道路3m 以上,否则应采取均压措施,或铺设碎石路面或混凝土沥青路面(厚5~8cm),以保证人身安全。

②为避免雷击避雷针时,雷电波沿电线传入室内,所以架空照明线、电话线、广播线、无

线电天线等严禁架在避雷针(线)上或其下的架构上。

③现场中往往需要在独立避雷针上或在装有避雷针的架构上装有照明灯,这些灯的电源线必须采用金属包皮并且埋入土中 10m 以上再与 35kV 及以下配电装置的接地网及低压配电装置相连。机力通风冷却塔上的电源线也应照此办理。

④发电厂烟囱上装有避雷针,烟囱下附近往往有引风机,后者自配电室供电。为使雷击烟囱避雷针时不致使引风机或配电室发生损坏,一般应将二者的接地分开。而将引风机外壳接于发电厂主接地网。当因位置所限,二者不易分开时,引风机的电源线应采用金属包皮并埋入土中 10m 以上。

2. 侵入波过电压的防护

变电所中限制雷电侵入波过电压的主要措施是装设避雷器,需要正确选择避雷器的类型、参数,合理确定避雷器的数量和安装位置。如果 3 台避雷器分别直接连接在变压器的 3 个出线套管端部,只要避雷器的冲击放电电压和残压低于变压器的冲击绝缘水平,变压器就得到可靠的保护。

但在实际中,变电所有许多电气设备需要防护而电气设备总是分散布置在变电所内,常常要求尽可能减少避雷器的组数(一组 3 台避雷器),又要保护全部电气设备的安全,加上布线上的原因,避雷器与电气设备之间总有一段长度不等的距离。在雷电侵入波的作用下,被保护电气设备上的电压将与避雷器上的电压不相同,下面以保护变压器为例来分析避雷器与被保护电气设备间的距离对其保护作用的影响。

如图 6-42 所示,设侵入波为波头陡度为 a 波速为 v 的斜角波 $u_t = at$,避雷器与变压器间的距离为 l,不考虑变压器的对地电容,点 B、T 的电压可用网格法求得,如图 6-43 所示,避雷器动作前看作开路,动作后看作短路;分析时不取统一的时间起点,而以各点开始出现电压时为各点的时间起点。行波从 B 点到达 T 点所需时间 $\tau = \dfrac{l}{v}$。

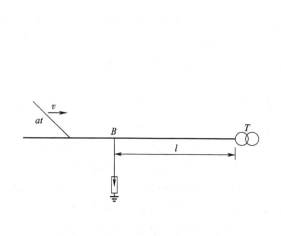

图 6-42 避雷器保护变压器简单接线

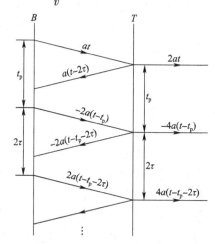

图 6-43 避雷器和变压器上电压行波网格图

先分析 B 点电压。点 T 反射波尚未到达 B 点时,$u_B(t) = at (t < 2\tau)$;点 T 反射波到达 B 点后至避雷器动作前(假设避雷器的动作时间 $t_p > 2\tau$)

$$u_B(t) = at + a(t - 2\tau) = 2a(t - \tau)$$

在避雷器动作瞬间,即 $\qquad u_B(t) = 2a(t_p - \tau)$;

避雷器动作后,避雷器上的电压就是避雷器的残压 U_r,相当于在 B 点加上一个负电压

波 $-2a(t-t_p)$，此时

$$u_B(t) = 2a(t_p - \tau) - 2a(t_p - \tau) = U_r$$

电压 $u_B(t)$ 的分析波形如图6-32a)所示，再分析 T 的电压，雷电侵入波到达变压器端点之后

$$u_T(t) = 2at \qquad (t < t_p)$$

在避雷器动作瞬间，即

$$u_T(t) = 2at_p = 2a(t_p - \tau + \tau) = 2a(t_p - \tau) + 2a\tau = U_r + 2a\tau$$

当 $t_p < t < t_p + 2\tau$ 时

$$u_T(t) = 2at - 4a(t - t_p) = 2a(t - 2t_p)$$

当 $t = t_p + 2\tau$ 时

$$u_T(t) = 2a(t_p + 2\tau) - 4a(t_p + 2\tau - t_p) = 2a(t_p - 2\tau) = U_r - 2a\tau$$

电压 $u_T(t)$ 的分析波形如图6-44b)所示。

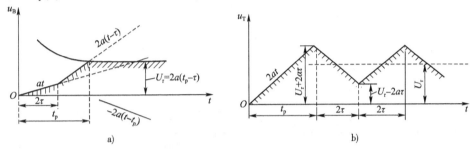

图6-44　避雷器保护变压器简单接线

a) 避雷器上电压 $u_B(t)$；b) 变压器上电压 $u_T(t)$

通过分析，得出变压器上所受最大电压 u_T 为

$$U_T = U_r + 2a\tau = U_r + 2a\frac{l}{v}$$

无论变压器处于避雷器之前还是之后，上式的分析结果都是一样的。在实际情况下，由于变电所接线方式比较复杂。出线可能不止一路，再考虑变压器的对地电容的作用，冲击电晕和避雷器电阻的衰减作用等，变电所的波过程将十分复杂。实测表明，雷电波侵入变电所时变压器上实际电压的典型波形如图6-45所示。它相当于在避雷器的残压上叠加一个衰减的振荡波，这种波形和全波波形相差较大，对变压器绝缘结构的作用与截波的作用较为接近，因此常以变压器绝缘承受截波的能力来说明在运行中该变压器承受雷电波的能力。变压器承受截波的能力称为多次截波耐压值 U_j，根据实践经验，对变压器而言，$U_j = 0.87U_{j3}$（U_{j3} 为变压器3次截波冲击试验电压）。

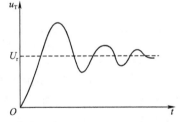

图6-45　变压器上实际电压的典型波形

取变压器的冲击耐压强度为 U_j，可求出避雷器与变压器的最大允许电气距离，即避雷器的保护距离 l_m 为

$$l_m = \frac{U_j - U_r}{2\dfrac{a}{v}} = \frac{U_j - U_r}{2a'} \qquad (6-71)$$

式中：a'——电压沿导线升高的空间陡度，$a' = \dfrac{a}{v}$，kV/m。

高压变电所一般在每组母线上装设一组避雷器。普通阀式避雷器和金属氧化物避雷器与主变压器间的电气距离可分别参照表6-10和表6-11确定,全线有避雷线进线长度取2km,进线长度在1~2km时的电气距离按补插法确定。电气距离超过表中的参考值,可在主变压器附近增设一组避雷器。表6-11中数据是在110kV及220kV金属氧化物避雷器标称放电电流下的残压分别取260kV及520kV时得到。其他电器的绝缘水平高于变压器,对其他电器的最大距离可相应增加35%。

普通阀式避雷器至主变压器间的最大电气距离 表6-10

系统标称电压 （kV）	进线长度 （km）	进 线 路 数			
		1	2	3	≥4
35	1	25	40	50	55
	1.5	40	55	65	75
	2	50	75	90	105
66	1	45	65	80	90
	1.5	60	85	105	115
	2	80	105	130	145
110	1	45	70	80	90
	1.5	70	95	115	130
	2	100	135	160	180
220	2	105	165	195	220

注:1. 全线有避雷线进线长度取2km,进线长度在1~2km时的距离按补插法确定。
  2. 35kV也适用于有串联间隙金属氧化物避雷器的情况。

金属氧化物避雷器至主变压器间的最大电气距离 表6-11

系统标称电压 kV	进线长度 km	进 线 路 数			
		1	2	3	≥4
110	1	55	85	105	115
	1.5	90	120	145	165
	2	125	170	205	230
220	2	125	195	235	265
		(90)	(140)	(170)	(190)

注:1. 本表也适用于电站碳化硅磁吹避雷器(FM)的情况。
  2. 括号内距离对应的雷电冲击全波耐受电压为850kV。

超高压、特高压变电所由于限制线路上操作过电压的要求,在变电所线路断路器的线路侧必然安装有金属氧化物避雷器,变压器回路也要求安装有金属氧化物避雷器,至于变电所母线上是否安装金属氧化物避雷器以及各避雷器与被保护设备的电气距离,则需要通过数字仿真计算予以确定。

3. 变电所的进线段保护

变电所的进线段保护是对雷电侵入波保护的一个重要辅助措施,就是在临近变电所1~2km的一段线路上加强防护。当线路全线无避雷线时,这段线路必须架设避雷线;当沿全线架设有避雷线时,则应提高这段线路的耐雷水平,以减少这段线路内绕击和反击的概率。进线段保护的作用在于限制流经避雷器的雷电流幅值和侵入波的陡度。

未沿全线架设避雷线的 35 ～110kV 架空送电线路,当雷直击于变电所附近的导线时,流过避雷线的电流幅值可能超过 5kA,而陡度也会超过允许值。因此,应在变电所 1 ～2m 的进线段架设避雷线作为进线段保护,要求保护段上的避雷线保护角宜不超过 20°,最大不应超过 30°,110kV 及以上有避雷线架空送电线路,把 2km 范围内进线作为进线保护段,要求加强防护,如减小避雷线的保护角及降低杆塔的接地电阻 R_i。要求进线保护段范围内的杆塔耐雷水平,达到表 6-7 的最大值,以使避雷器电流幅值不超过 5kA(在 33 ～550kV 级为 10kA),而且必须保证来波陡度 a 不超过一定的允许值。35 ～110kV 变电所的进线段保护接线如图 6-36 所示。

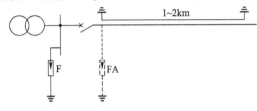

图 6-46　35 ～110kV 变电所的进线段保护接线

在图 6-46 的标准进线段保护方式中,安装排气式避雷器 FA。这是因为在雷季,线路断路器、隔离开关可能经常开断而线路侧又带有工频电压(热备用状态),沿线袭来的雷电波(其幅值为 $U_{50\%}$)在此处碰到了开路的末端,于是电压可上升到 $2U_{50\%}$,这时可能使开路的断路器和隔离开关对地放电,引起工频短路,将断路器或隔离开关的绝缘支座烧毁,为此在靠近隔离开关或断路器处装设一组排气式避雷器 FA。但在断路器闭合运行时雷电侵入波不应使 FA 动作,即此时 FA 应在变电所避雷器 F 保护范围之内,如 FA 在断路器闭合运行时侵入波使之放电,则将造成截波,可能危及变压器纵绝缘与相间绝缘。若缺乏适当参数的排气式避雷器,则 FA 可用阀式避雷器代替。

采取进线段保护以后,最不利的情况是进线段首端落雷,由于受线路绝缘放电电压的限制,雷电侵入波的最大幅值为线路冲击放电电压 $U_{50\%}$;行波在 1 ～2km 的进线段来回一次的时间需要 $\frac{2l}{v} = \frac{1000 \sim 2000}{300}\mu s = (6.7 \sim 13.7)\mu s$,在此时间内,流经避雷器的雷电流已过峰值,因此,可以不计这反射波及其以后过程的影响,只按照原侵入波进行分析计算。作出如图 6-34 所示的彼德逊等效电路,避雷器的端电压按残压 U_r 表示,可求得流经避雷器的电流 I_F 为

$$I_F = \frac{2U_{50\%} - nU_r}{Z} \tag{6-72}$$

式中:n——变电所进线的总回路数。

根据式(6-55)可以求出各级变电所单回路($n = 1$)时流过避雷器的电流 I_F,见表 6-12。由表可知,1 ～2km 长的进线段可将流经避雷器的雷电流幅值限制在 5kA(或 10kA)以下。

进线段外落雷时各级变电所流过避雷器的雷电流最大计算值　　　表 6-12

额定电压(kV)	避雷器型号	线路绝缘的 $U_{50\%}$(kV)	I_s(kA)
35	FZ – 35	350	1.41
110	FZ – 110J	700	2.67
220	FZ – 2200J	1200 ～1400	4.35 ～5.38
330	FZ – 330J	1645	7.06
500	FZ – 500J	2060 ～2310	8.63 ～10

在最不利的情况下,雷电侵入波具有直角波头,由于 $U_{50\%}$ 已大大超过导线的临建电晕电压,冲击电晕将使波形发生变化,波头变缓,进入变电所雷电流的陡度为

$$a = \frac{u}{\Delta\tau} = \frac{u}{(0.5 + \frac{0.008u}{h_c})l} \tag{6-73}$$

197

$$a' = \frac{a}{v} = \frac{a}{300} \qquad\qquad (6\text{-}74)$$

用式(6-73)和式(6-74)计算出各级变电所的雷电侵入波沿导线升高的空间陡度 a',列于表6-13。

变电所的雷电侵入波的计算陡度 表6-13

额定电压(kV)	侵入波的计算用陡度(kV/m)	
	1km 进线段	2km 进线段或全线有避雷器
35	1.0	0.5
110	1.5	0.75
220	1	1.5
330	1	2.2
550	—	2.5

对于35kV小容量变电所,可根据负荷的重要性及雷电活动的强弱等条件适当简化保护接线,因为变电所范围小,避雷器距变压器的距离一般在10m以内,故侵入波陡度 a 允许增加,变电所进线段的避雷线长度可减少到50~600m,为了限制流入变电所避雷器的雷电流幅值,在进线首端可装设一组排气式避雷器或保护间隙,但共其接地电阻不应超过5Ω,如图6-47所示。

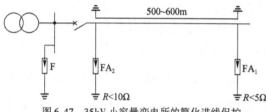

图6-47　35kV小容量变电所的简化进线保护

4. 变压器防雷保护的几个具体问题

(1)变压器中性点防雷保护

当变压器绕组三相来波时,在变压器中性点的电位理论上会达到绕组首端电压的2倍,因此,需要考虑变压器中性点的保护问题。

对于中性点不接地、消弧线圈接地和高电阻接地系统,变压器是全绝缘的,即中性点的绝缘与相线端的绝缘水平相等。由于三相来波的概率只有10%,机会很小,据统计约15年才有一次;大多数侵入波来自线路较远处,陡度较小;实际变电所有多路进线,非雷击进线有分流作用,进一步减少了流经避雷器中的雷电流;流经避雷器中的雷电流一般只有1.4~2.0kA,避雷器的残压要比5kA时的残压减少20%左右;变压器绝缘水平有一定裕度等原因,运行经验表明,这种电网的雷害故障一般每一百台一年只有0.38次,实际上是可以接受的,因此规程规定,35~60kV变压器中性点一般不装设保护装置。但多雷区单进线变电所且变压器中性点引出时,宜装设保护装置;中性点接有消弧线圈的变压器,如有单进线运行可能,为了限制开断两相短路时线圈中磁能释放所引起的操作过电压,应在中性点装设保护装置,该保护装置可任选金属氧化物避雷器或普通阀式避雷器,并在非雷雨季节也不能退出运行。

我国110kV及以上的系统是有效接地系统,运行时一部分变压器的中性点是直接接地的,同时为了限制单相接地电流和满足继电保护的需要,一部分变压器的中性点是不接地的。这种系统的变压器中性点大多是分级绝缘,即变压器中性点绝缘水平要比相线端低得多,如我国220kV和110kV变压器中性点的绝缘等级分别为110kV和35kV,规程规定,中性点不接地的变压器,如采用分级绝缘且未装设保护间隙,应在中性点装设雷电过电压保护装置,宜选变压器中性点用金属氧化物避雷器。中性点也有采用全绝缘,此时中性点一般不加保护,但变电所为单进线且为单台变压器运行,也应在中性点装设雷电过电压保护装置。

变压器和高压并联电抗器的中性点经接地电抗器接地时,中性点上应装设金属氧化物避雷器保护。

(2)自耦变压器的防雷保护

自耦变压器一般除有高、中压自耦绕组外,还带有三角形接线的低压(第三)非自耦绕组,以减小系统的零序阻抗及改善电压波形。因此,有可能高—低压绕组长期运行而中压侧端子开路,也可能中—低压绕组长期运行而高压侧端子开路。在这种运行方式时,自耦变压器除应按三绕组变压器的规定在低压非自耦绕组上加一只避雷器外,还需按照自耦变压器本身的特点加以保护。

在图6-48a)中画出了自耦变压器自耦绕组的接线图。当冲击波 U_0 从高压端 A 袭来时,电位分布的始态、稳态以及最大电位的包线都和在一个中性点接地的绕组中相同,如图6-48b)所示,从图中可见,此时在开路的中压端子 A' 上可出现最大电位约为高压侧来波 U_0 的 $2/K$ 倍(K 为变压比)。实验完全证实这一结论。这显然将会使开路的中压端套管闪络。因此,在自耦变压器的中压侧套管与断路器之间应装有 3 只避雷器。以便当中压断路器开断时保护中压侧套管等绝缘。当冲击波 U'_0 从中压侧套管袭来时,电位分布的始态和稳态如图6-48c)中所示。由中压端 A' 到接地中性点 0 之间的稳态分布是无需加以解释的;而由开路的高压端 A 到中压端 A' 的稳态分布则是由 A'-0 的稳态分布电磁感应而形成的,即 A 点的稳态电压为 kU'_0(k 为变压比)。在振荡过程中 A 点的电位可超过 $2kU'_0$,实验结果可达 $1.5kU'_0$。这显然将使开路的高压侧套管闪络。因此,在自耦变压器的高压侧套管与断路器之间也应装有 3 只避雷器以便当高压侧断路器开断时保护高压侧套管等绝缘。

图6-49 中画出了自耦变压器的两种保护方式。采用图6-49a)的"自耦避雷器"即能节约避雷器元件,又可使高低压间绕组受到可靠保护,但其布线较麻烦,此外,还应验算自耦绕组任一侧接地短路条件下,在 FZ_2 上所出现的最高工作电压不应超过 FZ_2 的灭弧电压。

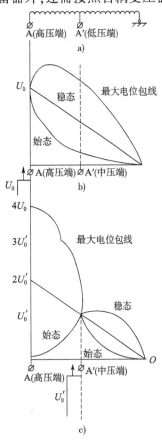

图6-48 自耦变压器自耦绕组的接线图

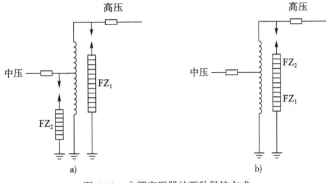

图6-49 自耦变压器的两种保护方式

在采用图 6-49b)的保护方式时,应注意的是,当中压侧连有出线时,相当于 A'点经波组接地,高压侧雷电波袭来,雷电压绝大部分将加在自耦变压器的串联绕组 AA'上,可能使其击穿。当高压侧连有出线时,中压侧雷电波袭来也有类似的情况。这种情况显然在 AA'绕组越短(即自耦变压器比越小时)越危险。因此,当变压比小于 1.25 时,在 AA'之间还应增装一组避雷器。

(3)配电变压器的防雷保护

配电变压器的防雷保护接线如图 6-50 所示,其 3～10kV 侧应装设阀式避雷器 FS—3～10kV 或保护间隙来保护,应将 FS 的接地端直接同变压器金属外壳连接后共同接地,以免将接地电阻 R 上的压降加到变压器绝缘结构上。但是,当雷电流流过时,变压器外壳将具有 iR 的电位,可能由金属外壳向 220/380V 低压侧反击。为了避免变压器低压侧绕组的损坏,必须将低压侧的中性点也连接在变压器的金属外壳上,即构成变压器高压侧 FS 的接地端点、低压绕组的中性点和变压器金属外壳 3 点联合接地。

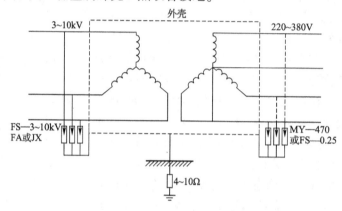

图 6-50　配电变压器的保护接线

然而,即使在上述情况下,仍会在高压侧绕组产生所谓正变换和反变换过电压。正变换过电压是指雷直击于低压线或低压线遭受感应雷过电压,此时通过电磁耦合,将低压侧过电压按电压比关系传到高压侧,由于高压侧绝缘水平的裕度比低压侧小,会损坏高压侧绕组。反变换过电压是指雷击高压线路或高压线路遭受感应雷过电压,高压侧避雷器动作,冲击大电流在接地电阻上产生压降 iR,此电压将同时作用于低压绕组的中性点上,而低压侧出线相当于经不大的导线波阻接地,因此 iR 的绝大部分都加在低压绕组上,经过电磁耦合,在高压绕组上同样会按电压比关系感应出过电压。由于高压绕组出线端的电位被避雷器限制,所以,由低压侧感应到高压侧的这一高电压将沿高压绕组分布,在中性点上达到最大值,可将中性点附近的绝缘结构击穿,也会危及绕组的纵绝缘。

为了限制上述正、反变换过电压,3～10kV 低压侧中性点接地和不接地(Yyn 和 Yy)接线的配电变压器,宜在低压侧装设一组阀式避雷器或击穿熔断器。显然,低压侧避雷器的接地端也应直接同变压器外壳连接后共同接地。

(4)三绕组变压器的防雷保护

双绕组变压器在正常运行时,高、低压侧断路器都是闭合的,两侧都有避雷器保护。三绕组变压器在正常运行时,可能出现高、中压绕组工作而低压绕组开路的情况,此时,在高压或中压侧有雷电侵入波作用,由于低压绕组对地电容较小,开路的低压绕组上的静电感应分量可达很高的数值,将危及绝缘结构,为了限制这种过电压,在低压绕组直接出口处对地加

200

装避雷器即可,当低压绕组接有 25m 以上金属外皮电缆时,因为对地电容增大,可不必再装避雷器。中压绕组虽然也有开路的可能,但其绝缘水平较高,一般不装避雷器。

(5)测量软件要求为近期数据均方根处理,不能用全事件平均处理。

任务实施

一、工作任务

为了检查氧化锌阀片是否受潮或者是否劣化,确定其动作性能是否符合产品性能要求。某变电所 10kV 金属氧化物避雷器需进行直流参考电压和 0.75 倍电压下泄漏电流测试,来判断是否有质量缺陷,此任务在现场测试。

二、引用的标准和规程

(1)《交流无间隙金属氧化物避雷器》(GB 11032—2000)。
(2)《电业安全工作规程》(发电厂和变电所电气部分)(GB 26860—2011)。
(3)YTZG 型直流高压发生器说明书。
(4)交流电力系统金属氧化物避雷器使用导则(DL/T 804—2002)。

三、试验仪器、仪表及材料(见表 6-14)

试验仪器、仪表及材料   表 6-14

序号	试验所用设备(材料)	数量	序号	试验所用设备(材料)	数量
1	YTZG 型直流高压发生器	1 块	5	常用仪表(电压表、微安表、万用表等)	1 套
2	电源盘	2 个	6	小线箱(各种小线夹及短接线)	1 个
3	常用工具	1 套	7	操作杆、放电棒、验电器	1 套
4	10kV 金属氧化物避雷器	1 个	8	设备试验原始记录	1 本

四、测试准备及工作危险点分析、防范措施

(1)现场工作必须执行工作票制度、工作许可制度、工作监护制度、工作间断和转移及终结制度。

(2)试验前为防止避雷器剩余电荷或感应电荷伤人、损坏试验仪器,应将被试电力电缆进行充分放电。

(3)确认拆除所有与设备连接的引线,并保证有足够的安全距离。

(4)试验人员进入试验现场,必须按规定戴好安全帽、正确着装。高压试验工作不得少于 2 人,开始试验前,负责人应对全体试验人员详细布置试验中的安全事项。

(5)在试验现场应装设遮栏或围栏,字面向外悬挂"止步,高压危险!"标示牌,并派专人看守。

(6)合理、整齐地布置试验场地,试验器具应靠近试品,所有带电部分应互相隔开,面向试验人员并处于视线之内。

(7)试验器具的金属外壳应可靠接地,高压引线应尽量缩短,必要时用绝缘物支持牢固。为了在试验时确保高压回路的任何部分不对接地体放电,高压回路与接地体(如墙壁等)的距离必须留有足够的裕度。

(8)试验电源开关应使用具有明显断开点的双极刀闸,并装有合格的漏电保护装置,防止低压触电。

(9)加压前必须认真检查接线、表计量程,确认调压器在零位及仪表的开始状态均正确无误,在征得试验负责人许可后,方可加压,加压过程中应有人监护。

(10)操作人员应站在绝缘垫上。在加压过程中,应精力集中,不得与他人闲谈,随时警惕异常现象发生。

(11)变更接线或试验结束时,应首先降下电压,断开电源、对被试品放电,并将升压装置的高压部分短路接地。

(12)试验现场有特殊情况时,应特殊对待,并应针对现场实际情况制定符合现场要求的安全措施。

(13)试验应在天气良好的情况下进行,遇雷雨大风等天气应停止试验。

五、测试人员配置

此任务可配测试负责人 1 名,测试人员 3 名(1 名接线、放电;1 名测试;1 名记录数据)。

六、测试仪表介绍见项目四任务一中任务实施

七、测试步骤

(1)对避雷器进行放电,将避雷器瓷套表面擦拭干净。

(2)采用高压直流发生器进行试验接线(选用的试验设备额定电压应高于被试避雷器的直流 1mA 电压),泄漏电流应在高压侧读表,测量电流的导线应使用屏蔽线。对试品接地端可分开的情况下,也可采用在试品的底部(地电位侧)串入电流表进行测量的方式,但也必须使用屏蔽线,如图 6-51 所示。

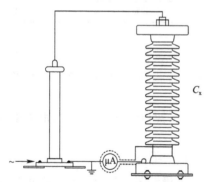

图 6-51 避雷器的底部串入电流表测量接线图

当要排除试品表面泄漏电流的影响,可用软的裸铜线在试品地电位端绕上几圈与屏蔽连接。

(3)升压。在直流泄漏电流超过 200μA 时,此时电压升高一点,电流将会急剧增大,所以应放慢升压速度,在电流达到 1mA 时,读取电压值 U_{1mA} 后,降压至零。

(4)计算 0.75 倍 U_{1mA} 值。

(5)升压至 $0.75U_{1mA}$,测量泄漏电流大小。

(6)降压至零,断开试验电流。

(7)待电压表指示基本为零时,用放电杆对避雷器放电,挂接地线,拆试验接线。

(8)记录环境温度。

八、结果判断

避雷器直流 1mA 电压的数值不应该低于 GB 11032—2000 中的规定数值,且 U_{1mA} 实测值与初始值或制造厂规定值比较变化不应超过 ±5%,$0.75U_{1mA}$ 下的泄漏电流不得大于 50μA,且与初始值相比较不应有明显变化。如试验数据虽未超过标准要求,但是与初始数

据出现比较明显变化时应加强分析,并且在确认数据无误的情况下加强监视,如增加带电测试的次数等。

九、注意事项

(1)由于无间隙金属氧化物避雷器表面的泄漏原因,在试验时应尽可能地将避雷器瓷套表面擦拭干净。如果仍然试验直流 1mA 电压不合格,应在避雷器瓷套表面装一个屏蔽环,让表面泄漏电流不通过测量仪器,而直接流入地中。

(2)测量时应记录环境温度,阀片的温度系数一般为 0.05% ~ 0.17%,即温度升高 10℃,直流 1mA 电压约降低 1%,所以,如果在必要的时候应该进行换算。以免出现误判断。

任务二　避雷针的接地电阻测试

任务描述

避雷针是由直接接受雷击的接闪器、电流引下线及接地体所构成,它的接地体是独立存在的,且接地电阻很小。由于避雷针长年累月暴露在大气中,遭受光、热、潮气等的作用,很容易使金属件锈蚀,造成焊接点开焊、断裂、接触不良等。如果不能得到及时的发现,及时处理,在接受雷电时,不能迅速将雷电流泄入大地,必将使避雷针造成损坏,危及保护范围内的电气设备。所以要对避雷针接地电阻进行测试,接地体电流引下线与接闪器都要进行测试。

《电力设备预防性试验规程》(DL/T 596—2005)中的规定,独立避雷针(线)的接地电阻不超过 1~3 年要进行一次测试。在测试避雷针接地电阻的同时,应每 3~5 年对其接闪器进行一次测试,以确保接闪器、电流引下线及接地网之间的良好接触,保证雷电流能顺利的泄入大地,以保护电力设备的安全正常运行。

理论知识

一、接地的基本概念及原理

1.接地概念及分类

接地就是指将电力系统中电气装置和设施的某些导电部分,经接地线连接至接地极。埋入地中并直接与大地接触的导体称为接地极,兼作接地极用的直接与大地接触的各种金属构件、金属井管、钢筋混凝土建筑物的基础、金属管道和设备等称为自然接地极。电气装置、设施的接地端子与接地极连接用的金属导电部分称为接地线。接地极和接地线合称接地装置。

接地按用途可分为工作接地、保护接地、防雷接地和静电接地 4 种。

(1)工作接地

电力系统电气装置中,为运行需要所设的接地,如中性点的直接接地、中性点经消弧线圈、电阻接地,又称系统接地。工作接地的接地电阻一般为 0.5 ~ 5Ω。

(2)保护接地

为了保证人身安全,防止因设备绝缘损坏引发触电事故而采取的将高压电气设备的金属外壳接地。其作用是保证金属外壳经常固定为地电位,当设备绝缘损坏而使外壳带电时,不致有危险的电位升高造成人员触电事故。不过还要防止接触电压和跨步电压引起的触电事故在正常情况下,接地点没有电流入地,金属外壳保持地电位,但当设备发生接地故障有电流通过接地体流入大地时,与接地点相连的设备金属外壳和附近地面的电位都会升高,有可能威胁到人身的安全。高压设备要求保护接地电阻值约为 $1 \sim 10\Omega$。

(3)防雷接地

针对防雷保护装置的需要而设置的接地。其作用是使雷电流顺利入地,减小雷电流通过时的电位升高。

对工作接地和保护接地来说,接地电阻是指工频或直流电流流过时的接地电阻,称为工频(或直流)接地电阻;当接地装置上流过雷电冲击电流时,所呈现的电阻称为冲击接地电阻(指接地体上的冲击电压幅值与冲击电流幅值之比)。雷电冲击电流与工频接地短路电流相比,具有幅值大、等值频率高的特点。

雷电流的幅值大,会使地中电流密度 δ 增大,因而提高了地中的电场强度($E = \rho\delta$),当 E 超过定值时,在接地体周围的土壤中会发生局部火花放电。火花放电使土壤电导增大,接地装置周围像被良好导电物质包围,相当于接地电极的尺寸加大,于是使接地电阻减小。当土壤电阻率 ρ、δ 愈大时,E 也愈大,土壤中火花放电也愈强烈,冲击接地电阻值降低的也愈多,这一现象称为火花效应。

此外雷电流的等值频率高,会使接地体本身呈现明显的电感作用,阻碍雷电流流向接地体的远端,结果使接地体不能被充分利用,则冲击接地电阻大于工频接地电阻,这一现象称为电感效应。对于伸长接地体这种效应更显著。

由于上述原因,同一接地装置在冲击电流和工频电流作用下,将具有不同的电阻。两者之间的关系用冲击系数 a 表示,即

$$a = \frac{R_i}{R_g} \tag{6-75}$$

式中:R_g——工频接地电阻;

R_i——冲击接地电阻。

(4)防静电接地

为防止静电对易燃油、天然气贮罐、氢气贮罐和管道等的危险作用而设的接地。

2. 接地电阻、接触电压和跨步电压

大地是个导电体,当其中没有电流流通时是等电位的,通常人们认为大地具有零电位。大地具有一定的电阻率,如果有电流经过接地极注入,电流以电流场的形式向大地作半球形扩散,则大地就不再保持等电位,将沿大地产生电压降。则大地中必然呈现相应的电场分布,在靠近接地极处,电流密度和电场强度最大,离电流注入点愈远,地中电流密度和电场强度就愈小,因此,可以认为在相当远(约 $20 \sim 40m$)处,地中电流密度已接近零,电场强度 E 也接近零,该处的电位为零电位。电位分布曲线如图 6-52 所示。

接地装置对地电位 u 与通过接地极流入地中电流 i 的比值称为接地电阻,根据流入的接地电流性质,工频电流作用时呈现的电阻称为工频接地电阻,用 R_e 表示;冲击电流作用时呈现的电阻称为冲击接地电阻,用 R_i 表示。一般不特殊说明,则指的是工频接地电阻,因为,测量接地电阻时用的是工频电源。

人处于分布电位区域内,可能有两种方式触及不同电位点而受到电压的作用。当人触及漏电外壳,加于人手脚之间的电压,称为接触电压,即通常按人在地面上离设备水平距离

为 0.8m，处于设备外壳、架构或墙壁离地面的垂直距离 1.8m 处两点间的电位差，称为接触电位差，即接触电压 U_t。当人在分布电位区域内跨开一步，两脚间（水平距离 0.8m）的电位差，称为跨步电位差，即跨步电压 U_s。当接地电流 i 为定值时，接地电阻越大，电压越高，此时地面上的接地物体也就具有了较高电位，有可能引起大的接触电位差和跨步电位差，也有可能引起其他带电部分间绝缘的闪络，从而危及人身安全和电气设备的绝缘，因此要力求降低接地电阻。

为了降低接地电阻，首先要充分利用自然接地极，如钢筋混凝土杆、铁塔基础、发电厂和变电所的构架基础等，大多数情况下单纯依靠自然接地极是不能满足要求的，需要增设人工接地装置，人工接地装置有水平敷设、垂直敷设以及既有水平又有垂直敷设的复合接地装置。水平敷设人工接地极的可采用圆钢、扁钢，垂直敷设的可采用角钢、钢管，埋于地表面下 0.5~1.0m 处。水平接地极多用扁钢，宽度一般为 20~40mm，厚度不小于 4mm，或者用直径不小于 6mm 的圆钢。垂直接地极一般用角钢（20mm×20mm×3mm ~ 50mm×50mm×50mm）或钢管，长度一般为 2.5m。由于金属的电阻率远小于土壤的电阻率，所以接地极本身的电阻在接地电阻中忽略不计。

在土壤电阻率较高的岩石地区，为了减小接地电阻，有时需要加大接地体的尺寸，主要是增加水平埋设的扁钢的长度，通常称这种接地极为伸长接地极。由于冲击电流等效频率甚高，接地极自身的电感将会产生很大影响，此时接地极将表现出具有分布参数的传输线的阻抗特性，加之火花效应的出现将使伸长接地极的电流流通成为一个很复杂的过程。一般是在简化的条件下通过理论分析，对这一问题作定性的描述，并结合实验以得到工程应用的依据。通常，伸长接地极只是在 40~60m 有效，超过这一范围接地阻抗基本上不再变化。

3. 典型接地体的接地电阻

（1）垂直接地体

其接地电阻为

$$R = \frac{\rho}{2\pi l}\left(\ln\frac{8l}{d} - 1\right) \tag{6-76}$$

式中：l——垂直接地体长度，m；

d——接地体直径，m。

当采用扁钢时 $d = b/2$，b 是扁钢宽度。如图 6-52 所示。当采用角钢时，$d = 0.84b$，b 是角钢每边的宽度。

为了得到较小的接地电阻，接地装置往往由多个单一接地体并联组成，称为复式接地装置。在复式接地装置中，由于各接地体之间相互屏蔽的效应，以及各接地体与连接用的水平电极之间相互屏蔽的影响，使接地体的利用情况恶化，如图 6-53 所示。故总的接地电阻 R_Σ 要比 R/n 略大，可由下式计算

$$R_\Sigma = \frac{R}{\eta n}$$

式中，η 为利用系数，表示由于电流相互屏蔽而使接地体不能充分利用的程度。一般 η 为 0.65~0.8，η 值与流经接地体的电流是工频或是冲击电流有关。

（2）水平接地体

其电阻值为

$$R = \frac{\rho}{2\pi L}\left(\ln\frac{L^2}{dh} + A\right) \quad (\Omega) \tag{6-77}$$

式中：L——水平接地体的总长度，m；

　　　h——水平接地体埋设深度，m；

　　　A——因受屏蔽影响使接地电阻增加的系数。

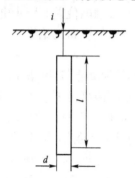

图 6-52　单根垂直接地体

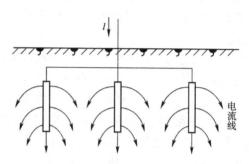

图 6-53　三垂直接地体的屏蔽效应

水平接地体屏蔽数值见表 6-15。

水平接地体屏蔽系数 A　　　　　　　　　　　　表 6-15

序号	1	2	3	4	5	6	7	8
接地体形式	—	└	人	○	十	□	✳	❋
屏蔽系数 A	-0.6	-0.18	0	0.48	0.89	1	3.03	5.65

以上公式计算出的是工频电流下的接地电阻即工频接地电阻。当流过雷电冲击电流时，其冲击接地电阻与工频接地电阻的关系通常用冲击系数 a 表示，见式(6-75)。

4.接地和接零保护

(1)输电线路的防雷接地

高压输电线路在每一基杆塔下都设有接地体，并通过引线与避雷线相连，其目的是使雷电流通过较低的接地电阻入地。

高压线路杆塔都有混凝土基础，它也起着接地体的作用(称为自然接地体)。一般情况下，自然接地电阻是不能满足要求的，需要装设人工接地装置。规程规定线路杆塔接地电阻值应满足表 6-16。

装有避雷线的线路杆塔工频接地电阻值(上限)　　　　　　表 6-16

土壤电阻率 $\rho(\Omega \cdot m)$	工频接地电阻(Ω)
100 及以下	10
100 以上至 500	15
500 以上至 1000	20
1000 以上至 2000	25
2000 以上	30，或敷设 6~8 根总长不超过 500m 的放射线，或用两根连续伸长接地线，阻值不做规定

(2)发电厂和变电站的接地

发电厂和变电站内有大量的重要设备，因此需要良好的接地装置，以满足工作、安全和防雷的要求。一般的做法是根据安全和工作接地的要求敷设一个统一的接地网，然后再在避雷针和避雷器安装处增加辅助接地体以满足防雷接地的要求。

接地网由扁钢水平连接,埋入地下 $0.6 \sim 0.8\mathrm{m}$ 处,其面积大体与发电厂和变电站的面积相同。接地网一般做成网孔形如图 6-54 所示。也可做成方孔接地网,其目的主要在于均压,接地网中的两水平接地带的间距约 $3 \sim 10\mathrm{m}$,应按接触电压和跨步电压的要求确定。

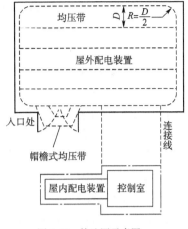

图 6-54 接地网示意图

接地网的总接地电阻 R 可按下式估算

$$R = \frac{0.44\rho}{\sqrt{S}} + \frac{\rho}{L} \approx 0.5\,\frac{\rho}{\sqrt{S}} \quad (\Omega) \qquad (6\text{-}78)$$

式中:L——接地体(包括水平接地体与垂直接地体)的总长度,m;
　　　ρ——土壤电阻率,$\Omega \cdot \mathrm{m}$;
　　　S——接地网的总面积,m^2。

发电厂和变电站的工频接地电阻值一般在 $0.5 \sim 5\Omega$,主要是为了满足工作接地及安全接地的要求。关于防雷接地的要求,在变电站防雷保护时做详细说明。

二、操作过电压与绝缘配合

操作过电压是内部过电压的一种。操作过电压中所指的"操作"并非狭义的开关倒闸操作,而应理解为"电网参数的突变",它可能由倒闸操作引起,也可能因故障产生的过渡过程而引起。与暂时过电压相比,操作过电压通常具有幅值高、存在高频振荡、强阻尼和持续时间短的特点。其危害性极大,如不及时防治,有可能使电气设备绝缘击穿而损坏或造成停电事故,因此,有必要引起足够的重视。

常见的操作过电压主要包括:切除空载线路过电压、空载线路合闸过电压、切除空载变压器过电压和断续电弧接地过电压等几种。前 3 种属于中性点直接接地的系统。近年来,由于断路器及其他设备性能的改善,切除空载线路过电压和切除空载变压器过电压已经显得不严重了,因此在超高压系统中以合闸(包括重合闸)过电压最为严重。断续电弧接地过电压属于中性点非直接接地系统,其防护措施是使系统中性点经消弧线圈接地。

绝缘配合是高电压技术的一个中心问题,是指综合考虑系统中可能出现的各种作用电压、保护装置特性及设备的绝缘特性,最终确定电气设备的绝缘水平。随着电力系统电压等级的提高,正确解决电力系统的绝缘配合问题显得越来越重要。

1. 切除空载线路过电压

切除空载线路是电网中常见操作之一,在切除空载线路的过程中,虽然断路器切断的是几十安到几百安的电容电流,比短路电流小得多,但如果使用的断路器灭弧能力不强,在切断这种电容电流时就可能出现电弧的重燃,从而引起电磁振荡,造成过电压。在实际电网中常遇到切除空载线路过电压引起阀式避雷器爆炸、断路器损坏、套管或线路绝缘闪络等情况。

(1)影响因素

与切除空载线路相关的因素有:

①断路器的性能。要想避免切除空载线路过电压,最根本的措施就是改进断路器的灭弧性能,使其尽量不重燃。采用灭弧性能好的现代断路器,可以防止或减少电路重燃的次

数,从而使过电压的最大值降低。不过,重燃次数不是决定过电压大小的唯一依据,有时也会出现一次重燃过电压的幅值高于多次重燃过电压幅值的情况。

②中性点的接地方式。中性点非有效接地的系统中,三相断路器在不同的时间分闸会形成瞬间的不对称电路,中性点会发生位移,过电压明显增高;一般情况下比中性点有效接地的切除空载线路过电压高出约20%。

③母线上有其他出线。相当于加大母线电容,电弧重燃时残余电荷迅速重新分配,改变了电压的起始值使其更接近稳态值,使得过电压减小。

④线路侧装有电磁式电压互感器等设备。它们的存在将使线路上的剩余电荷有了附加的释放路径,降低线路上的残余电压,从而降低了重燃过电压。

(2)降压措施

切除空载线路过电压出现比较频繁,而且波及全线,所以,成为选择电网绝缘水平的主要依据之一。所以采取适当措施来消除和限制这种过电压,对于降低电网的绝缘水平有很大的意义。主要措施如下:

①改善断路器的结构。避免发生重燃现象断路器的重燃是产生这种过电压的最根本的原因,因此,最有效的措施就是改善断路器的结构,提高触头间介质的恢复强度和灭弧能力,避免发生重燃现象。20世纪70年代以前,在110~220kV系统中,由于断路器的重燃问题没有得到很好的解决,致使出现很高幅值的过电压。但随着现代断路器设计制造水平的提高,如压缩空气断路器以及六氟化硫断路器等大大改善其灭弧性能,基本上达到了不重燃的要求。

②断路器加装并联电阻。这也是降低触头间的恢复电压、避免电弧重燃的一种有效措施。图6-55是这种断路器一般采取的两种接线方式。在分闸时先断开主触头1,经过一定时间间隔后再断开辅助触头2,合闸时的动作顺序刚好与上述相反。在切除空载线路时,第一步,打开主触头1,这时电阻 R 被串联在回路之中,线路上的剩余电荷通过 R 向外释放。这时主触头1的恢复电压就是 R 上的压降,显然,要想使得主触头不发生电弧重燃, R 是越小越好。第二步,辅助触头2断开,由于恢复电压较低,一般不会发生重燃。即使发生重燃,由于 R 上有压降,沿线传播的电压波远小于没有 R 时的数值。所以,从这个方面考虑,又希望 R 大一些。综合两方面考虑,并考虑 R 的热容量,这种分闸电阻的阻值一般处于100~3000Ω,这种并联电阻也称为中值并联电阻。

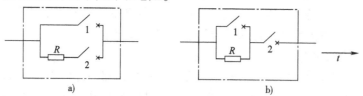

图6-55 带并联电阻断路器

③利用避雷器保护。安装在线路首端和末端的氧化锌或磁吹避雷器,也能有效地限制这种过电压的幅值。

④泄流设备的装设。将并联电抗器或电磁式互感器接在线路侧,可以使线路上的残余电荷得以泄放或产生衰减振荡,最终降低断路器间的恢复电压,减少重燃的可能性,从而降低过电压。

2.空载线路合闸过电压

电力系统中,空载线路合闸过电压也是一种常见的操作过电压。通常分为两种情况:即正常操作和自动重合闸。由于初始条件的差别,重合闸过电压的情况更为严重。近年来由于采用了种种措施(如采用不重燃断路器、改进变压器铁芯材料等)限制或降低了其他幅值更高的操作过电压,空载线路合闸过电压的问题就显得更加突出。特别在超高压或特高压电网的绝缘配合中,这种过电压已经成为确定电网水平的主要依据。

(1)影响因素

实际出现的过电压幅值会受到一系列因素的影响,其中主要有:

①合闸相位。合闸时电源电压的瞬时值取决于它的相位,相位的不同直接影响着过电压幅值,若需要在较有利的情况下合闸,一方面需改进高压断路器的机械特性,提高触头运动速度,防止触头间预击穿的发生;另一方面一通过专门的控制装置选择合闸相位,使断路器在触头间电位极性相同或电位差接近于零时完成合闸。

②线路损耗。线路上的电阻和过电压较高时线路上产生的电晕都构成能量的损耗,消耗了过渡过程的能量,而使得过电压幅值降低。

③线路上残压的变化。在自动重合闸过程中,由于绝缘子存在一定的泄漏电阻,大约有0.5s的间歇期,线路残压会下降10%～30%。从而有助于降低重合闸过电压的幅值。另外,如果在线路侧接有电磁式电压互感器,那么,它的等效电感和等效电阻与线路电容构成一阻尼振荡回路,使残余电荷在几个工频周期内泄放一空。

(2)降压措施

合闸过电压的限制、降低措施主要有:

①装设并联合闸电阻。是限制这种过电压最有效的措施如图6-55所示。不过,这时应先合辅助触头2、后合主触头1。整个合闸过程的两个阶段对阻值的要求是不同的:在合辅助触头2的第一阶段,R对振荡起阻尼作用,使过渡过程中的过电压最大值有所降低。R越大,阻尼作用越大,过电压就越小,所以,希望选用较大的阻值;大约经过8～15ms,开始合闸的第二阶段,主触头1闭合,将R短接,使线路直接与电源相连,完成合闸操作。在第二阶段,R值越大,过电压也越大,所以,希望选用较小的阻值。因此,合闸过电压的高低与电阻值有关,某一适当的电阻值下可将合闸过电压限制到最低。图6-56为500kV开关并联合闸电阻R与过电压倍数K_0的关系曲线,当采用450Ω的并联电阻时,过电压可限制在2倍以下。

②控制合闸相位。通过一些电子装置来控制断路器的动作时间,在各相合闸时,将电源电压的相位角控制在一定范围内,以达到降低过电压的目的。具有这种功能的同电位合闸断路器在国外已研制成功。它既有精确、稳定的机械特性,又有检测触头间电压(捕捉向电位瞬间)的二次选择回路。

③利用避雷器来保护。安装在线路首端和末端(线路断路器的线路侧)的氧化锌或磁吹避雷器,均能对这种过电压进行限制,如果采用的是现代氧化锌避雷器,就有可能将这种过电压的倍数限制在1.5～1.6,因而,可不必在断路器中安装合闸电阻。

3. 切除空载变压器过电压

切除空载变压器也是电力系统中常见的一种操作。正常运行时,空载变压器表现为一个励磁电感。因此切除空载变压器就是开断一个小容量电感负荷,这时会在变压器和断路器上出现很高的过电压。系统中利用断路器切除空载变压器、并联电抗器及电动机等都是常见的操作方式,它们都属于切断感性小电流的情况。

(1)影响因素

切除空载变压器过电压的大小与断路器的性能、变压器参数和结构型式以及与变压器相连的线路有关。在分析中,假定断路器截流后触头间不发生重燃。实际上,截流后变压器回路的高频振荡使断路器的端口恢复电压上升甚快,极易发生重燃。若考虑重燃因素,切空载变压器过电压将有所下降。变压器 L 越大,C 越小,过电压越高。当电感中的磁场能量不变,电容越小时,过电压也越高。此外,变压器的相数、绕组连接方式、铁芯结构、中性点接地方式、断路器的断口电容以及与变压器相连的电缆线段、架空线段等,都会影响切除空载变压器过电压。

(2)降压措施

目前限制切空载变压器过电压的主要措施是采用避雷器。切空载变压器过电压幅值虽较高,但持续时间短,能量不大,用于限制雷电过电压的避雷器,其通流容量完全能满足限制切空载变压器过电压的要求。用来限制切空载变压器过电压的避雷器应接在断路器的变压器侧,保证断路器开断后,避雷器仍与变压器相连。此外,此避雷器在非雷雨季节也不能退出运行。若变压器高、低压侧中性点接地方式相同,则可在低压侧装避雷器来限制高压侧切空变产生的过电压。

4.断续电弧接地过电压

如果中性点不接地电网中的单相接地电流(电容电流)较大,接地点的电弧将不能自熄,而以断续电弧的形式存在,就会产生另一种严重的操作过电压-断续电弧接地过电压。

通常,这种电弧接地过电压不会使符合标准的良好电气设备的绝缘结构发生损坏。但是如果出现系统中常常有一些弱绝缘的电气设备或设备绝缘在运行中可能急剧下降以及设备绝缘中有某些潜伏性故障在预防性试验中未检查出来等情况;在这些情况下,遇到电弧接地过电压时就可能发生危险。在少数情况下还可能出现对正常绝缘结构也有危险的高幅值过电压。因为这种过电压波及面较广,单相不稳定电弧接地故障在系统中出现的机会又很多(可能达到65%),且这种过电压一旦发生,持续时间较长。因此,电弧接地过电压对中性点绝缘系统的危害性是不容忽视的。

为了消除电弧接地过电压,最根本的途径是消除间歇性电弧。若中性点接地,一旦发生单相接地,接地点将流过很大的短路电流,断路器将跳闸,从而彻底消除电弧接地过电压。目前,110kV 及以上电网大多采用中性点直接接地的运行方式。但是如果在电压等级较低的配电网中,其单相接地故障率相对很大,如采用中性点直接接地方式,必将引起断路器频繁跳闸,这不仅要增加大量的重合闸装置,增加断路器的维修工作量,又影响供电的连续性。所以,我国 35kV 及以下电压等级的配电网采用中性点经消弧线圈接地的运行方式。

消弧线圈是一个具有分段铁芯(带间隙的)的可调线圈,其伏安特性不易饱和如图 6-56 所示。

假设 A 相发生了电弧接地。A 相接地后,流过接地点的电弧电流除了原先的非故障相通过对地电容 C_2、C_3 的电容电流相量和($\dot{I}_B + \dot{I}_C$)外,还包括流过消弧线圈 L 的电感电流 $\dot{I}_L$(A 相接地后,消弧线圈上的电压即为 A 相的电源电压)。相量分析如图 6-56b)所示。由于 $\dot{I}_L$ 和($\dot{I}_B + \dot{I}_C$)相位反向,所以可通过适当选择电感电流 $\dot{I}_L$ 的值,使得接地点中流过的电流 $\dot{I}_d = \dot{I}_L + (\dot{I}_B + \dot{I}_C)$ 的数值足够小,使接地电弧能很快熄灭,且不易重燃,从而限制了断续电弧接地过电压。

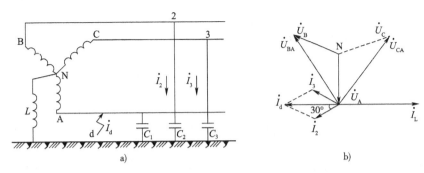

图 6-56 中性点经消弧线圈接地后的电路图及相量图

a)电路图;b)相量图

通常把消弧线圈电感电流补偿系统对地电容电流的百分数称为消弧线圈的补偿度。根据补偿度的不同,消弧线圈可以处于 3 种不同的运行状态。

(1)欠补偿 $I_L < I_C$

表示消弧线圈的电感电流不足以完全补偿电容电流,此时故障点流过的电流(残流)为容性电流。

(2)全补偿 $I_L = I_C$

表示消弧线圈的电感电流恰好完全补偿电容电流,此时消弧线圈与并联后的三相对地电容处于并联谐振状态,流过故障点的电流为非常小的电阻性泄漏电流。

(3)过补偿 $I_L > I_C$

表示消弧线圈的电感电流不仅完全补偿电容电流而且还有数量超出,此时流过故障点的电流(残流)为感性电流。

通常消弧线圈采用过补偿 5% ~ 10% 运行。采用过补偿是因为电网发展过程中可以逐渐发展成为欠补偿运行,不至于出现采用欠补偿时因为电网的发展而导致脱谐度过大,失去消弧作用;其次若采用欠补偿,在运行中因部分线路退出而可能形成全补偿,产生较大的中性点偏移,可能引起零序网络中产生严重的铁磁谐振过电压。

5.绝缘配合

(1)绝缘配合的原则

电力系统的运行可靠性主要由停电次数及停电时间来衡量。尽管停电原因很多,但绝缘结构的击穿是造成停电的主要原因之一,因此,电力系统运行的可靠性,在很大程度上决定于设备的绝缘水平和工作状况。而如何选择采用合适的限压措施及保护措施,在不过多增加设备投资的前提下,既限制可能出现的高幅值过电压,保证设备与系统安全可靠地运行,又降低对各种输变电设备绝缘水平的要求,减少主要设备的投资费用,这些已日益得到重视,这就是绝缘配合问题。

所谓绝缘配合是根据设备在系统中可能承受的各种电压(工作电压及过电压),并考虑限压装置的特性和设备的绝缘特性确定必要的耐受强度,以便把作用于设备上的各种电压所引起的绝缘结构损坏和影响连续运行的概率,降低到在经济和运行上能接受的水平。这就要求在技术上处理好各种电压、各种限压措施和设备绝缘耐受能力三者之间的关系,以及在经济上协调设备投资费、运行维护费和事故损失费(可靠性)三者之间的关系。这样,既不因绝缘水平取得过高使设备尺寸过大,造价太贵,造成不必要的浪费;也不会由于绝缘水平取得过低,虽然一时节省了设备造价,但增加了运行中的事故率,导致停电损失和维护费用大增,最终不仅造成经济上更大的浪费,而且造成供电可靠性的下降。

在上述绝缘配合总体原则确定的情况下,对具体的电力系统如何选取合适的绝缘水平,还有按照不同的系统结构、不同的地区以及电力系统不同的发展阶段来进行具体的分析。

绝缘配合的最终目的就是确定电气设备的绝缘水平,所谓电气设备的绝缘水平是指设备可以承受(不发生闪络、放电或其他损坏)的试验电压值。考虑到设备在运行时要承受运行电压、工频过电压及操作过电压,对电气设备绝缘水平规定了短时工频试验电压,对外绝缘水平还规定了干状态和湿状态下的工频放电电压;考虑到在长期工作电压和工频过电压作用下内绝缘的老化和外绝缘的抗污秽性能,规定了设备的长时间工频试验电压;考虑到雷电过电压对绝缘结构的作用,规定了雷电冲击试验电压等。

对于220kV及以下的设备和线路,雷电过电压一直是主要威胁,因此,在选取设备的绝缘水平时应首先考虑雷电冲击的作用,即以限制雷电过电压的主要措施－阀式避雷器的保护水平为基础来确定设备的冲击耐受电压,而一般不采用专门限制内部过电压的措施。

在超高压系统中,随着电压等级的提高,操作过电压的幅值随之增大,对设备与线路的绝缘水平要求更高,绝缘结构的造价以更大比例的提高。例如,在330kV及以上的超高压绝缘配合中,操作过电压起主导作用。处于污秽地区的电网,外绝缘的强度受污秽的影响大大降低,恶劣气象条件时就会发生污闪事故。因此,此类电网的外绝缘水平主要由系统最大运行电压决定。另外,在特高压电网中,由于限压措施的不断完善,过电压可降到$1.6 \sim 1.8 \mathrm{p\mu}$,甚至更低。

(2)绝缘配合的基本方法

从电力系统绝缘配合的发展阶段来看,大体经历了4个过程:

①多级配合。1940年以前,避雷器的保护性能及电气特性较差,不能把它的特性作为绝缘配合的基础,因此采用多级配合的方法。多级配合的原则是:价格越昂贵、修复越困难、损坏后果严重的绝缘结构,其绝缘水平应选得越高。如图6-57所示,变电站的绝缘水平分成4个等级。

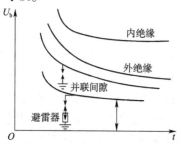

图6-57 变电站的绝缘水平4等级示意图

多级配合的缺点是:由于冲击闪络和击穿电压的分散性,为了使上一级伏秒特性的下限高于下一级,如图6-57以50%伏秒特性表示的四级配合特性的上限,相邻两级的50%伏秒特性之间应保持15%~20%的距离。因此,采用多级配合的方法会把处于图中最高位置的内绝缘水平提的很高。

②惯用法。这是到目前为止已被广泛采用的方法。这个方法是按作用于绝缘结构上的最大过电压和最小绝缘强度的概念来配合的,即首先确定设备上可能出现的最危险的过电压;然后根据经验乘上一个考虑各种因素的影响和一定裕度的系数,从而决定绝缘结构应耐受的电压水平。但由于过电压幅值及绝缘强度都是随机变量,很难按照一个严格的规则去估计它们的上限和下限,因此用这一原则选定绝缘强度常要求有较大的安全裕度,即所谓配合系数(或安全裕度系数),而且也不可能定量地估计可能的事故率。

确定电气设备绝缘水平的基础是避雷器的保护水平(雷电冲击保护水平和操作冲击保护水平),因而需将设备的绝缘水平与避雷器的保护水平进行配合。雷电或操作冲击电压对绝缘结构的作用,在某种程度上可以用工频耐压试验来等价。工频耐受电压与雷电过电压、操作过电压的等价关系如图 6-58 所示,图中 β_1、β_2 为雷电和操作冲击电压换算成等效工频电压的冲击系数。

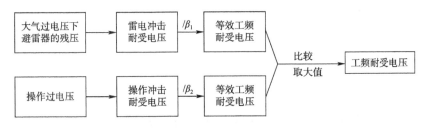

图 6-58   确定工频试验电压

可见,工频耐压值在某种程度上也代表了绝缘对雷电过电压、操作过电压的耐受水平,即凡通过了工频耐压试验的设备,可以认为在运行中能保证一定的可靠性。由于工频耐压试验简便易行,220kV 及以下设备的出厂试验应逐个进行工频耐压试验。而 330～500kV 设备的出厂试验只有在条件不具备时,才允许用工频耐压试验代替。

③统计法。由于对非自恢复绝缘性能进行绝缘放电概率的测定费用很高,难度也很大,目前难于使用统计法,仍主要采用惯用法。对于降低绝缘水平经济效益不是很显著的 220kV 及以下系统,通常仍采用惯用法。对 330kV 及以上系统,设备的绝缘强度在操作过电压下的分散性很大,降低绝缘水平具有显著的经济效益。因而,国际上自 20 世纪 70 年代以来,相继推荐采用统计法对设备的自恢复绝缘性能进行绝缘配合,从而也可以用统计法对各项可靠性指标进行预估。

统计法是根据过电压幅值和绝缘的耐电强度都是随机变量的实际情况,在已知过电压幅值和绝缘闪络电压的概率分布后,用计算的方法求出绝缘闪络的概率和线路的跳闸率,在进行了技术经济比较的基础上,正确地确定绝缘水平。这种方法不只定量地给出设计的安全程度,并能按照使设备费、每年的运行费以及每年的事故损失费的总和为最小的原则,确定一个输电系统的最佳绝缘性能设计方案。

设 $f(u)$ 为过电压的概率密度函数,$p(u)$ 为绝缘结构的放电概率函数,如图 6-59 所示,出现过电压 u 并损坏绝缘结构的概率为 $f(u)p(u)\mathrm{d}u$,将此函数积分得

$$A = \int_0^\infty f(u)p(u)\,\mathrm{d}u$$

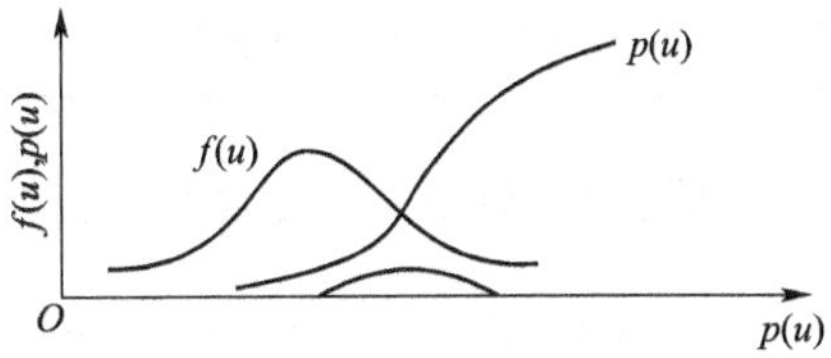

图 6-59   绝缘故障概率的估算

这就是图 6-59 中阴影部分的总面积,即为绝缘结构在过电压下遭到损坏的可能性,也就是由某种过电压造成的事故的概率,即故障率。

从图 6-59 中可以看到,增加绝缘强度,即曲线 $p(u)$ 向右方移动,绝缘故障概率将减小,但投资成本将增加。因此统计法可能需要进行一系列试验性设计与故障率的估算,根据技术经济的比较,在绝缘成本和故障概率之间进行协调,在满足预定故障率的前提下,选择合理的绝缘水平。

利用统计法进行绝缘配合时,绝缘裕度不是选定的某个固定数,而是与绝缘故障率的一定概率相对应的。统计法的主要困难在于随机因素较多,而且各种统计数据的概率分布有时并非已知,因而实际上采用得更多的是对某些概率进行一些假定后的简化统计法。

④简化统计法。在简化统计法中,对过电压和绝缘特性两条概率曲线的形状作出一些

通常认为合理的假定(如正态分布),并已知其标准偏差。根据这些假定,上述两条概率分布曲线就可以用与某一参考概率相对应的点表示出来,称为"统计过电压"和"统计耐受电压"。在此基础上,可以计算绝缘结构的故障率。在此说明,绝缘配合的统计法至今只能用于自恢复绝缘性能,主要是输变电的外绝缘。

任务实施

一、工作任务

对独立避雷针(线)的接地电阻进行测试,不仅测试避雷针接地电阻还要测试其接闪器,以确保接闪器、电流引下线及接地网之间的良好接触,保证雷电流能顺利的泄入大地,以保护电力设备的安全正常运行。

二、引用的标准和规程

(1)《电气装置安装工程电气设备交接试验标准》(GB 50150—2006)。
(2)《电业安全工作规程》(发电厂和变电所电气部分)(GB 26860—2011)。
(3)接地电阻测试仪说明书。
(4)《现场绝缘试验实施导则 第5部分:避雷器试验》(DL/T 474.5—2006)。

三、试验仪器、仪表及材料(见表6-17)

试验仪器、仪表及材料 表6-17

序号	试验所用设备(材料)	数量	序号	试验所用设备(材料)	数量
1	ZC-8型接地电阻测试仪	1块	4	小线箱(各种小线夹及短接线)	1个
2	常用工具	2个	5	操作杆、放电棒、验电器	1套
3	常用仪表(电压表、微安表、万用表等)	1套	6	设备试验原始记录	1本

四、测试准备及工作危险点分析、防范措施

(1)现场工作必须执行工作票制度、工作许可制度、工作监护制度、工作间断和转移及终结制度。

(2)试验人员进入试验现场,必须按规定戴好安全帽、正确着装。高压试验工作不得少于2人,开始试验前,负责人应对全体试验人员详细布置试验中的安全事项。

(3)在试验现场应装设遮栏或围栏,字面向外悬挂"止步,高压危险!"标示牌,并派专人看守。

(4)测试前必须认真检查接线、表计量程,确认调压器在零位及仪表的开始状态均正确无误,在征得试验负责人许可后,方可加压,加压过程中应有人监护。

(5)操作人员应站在绝缘垫上。在测试过程中,应精力集中,不得与他人闲谈,随时警惕异常现象发生。

(6)试验现场有特殊情况时,应特殊对待,并应针对现场实际情况制定符合现场要求的安全措施。

五、测试人员配置

此任务可配测试负责人 1 名,测试人员 3 名(1 名接线、放电;1 名测试;1 名记录数据)。

六、测试仪表介绍

接地电阻测试仪实际上是一台交流发电机其输出端发出 130V、频率为 110Hz 的交流电。主要用来测量接地装置的工频电阻值(包括避雷针及土壤的电阻)。其外观图如图 6-60 所示。

对于 ZC-8 型接地电阻测试仪一般有两种;

(1)3 个接线端子:接线端子为 E、P、C;

小量程:分为 ×0.1、×1、×10 倍 3 挡。

(2)4 个接线端子:接线端子为 C_1、C_2、P_1、P_2;

大量程:分为 ×1、×10、×100 倍 3 挡。

图 6-60 接地电阻测试仪外观图

七、测试步骤

(1)对避雷器进行放电,将避雷器瓷套表面擦拭干净。

(2)外观检查:表壳应完好无损;接线端子应齐全完好;检流计指针应能自由摆动;附件应齐全完好(有 5m、20m、40m 线各一条和两个接地钎子)。

(3)调整:将表位放平,检流计指针应与基线对准,否则需调准。

(4)试验:将表的 4 个接线端(C_1、P_1、P_2、C_2)短接;表位放平稳,倍率挡置于将要使用的一挡;调整刻度盘,使"0"对准下面的基线;摇动摇把到 120r/min,检流计指针应不动。

(5)按图 6-61 所示方法接好各条线。(此 40m 成一条直线)

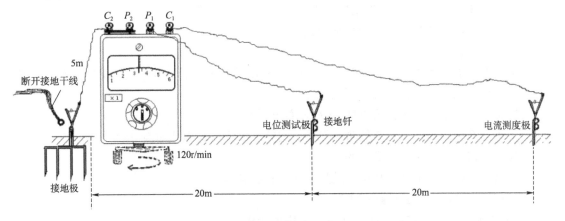

图 6-61 接地电阻测试接线图

(6)慢摇摇把,同时调整刻度盘(检流计指针右偏,使刻度盘反时针方向转动;指针左偏,使刻度盘顺时针方向转动)使指针复位。当指针接近基线时,应加快摇表速度达到 120r/min,并仔细调整刻度盘,使指针对准基线,然后停止摇表。

(7)读数:读取对应基线处刻度盘上的数。

(8)计算:被测接地电阻值 = 读数×倍率(Ω)。

(9)收回测量用线、接地钎子和仪表。存放在干燥、无尘、无腐蚀性气体且不受振动的处所。

八、注意事项

(1)应正确地选表并作充分的检查。

(2)将被测接地装置退出运行(先切断与之有关的电源,拆开与接地线的连接螺栓)。

(3)在测量的40m一线的上方不应有与之相平行的强电力线路;下方不应有与之相平行的地下金属管线。

(4)雷雨天气不得测量防雷接地装置的接地电阻。

(5)此表不能开路遥测。

(6)遥测接地电阻,要远离强磁场,表要水平放置。

项目总结

通过对本项目的系统学习和实际操作,能够掌握掌握雷电放电,避雷装置,输电线路的防雷,发电厂、变电所的防雷的基本原理及测量等相关理论知识;明确各项测试的目的、器材、危险点及防范措施,掌握避雷器直流参考电压和0.75倍电压下泄漏电流测试,避雷针的接地电阻测试等试验接线、方法和步骤,使其能够在专人监护和配合下独立完成整个测试过程,并根据相关标准、规程对测试结果做出正确的判断和比较全面的分析。

拓展训练

一、理论题

1.雷电流、地面落雷密度是怎样定义的?

2.表征雷电流的几个主要参数是什么?

3.什么叫接地体的屏蔽效应?

4.某电厂的油罐直径10m,高出地面10m,需用独立避雷针保护,针距罐至少5m,计算分别用单针、双针保护时避雷针的最低高度。

5.试全面比较阀型避雷器与氧化锌避雷器的性能。

6.为什么要重视输电线路的防雷保护?线路上的大气过电压有哪几种?

7.直击雷过电压是怎样形成的?

8.输电线路的耐雷水平和雷击跳闸率各是什么含意?

9.如何提高输电线路的耐雷水平?

10.试说明避雷线在输电线路防雷保护中的作用。

11.输电线路防雷的基本措施有哪些?

二、实训——氧化锌避雷器带电测试

1.具体任务

对氧化锌避雷器进行带电测试,测试泄漏电流全电流、容性电流、泄漏电流阻性分量基波有效值及3、5、7次有效值,泄漏电流阻性分量峰值,避雷器功耗等。

2.标准和规程

（1）《电气装置安装工程电气设备交接试验标准》（GB 50150—2006）。

（2）《电业安全工作规程》（发电厂和变电所电气部分）（GB 26860—2011）。

（3）《输变电设备状态检修试验规程》（DLT 393—2010）。

（4）《交流无间隙金属氧化物避雷器》（GB 11032—2000）。

（5）LCD – 1 型氧化锌避雷器带电测试仪说明书。

（6）交流电力系统金属氧化物避雷器使用导则（DL/T 804—2002）。

3. 氧化锌避雷器带电测试原理

（1）氧化锌避雷器存在的主要问题：

①由于氧化锌避雷器取消了串联间隙,在电网运行电压的作用下,其本体要流通电流,电流中的有功分量将使氧化锌阀片发热,继而引起伏安特性的变化。这是一个正反馈过程。长期作用的结果将导致氧化锌阀片老化,直至出现热击穿。

②氧化锌避雷器受到冲击电压的作用,氧化锌阀片也会在冲击电压能量的作用下发生老化。

③氧化锌避雷器内部受潮或绝缘支架绝缘性能不良,会使工频电流增加,功耗加剧,严重时可导致内部放电。

④氧化锌避雷器受到雨、雪、凌露及灰尘的污染,会由于氧化锌避雷器内外电位分布不同而使内部氧化锌阀片与外部瓷套之间产生较大电位差,导致径向放电现象发生,损坏整支避雷器。

（2）为什么要测试阻性电流

判断氧化锌避雷器是否发生老化或受潮,通常以观察正常运行电压下流过氧化锌避雷器阻性电流的变化,即观察阻性泄漏电流是否增大作为判断依据。当氧化锌避雷器处于合适的荷电率状况下时,阻性泄漏电流仅占总电流的 10% ~ 20%,因此,仅仅以观察总电流的变化情况来确定氧化锌避雷器阻性电流的变化情况是困难的,只有将阻性泄漏电流从总电流中分离出来,才能清楚地了解它的变化情况。

4. 测试电路图

电流信号的接线如图 6-62 所示,在放电计数器的上端引线,地线可以在系统的任一个接地点,一点接入仪器面板。电压取样,从系统电压互感器的计量端子取 A 相电压信号,此电压信号经过配套的 V/I 变换有源传感器,通过配套的电缆线接入仪器参考电压信号通道,作为阻性电流测试的电压参考。

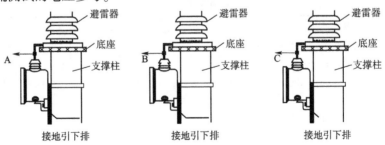

图 6-62　避雷器带电测试接线图

附录一 部分设备(试品)的电容值

交联聚乙烯电缆每公里电容量 附表-1

电缆导体截面积 (mm²)	电容量(μF/km)				
	YJV、YJLV 6/6kV、6/10kV	YJV、YJLV 8.7/10kV、8.7/15kV	YJV、YJLV 12/20kV	YJV、YJLV 21/35kV	YJV、YJLV 26/35kV
1×35	0.212	0.173	0.152	—	—
1×50	0.237	0.192	0.166	0.118	0.114
1×70	0.270	0.217	0.187	0.131	0.125
1×95	0.310	0.240	0.206	0.143	0.135
1×120	0.327	0.261	0.223	0.153	0.143
1×150	0.358	0.284	0.241	0.164	0.153
1×185	0.388	0.307	0.267	0.180	0.163
1×240	0.430	0.339	0.291	0.194	0.176
1×300	0.472	0.370	0.319	0.211	0.190
1×400	0.531	0.418	0.352	0.231	0.209
1×500	0.603	0.438	0.388	0.254	0.232

交联聚乙烯电缆每公里电容量 附表-2

电缆导体截面积 (mm²)	电容量(μF/km)				
	YJV、YJLV 6/6kV、6/10kV	YJV、YJLV 8.7/10kV、8.7/15kV	YJV、YJLV 12/20kV	YJV、YJLV 21/35kV	YJV、YJLV 26/35kV
3×35	0.212	0.173	0.152	—	—
3×50	0.237	0.192	0.166	0.118	0.114
3×70	0.270	0.217	0.187	0.131	0.125
1×95	0.310	0.240	0.206	0.143	0.135

电缆导体截面积 （mm²）	电容量(μF/km)				
	YJV、YJLV 6/6kV、6/10kV	YJV、YJLV 8.7/10kV、8.7/15kV	YJV、YJLV 12/20kV	YJV、YJLV 21/35kV	YJV、YJLV 26/35kV
3×120	0.327	0.261	0.223	0.153	0.143
3×150	0.358	0.284	0.241	0.164	0.153
3×185	0.388	0.307	0.267	0.180	0.163
3×240	0.430	0.339	0.291	0.194	0.176
3×300	0.472	0.370	0.319	0.211	0.190
3×400	0.531	0.418	0.352	0.231	0.209
3×500	0.603	0.438	0.388	0.254	0.232

交联聚乙烯电缆每公里电容量 附表-3

电缆导体截面积 （mm²）	电容量(μF/km)	
	YJV、YJLV 64/110kV	YJV、YJLV 128/220kV
3×240	0.129	—
3×300	0.139	—
3×400	0.156	0.118
1×500	0.169	0.124
3×630	0.188	0.138
3×800	0.214	0.155
3×1000	0.231	0.172
3×1200	0.242	0.179
3×1400	0.259	0.190
3×1600	0.273	0.198
3×1800	0.284	0.207

附录二 部分设备试验电压标准

电缆 30～75Hz 的交流耐压试验电压

电缆额定电压	交接试验电压		预防性试验电压	
U_0/U	倍数	电压值（kV）	倍数	电压值（kV）
1.8/3	$2U_0$	3.6	$1.6U_0$	3
3.6/6	$2U_0$	7.2	$1.6U_0$	6
6/6	$2U_0$	12	$1.6U_0$	10
6/10	$2U_0$	12	$1.6U_0$	10
8.7/10	$2U_0$	17.4	$1.6U_0$	14
12/20	$2U_0$	24	$1.6U_0$	19
21/35	$2U_0$	42	$1.6U_0$	34
26/35	$2U_0$	52	$1.6U_0$	42
64/110	$1.7U_0$	109	$1.36U_0$	87
127/220	$1.4U_0$	178	$1.15U_0$	146

注：表中的 U 为电缆额定线电压；U_0 为电缆导体对地或对金属屏蔽层间的额定电压。

变压器的交流耐压试验电压标准

附表-5

额定电压（kV）	最高工作电压（kV）	线端交流试验电压值（kV）		中性点交流试验电压值（kV）	
		全部更换绕组	部分更换绕组或交接时	全部更换绕组	部分更换绕组或交换时
<1	≤1	3	2.5	3	2.5
3	3.5	18	15	18	15
6	6.9	25	21	25	21
10	11.5	35	30	35	30

额定电压（kV）	最高工作电压（kV）	线端交流试验电压值（kV）		中性点交流试验电压值（kV）	
		全部更换绕组	部分更换绕组或交接时	全部更换绕组	部分更换绕组或交换时
15	17.5	45	38	45	38
20	23.0	55	47	55	47
35	40.5	85	72	85	72
110	126	200	170(195)	95	80
220	252.0	360	306	85	72
		395	336	(200)	(170)
500	550.0	630	536	85	72
		680	578	140	120

发电机定子绕组交流耐压试验标准　　　　　　　　附表-6

周期	要　求		
大修前	(1)全部更换定子绕组并修好后的试验电压		
	容量（kW 或 kVA）	额定电压 U_n（V）	试验电压（V）
	小于10000	36 以上	$2U_n + 1000$ 但最低为 1500
	10000 及以上	6000 以下	U_n
		6000 ~ 18000	$U_n + 3000$
		18000 以上	按专门协议
更换绕组后	(2)大修前或局部更换定子绕组并修好后试验电压		
	运行 20 年及以下者		$1.5U_n$
	运行 20 年以上与架空线路直接连接者		$1.5U_n$
	运行 20 年以上不与架空线路直接连接者		$(1.3 \sim 1.5)U_n$

说明：1.应在停机后清除污秽前热状态下进行。处于备用状态时,可在冷状态下进行。

　　　2.水内冷电机一般应在通水的情况下进行试验,进口机组按厂家规定。

附录三 各种放电及干扰分析谱图

附表-7

波　形	干　扰　分　析
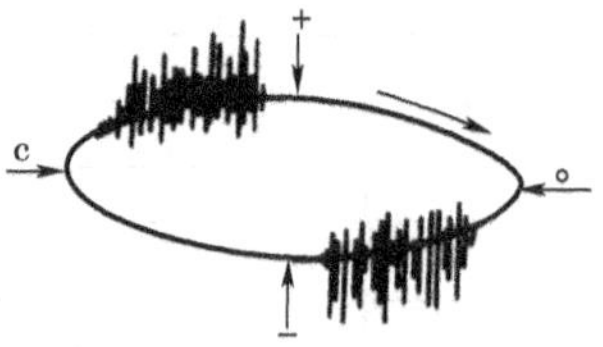	典型放电波形(一) 　该图为电容型放电波形,可发生在油纸绝缘或固体绝缘的气泡中,油浸电容器中最常见,或在纸包绝缘、塑料填充绝缘中;放电幅值及脉冲个数都随电压升高而增大
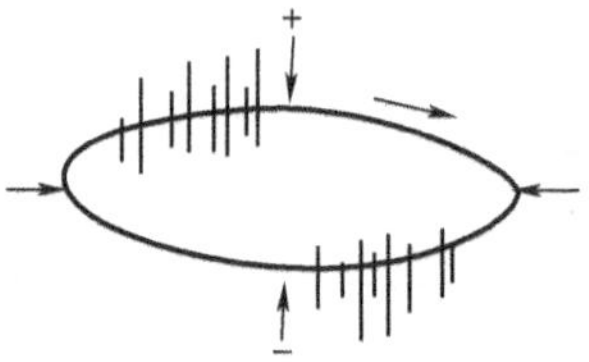	典型放电波形(二) 　夹层介质内部放电,也可能出现于绝缘纸板的碳化放电、树枝爬电
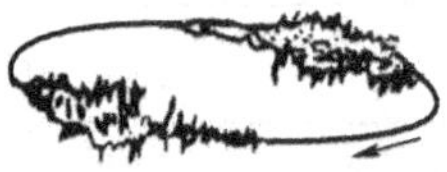 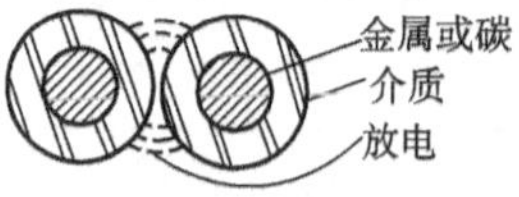	典型放电波形(三) 　互相接触的绝缘介质的放电,油浸纸电容器中的放电也有该波形
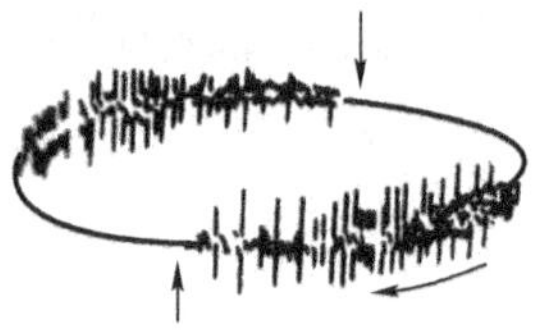	典型放电波形(四) 　同一介质中不同大小的气泡也可能形成这种图形,主要出现在环氧浇铸绝缘中;放电量随电压变化,如在电容器层间气隙则放电量随加压时间变化
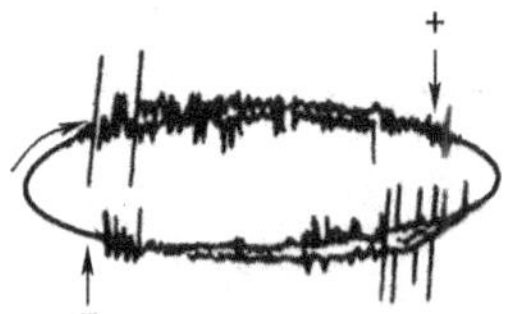	典型放电波形(五) 　电机绝缘中内部放电,电机云母绝缘中放电,放电量随加压幅值及时间而变化
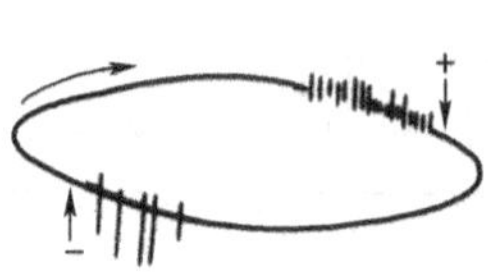	典型放电波形(六) 　金属与介质表面之间放电,可能是金属与介质之间存在气隙,也可能是表面导电率不均匀

222

波　　形	干　扰　分　析
	典型放电波形(七) 金属电极表面放电,外部的金属表面与介质间放电,金属与介质之间存在气泡或介质内气泡可能含有金属或碳等杂质
	典型放电波形(八) 松散金属箔放电,电容器内有一小部分金箔或金属化片已能在电场作用下移动
	典型放电波形(九) 接触不良放电(如屏蔽接触不良),或悬浮金属放电,试验回路不可靠连接等。该类放电的放电脉冲正负半周的幅值脉冲数都相等,放电脉冲按等距分布。在示波器上可能观察到放电脉冲成对出现。见图 a)、b),这是由于示波器余辉效应引起视觉误差形成的。即在用模拟器件局放仪观察该现象时,用数字式局放仪测量则无此现象
	典型放电波形(十) 接触噪声放电、金属或半导体屏蔽层间接触不良。这种噪声放电分布在试验电压零点两侧。随电压变化幅值变化不大;随着电压增加,噪声放电覆盖面增加,见图 a)。电机碳刷形成火花放电也可能出现此类波形,见图 b)
	典型放电波形(十一) 金属电极场强集中放电,等幅等距分布在电压峰值两侧随电压变化情况与空气中电晕放电相同,这种放电在交流电压正负半周都存在,但幅值两个半周不对称,放电脉冲幅值较大的出现在正半周,则放电点在高电位,反之,则在地电位。在油中及气体中状况相似

波　形	干　扰　分　析
	典型放电波形(十二) 油中悬浮放电和绝缘爬电,脉冲个数少,在临界电压时,放电不稳定,有时放电持续数秒,或停止数秒无放电,这种放电幅值大,但像外部随机干扰,需结合波形及声测判断
	典型放电波形(十三) 日光灯引起的放电干扰
	典型放电波形(十四) 晶闸管干扰呈对称分布,有时为单个脉冲(单个晶闸管放电脉冲可用数字仪波形分析鉴别)
旋转的放电群	典型放电波形(十五) 旋转电机异步干扰放电,其响应与试验电压无关,可能是大型异步电引起的,也可能是大型变压器试验负载太大引起的,但当由发电机开机做试验时,发电机频率与系统仪器电源的滑差会引起放电显示波形旋转,数字仪无此现象
	典型放电波形(十六) 工业高频设备干扰,工业高频设备如超声波发生器、感应加热器等引起
a) b) c)	典型放电波形(十七) 调幅正弦波信号干扰,主要由大功率高频功率放大或振荡器的无线电发射或辐射干扰及广播电台干扰
a) b) c)	典型放电波形(十八) 电晕放电出现在金属尖端或边缘电场集中部位,电晕放电起始仅出现在试验电压的半周内,并对称分布在电压峰值处两侧,见图a)。随着电压增加,脉冲个数(宽度)对称增加,见图b)。如放电尖端电极处于高电位,电晕放电出现在试验电压的负半周。如尖电极处于低电位,放电脉冲则出现在正半周。对某一电极来讲,电晕初始出现在一个半周,但当电压升高超过起始电压很多时,在另一个半周也会出现幅值大,放电脉冲个数较少的放电,见图c)

附录四 一球接地时,球隙放电标准电压表

球隙的工频交流、正负极性直流、负极性冲击放电电压(kV,峰值) 附表-8

(大气条件:气压101.3kPa,温度20℃)

间距 (cm)	球 直 径 (cm)												间距 (cm)
	2	5	6.25	10	12.5	15	25	50	75	100	150	200	
					(195)	(209)	244	263	265	266	266	266	10
						(219)	261	286	290	292	292	292	11
						(229)	275	309	315	318	318	318	12
							(289)	331	339	342	342	342	13
							(302)	353	363	366	366	366	14
							(314)	373	387	390	390	390	15
							(326)	392	410	414	414	414	16
							(337)	411	432	438	438	438	17
							(347)	429	453	462	462	462	18
							(357)	445	473	486	486	486	19
0.05	2.8						(366)	460	492	510	510	510	20
0.10	4.7							489	530	555	560	560	22
0.15	6.4							515	565	595	610	610	24
0.20	8.0	8.0						(540)	600	635	655	660	26
0.25	9.6	9.6						(565)	635	675	700	705	28
0.30	11.2	11.2						(585)	665	710	745	750	30
0.40	14.4	14.3	14.2					(605)	695	745	790	795	32
0.50	17.4	17.4	17.2	16.8	16.8	16.8		(625)	725	780	835	840	34
0.60	20.4	20.4	20.2	19.9	19.9	19.9		(640)	750	815	875	885	36
0.70	23.2	23.4	23.2	23.0	23.0	23.0		(665)	(775)	845	915	930	38
0.80	25.8	26.3	26.2	26.0	26.0	26.0		(670)	(800)	875	955	975	40

间距 (cm)	球 直 径 (cm)												间距 (cm)
	2	5	6.25	10	12.5	15	25	50	75	100	150	200	
0.90	28.3	29.2	29.1	28.9	28.9	28.9			(850)	945	1050	1080	45
1.0	30.7	32.0	31.9	31.7	31.7	31.7	31.7		(895)	1010	1130	1180	50
1.2	(35.1)	37.6	37.5	37.4	37.4	37.4	37.4		(935)	(1060)	1210	1260	55
1.4	(38.5)	42.9	42.9	42.9	42.9	42.9	42.9		(970)	(1110)	1280	1340	60
1.5	(40.0)	45.5	45.5	45.5	45.5	45.5	45.5			(1160)	1340	1410	65
1.6		48.1	48.1	48.1	48.1	48.1	48.1			(1200)	1390	1480	70
1.8		53.0	53.5	53.5	53.5	53.5	53.5			(1230)	1440	1540	75
2.0		57.5	58.5	59.0	59.0	59.0	59.0	59.0	59.0		(1490)	1600	80
2.2		61.5	63.0	64.5	64.5	64.5	64.5	64.5	64.5		(1540)	1660	85
2.4		65.5	67.5	69.5	70.0	70.0	70.0	70.0	70.0		(1580)	1720	90
2.6		(69.0)	72.0	74.5	75.0	75.5	75.5	75.5	75.5		(1660)	1840	100
2.8		(72.5)	76.0	79.5	80.0	80.0	81.0	81.0	81.0		(1730)	(1940)	110
3.0		(75.5)	79.5	84.0	85.0	85.0	86.0	86.0	86.0	86.0	(1800)	(2020)	120
3.5		(82.5)	(87.5)	95.0	97.0	98.0	99.0	99.0	99.0	99.0		(2100)	130
4.0		(88.5)	(95.5)	105	108	110	112	112	112	112		(2180)	140
4.5			(101)	115	119	122	125	125	125	125		(2250)	150
5.0			(107)	123	129	133	137	138	138	138	138		
5.5				(131)	138	143	149	151	151	151	151		
6.0				(138)	146	152	161	164	164	164	164		
6.5				(144)	(154)	161	173	177	177	177	177		
7.0				(150)	(161)	169	184	189	190	190	190		
7.5				(155)	(168)	177	195	202	203	203	203		
8.0					(174)	(185)	206	214	215	215	215		
9.0					(185)	(198)	226	239	240	241	241		

注:1. 本表不适用于测量10kV以下的冲击电压。

2. 括号内为间隙距离大于0.5D时的数据,其准确度较低。

226

球隙的正极性冲击放电电压(kV,峰值)
(大气条件:气压101.3kPa,温度20℃)

附表-9

间距(cm)	球直径(cm)												间距(cm)
	2	5	6.25	10	12.5	15	25	50	75	100	150	200	
					(215)	(226)	254	263	265	266	266	266	10
						(238)	273	287	290	292	292	292	11
						(249)	291	311	315	318	318	318	12
							(308)	334	339	342	342	342	13
							(323)	357	363	366	366	366	14
							(337)	380	387	390	390	390	15
							(350)	402	411	414	414	414	16
							(362)	422	435	438	438	438	17
							(374)	442	458	462	462	462	18
							(385)	461	482	486	486	486	19
0.05							(395)	480	505	510	510	510	20
0.10								510	545	555	560	560	22
0.15								540	585	600	610	610	24
0.20								(570)	620	645	655	660	26
0.25								(595)	660	685	700	705	28
0.30	11.2	11.2						(620)	695	725	745	750	30
0.40	14.4	14.3	14.2					(640)	752	760	790	795	32
0.50	17.4	17.4	17.2	16.8	16.8	16.8		(660)	755	795	835	840	34
0.60	20.4	20.4	20.2	19.9	19.9	19.9		(680)	785	830	880	885	36
0.70	23.2	23.4	23.2	23.0	23.0	23.0		(700)	(810)	865	925	935	38
0.80	25.8	26.3	26.2	26.0	26.0	26.0		(715)	(835)	900	965	980	40
0.90	28.3	29.2	29.1	28.9	28.9	28.9			(890)	980	1060	1090	45
1.0	30.7	32.0	31.9	31.7	31.7	31.7	31.7		(940)	1040	1150	1190	50

间距 (cm)	球 直 径 (cm)												间距 (cm)
	2	5	6.25	10	12.5	15	25	50	75	100	150	200	
1.2	(35.1)	37.8	37.6	37.4	37.4	37.4	37.4		(985)	(1100)	1240	1290	55
1.4	(38.5)	43.3	43.2	42.9	42.9	42.9	42.9		(1020)	(1150)	1310	1380	60
1.5	(40.0)	46.2	45.9	45.5	45.5	45.5	45.5			(1200)	1380	1470	65
1.6		49.0	48.6	48.1	48.1	48.1	48.1			(1240)	1430	1550	70
1.8		54.5	54.0	53.5	53.5	53.5	53.5			(1280)	1480	1620	75
2.0		59.5	59.0	59.0	59.0	59.0	59.0	59.0	59.0		(1530)	1690	80
2.2		64.0	64.0	64.5	64.5	64.5	64.5	64.5	64.5		(1580)	1760	85
2.4		69.0	69.0	70.0	70.0	70.0	70.0	70.0	70.0		(1630)	1820	90
2.6		(73.0)	73.5	75.5	75.5	75.5	75.5	75.5	75.5		(1720)	1930	100
2.8		(77.0)	78.0	80.5	80.5	80.5	81.0	81.0	81.0		(1790)	(2030)	110
3.0		(81.0)	82.0	85.5	85.5	85.5	86.0	86.0	86.0	86.0	(1860)	(2120)	120
3.5		(90.0)	(91.5)	97.5	98.0	98.5	99.0	99.0	99.0	99.0		(2200)	130
4.0		(97.5)	(101)	109	110	111	112	112	112	112		(2280)	140
4.5			(108)	120	122	124	125	125	125	125		(2350)	150
5.0			(115)	130	134	136	138	138	138	138	138		
5.5				(139)	145	147	151	151	151	151	151		
6.0				(148)	155	158	163	164	164	164	164		
6.5				(156)	(164)	168	175	177	177	177	177		
7.0				(163)	(173)	178	187	189	190	190	190		
7.5				(170)	(181)	187	199	202	203	203	203		
8.0					(189)	(196)	211	214	215	215	215		
9.0					(203)	(212)	233	239	240	241	241		

注:括号内为间隙距离大于 0.5D 时的数据,其准确度较低。

参 考 文 献

[1]张红. 高电压技术[M]. 北京:中国电力出版社,2009.

[2]吴广宁. 高电压技术[M]. 北京:机械工业出版社,2007.

[3]牛林,谭立成. 互感器试验与分析[M]. 北京:中国电力出版社,2012.

[4]高楠楠,郑远平. 断路器、避雷器、电力电缆实验与分析[M]. 北京:中国电力出版社,
    2012.

[5]李建明,朱康. 高压电气设备实验方法[M]. 北京:中国电力出版社,2001.

[6]苏群,万军彪. 高电压技术实训教程[M]. 北京:中国电力出版社,2010.

[7]王伟,屠幼萍. 高电压技术[M]. 北京:机械工业出版社,2011.

[8]施围,邱毓昌,张乔根. 高电压工程基础[M]. 北京:机械工业出版社,2006.